汉沽兴业综合种养生态循环产业项目简介
牧场智能管理系统
转盘式挤奶器
粪污处理设施

唐山市汉沽管理区高产优质苜蓿示范基地
实施单位：唐山汉沽兴业奶牛养殖有限公司
实施地点：唐山市汉沽管理区农业总公司
责 任 人：李景山
种植面积：3000亩
种植品种：55V48 56S82
产量目标：亩产干苜蓿旱作400公斤灌溉800公斤
种植时间：2015年3月

恒天然牧场奶牛舍

恒天然牧场污水处理厂

石家庄市牧工商开发总公司原种猪场

2016ZCJ060
规模化养殖场主要动物疫病净化和无害化排放技术集成与示范项目
动物疫病净化创建场
2016年-2020年
中国动物疫病预防控制中心
二〇一六年十一月
石家庄市牧工商开发总公司
SHIJIAZHUANGSHI MUGONGSHANG KAIFA ZONGGONGSI

# 石家庄市牧工商开发总公司原种猪场

**石家庄市牧工商开发总公司**

SHIJIAZHUANGSHI MUGONGSHANG KAIFA ZONGGONGSI

大午农牧集团种禽有限公司
大午家禽研究院
地址：河北保定徐水
电话：0312-8554040
邮箱：dwzqgs@163.com
网址：http://zhongqin.sundawu.cn

大午农牧集团种禽有限公司
楼层式孵化中心
国家蛋鸡核心育种场
大午种禽院士工作站
地址：河北保定徐水
电话：0312-8554040
邮箱：dwzqgs@163.com
网址：http://zhongqin.sundawu.cn

国家蛋鸡核心育种场
河北大午农牧集团种禽有限公司

国家蛋鸡良种扩繁推广基地
河北大午农牧集团种禽有限公司

# 华裕 HUAYU

## 国际合作 品质领先

携手海兰国际，强强联合，与跨国企业深度对接，严把引种质量关。

## 科技力量

华裕公司基于行业顶尖的疫病净化团队，在疫病防控与净化集成技术、大箱体孵化集成技术、标准化饲养管理集成技术、精细化营养调控集成技术、生物安全建设等多措并举，保障净化维持效果

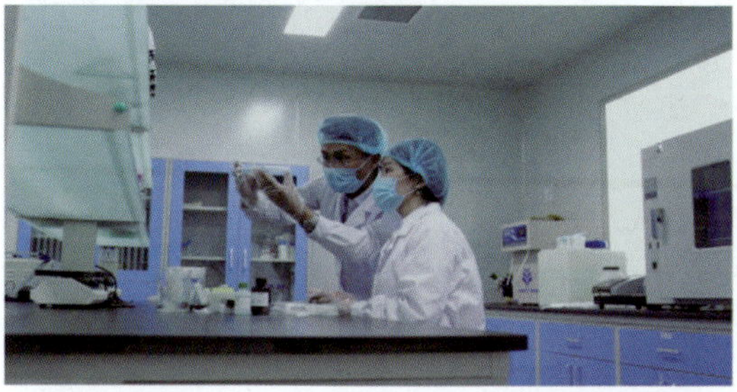

细胞培养

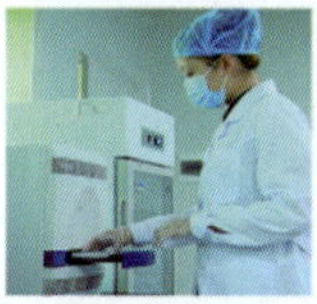

RT-PCR仪

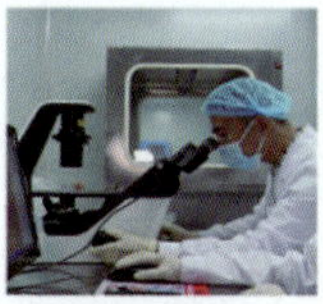

显微镜下观察细胞生长情况

鸡蛋哈氏单位测定

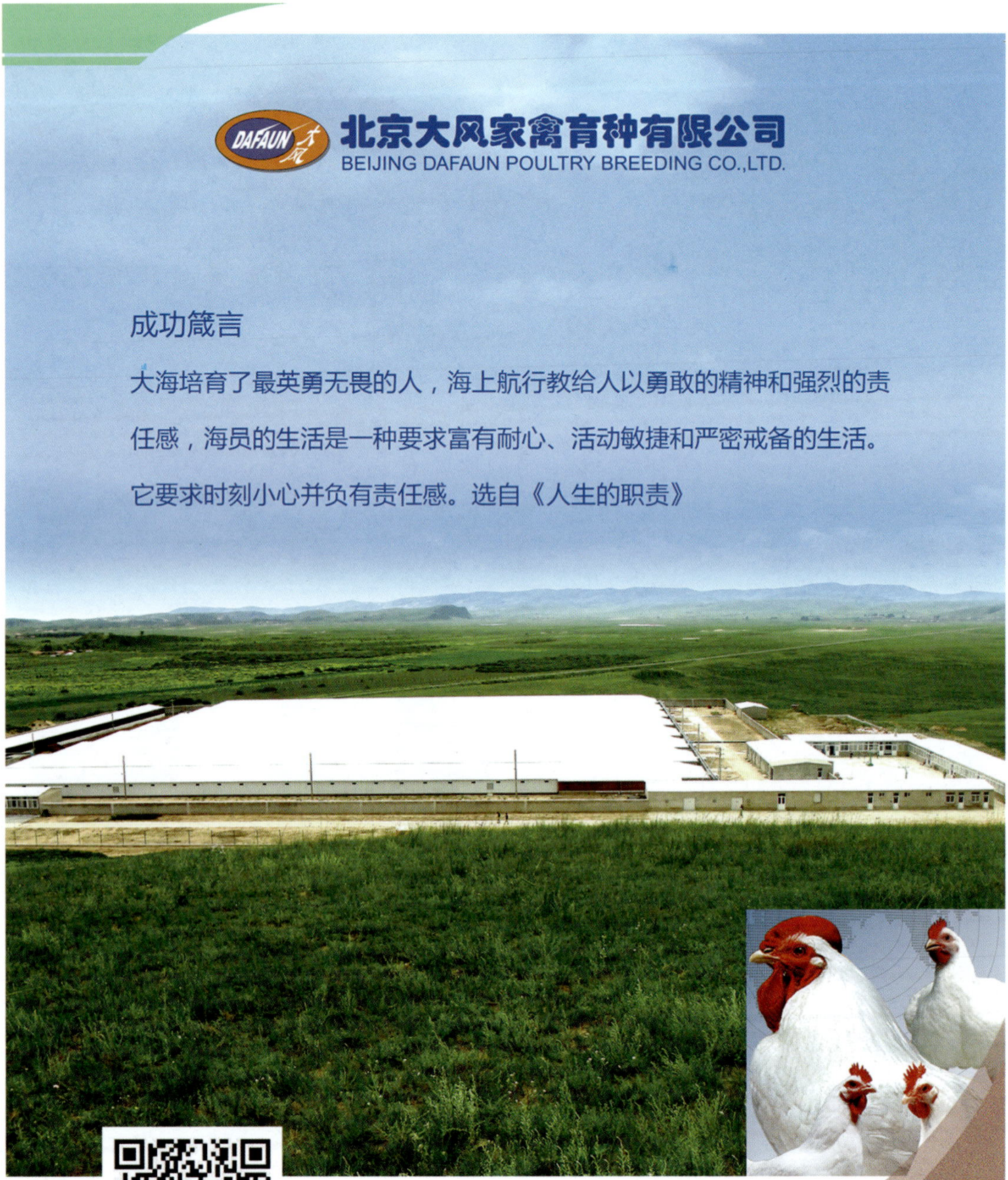
北京大风家禽育种有限公司
BEIJING DAFAUN POULTRY BREEDING CO.,LTD.
成功箴言
大海培育了最英勇无畏的人，海上航行教给人以勇敢的精神和强烈的责任感，海员的生活是一种要求富有耐心、活动敏捷和严密戒备的生活。它要求时刻小心并负有责任感。选自《人生的职责》

# 规模化养殖场动物疫病净化典型案例研究

赵彦岭　主编

中国农业大学出版社
·北京·

## 内 容 简 介

本书通过案例形式将河北省获得国家级和省级“动物疫病净化示范场/创建场”荣誉的7家养殖企业在动物疫病净化过程中的典型做法和实践经验进行了总结。主要内容包括净化技术方案、生物安全体系的建立、养殖场监督管理、经济和社会效益等。内容具体翔实，针对性和可操作性强，具模板效应，对指导全省动物疫病净化工作意义重大。


**图书在版编目(CIP)数据**

规模化养殖场动物疫病净化典型案例研究 / 赵彦岭主编. —北京：中国农业大学出版社，2019.11

ISBN 978-7-5655-2308-3

Ⅰ.①规…　Ⅱ.①赵…　Ⅲ.①养殖场—兽疫—防疫—研究　Ⅳ.①S851.3

中国版本图书馆CIP数据核字(2019)第239895号

**书　名**　规模化养殖场动物疫病净化典型案例研究

**作　者**　赵彦岭　主编

**策划编辑**　赵　中　　**责任编辑**　赵　中

**封面设计**　郑　川

**出版发行**　中国农业大学出版社

**社　址**　北京市海淀区学清路甲38号　　**邮政编码**　100083

**电　话**　发行部 010-62733489,1190　　读者服务部 010-62732336

编辑部 010-62732617,2618　　出　版　部 010-62733440

**网　址**　http://www.caupress.cn　　**E-mail** cbsszs@cau.edu.cn

**经　销**　新华书店

**印　刷**　涿州市星河印刷有限公司

**版　次**　2019年11月第1版　　2019年11月第1次印刷

**规　格**　787×980　　16开本　　17.75印张　　322千字　　彩插4

**定　价**　60.00元

# 编委会

# 序

动物疫病净化是从源头控制动物疫病的重要手段，也是消灭特定动物疫病的根本措施，对于推动新时期动物防疫工作转型升级具有重要意义，是助推农业供给侧结构性改革、贯彻落实乡村振兴战略的现实需要。

经过近十年的努力，我国重大动物疫情总体保持平稳，为实施动物疫病净化工作创造了良好条件。自 2013 年起，中国动物疫病预防控制中心启动实施“规模化养殖场主要动物疫病净化和无害化排放技术集成与示范”项目，并在全国组织开展动物疫病净化示范创建活动。河北省起步相对较晚，但发展势头良好，截止到 2018 年底，全省 34 家企业开展或准备开展动物疫病净化，7 家养殖企业通过评估，获得了中国动物疫病预防控制中心或省级颁发的“动物疫病净化创建场/示范场”(以下简称“两场”)称号。

《规模化养殖场动物疫病净化典型案例研究》一书将河北省获得“两场”的 7 家企业的净化经验集结汇编，每个企业案例作为单独的一章，并增设企业简介和书前彩页照片，起到了知识性和宣传性的双重效果。该书提供了符合养殖场实际情况的净化技术方案，并从场区布局、投入品控制、消毒设计、动物移动控制、科学饲养、疫病防疫研究应用等方面阐述了养殖场生物安全体系的建立健全，对指导相同类型企业的动物疫病净化工作具有现实意义。该书部分作者为生产企业一线工作人员，对动物疫病净化路径和流程具有非常深刻的理解和认识，对净化实施中存在的难点和风险点具有“刻骨铭心”的体会，所撰写的内容具有较强的指导性和操作性。

动物疫病净化是一项长期性、系统性的工程。我国幅员辽阔，各地在自然环境、经济文化、养殖模式等方面存在差异，动物疫病净化方式方法不尽相同。我们要开拓思想、创新形式，充分发挥全国畜牧兽医工作者和从业人员的智慧，因地制宜，总结出适合本地生产实际的动物疫病净化方法并加以推广。希望未来在这个舞台涌现出更多的、具有实践意义的优秀作品。

2019 年 8 月 23 日

# 前　言

《规模化养殖场动物疫病净化典型案例研究》是对河北省 1 个国家级禽白血病净化示范场、4 个国家级动物疫病净化创建场、2 个省级动物疫病净化创建场共计 7 个“动物疫病净化创建场/示范场”开展动物疫病净化过程的典型做法和主要经验进行总结完成的一本技术用书。该书旨在宣传先进、鞭策后进，引领方向、指导生产，进一步改善规模化养殖场的养殖环境，提高动物疫病防控条件和管理水平。推动我省动物疫病净化工作的全面开展，达到从源头上控制动物疫病发生和流行的目的，解决困扰养殖业的重点动物疫病痼疾。

本书包括奶牛、种猪和家禽 3 篇共 7 章内容，每一个养殖场开展动物疫病净化的典型案例编纂为一章。奶牛篇包括 2 个奶牛场，种猪篇包括 2 个原种猪场，家禽篇包括一个蛋鸡原种场、一个蛋鸡祖代场和一个肉鸡祖代场。

本书重点对禽白血病、猪伪狂犬病和奶牛结核病等病种的净化技术和方法进行了阐述：一是分别提供了符合本养殖场实际情况的净化技术方案；二是分别从场区布局研究应用、投入品控制研究应用、消毒设计研究应用、动物移动控制研究应用、科学饲养研究应用、疫病防疫研究应用以及疫病监测、病死畜禽处理等方面诠释了生物安全体系的建立方法。

本书立足生产实际，力求内容具体详实，针对性和可操作性强，具有模板作用。可作为饲养品种和代次相近的规模养殖企业开展净化工作的参考工具和重要抓手。

动物疫病净化是一项系统工程。生物安全体系的建立受限于地域、环境、理念、知识、科技、管理水平、经济等多方面因素。我省动物疫病净化技术借鉴了国内外先进知识和经验，同时进行了总结集成和研究突破。即便如此，仍然存在局限性，需要在今后的工作中逐步改进。本书编写组按照“源于企业、应用企业"的创作思路，通过省市县动物疫病预防控制机构和动物疫病净化相关企业诸多技术人员的辛勤努力，几易书稿，最终成册。但受水平所限，书中难免存在不足之处，恳请批评指正。

本书编写过程中参考引用了许多行业专家学者的著作内容，在此不一一列出，一并表示感谢！

编 者

2019 年 10 月 22 日

# 目　录

## 第一篇　奶牛

# 第二篇 种猪

## 第三篇 种禽

第一篇

# 奶牛

# 第一章　唐山汉沽兴业奶牛养殖有限公司净化案例

唐山汉沽兴业奶牛养殖有限公司位于唐山市汉沽管理区第十生产队中心路东侧，汉沽管理区坐落于唐山市西南部，与天津市接壤，东至陡沽路，南至干渠路，西至长深高速公路，北至112国道，区位优越，交通便利，是连接京津唐及东北地区的重要纽带。

公司成立于2006年，其前身是汉沽农场国营第一奶牛场，2006年由芦台兴业奶牛场竞拍成功组建而成。原企业始建于20世纪70年代，是国有农垦企业，员工队伍管理规范，牛群品质较好，又通过多年的选种选配，整个牛群在全国种质上乘。由于原场处于居民区中，而且建筑设施已不能适应现代化生产的需要，2015年迁建到唐山市汉沽管理区中心路1号。公司一直致力于生态循环养殖产业模式，2016年，汉沽管理区把汉沽兴业农业生态循环产业园区规划发展纳入《汉沽管理区"十三五"现代农业发展总体规划》，被认定为市级现代农业园区。公司聘请邢台市规划设计研究院编制了《汉沽兴业农业生态循环产业园区总体规划》，规划总面积867 $hm^2$，核心区面积17 $hm^2$，以"生态、科技"为主题，突出地域特征与产业特色，重点发展为"一园、一心、四区"的格局。园区立足汉沽管理区生态绿色资源优势，突出农业生态循环特色，一、二、三产业融合发展，重点发展生态养殖产业、饲草料种植产业、食用菌生产与加工业、果蔬采摘与观光产业等"四大主导产业"，农业产业化经营率达到90%以上。园区在产业化经营、科技示范推广、投资融资等方面进行规范和完善，形成了完善的经营体系。采用"龙头企业＋基地＋农户"的农业产业化互动模式，确立科技型龙头企业和专业大户的经营主体地位。园区制定了生产标准和技术操作规程，开展各主导产业标准化研究、技术标准制定和验证工作，健全完善农业标准化服务体系，引导养殖企业、种植基地自觉开展标准化规范生产。依托京津冀科技优势，以京津冀区域内农业科技资源为支撑，以生产基地、标准示范园、龙头企业为载体，密切联系河北农业大学、河北省农林科学院、河北北方学院、河北旅游职业学院等省内外科技资源，推进科技成果转化应用。2018年，承担建设唐山市现代农业奶牛产业首席专家工作站，与专家对接，以兴业公司为基地，确定主要技术试验、示范和推广，带动公司饲养管理技术创新发展。利用本企业牛群饲养管理实践生产线、优越的办公条件与蒙牛集团的技术团队开展互动交流合作，举办奶牛饲养管理生产交流培训班，推介行业先进的饲养管理技术及管理经验，引进和消化新技术、新经验，迅速提升本企业饲养管理水平。目前，园区形成了生产标准化、产业特色化、技术集成化、作业机械化、经营规模化、服务社会化的现代农业产业体系，农业基础设施、科技进步、质量安全、生态环保水平显著提高，新型主体、规模经营、龙头带动、休闲观光实现统一覆盖，土地产出率、资源利用率、劳动生产率显著提高。

唐山汉沽兴业奶牛养殖有限公司是河北省农业产业化经营省级重点龙头企业，现有职工 50 人，其中畜牧兽医等专业技术人员 6 人，高级兽医师 2 人，兽医师 4 人。公司固定资产约 5 000 万元，存栏荷斯坦良种奶牛 1 500 头。奶牛场建设占地 17 $hm^2$，牛场周围建成 200 $hm^2$ 的优质高产饲料示范种植基地，以及占地 3.7 $hm^2$ 的食用菌高效生产基地。公司是蒙牛乳业(唐山)有限公司的首个 A 级牧场，先后获得“农业部无公害畜产品认证、产地认定单位”“DHI 全国奶牛生产性能测定优秀奶牛场”“农业部第五批学生奶奶源示范基地”“农业部奶牛标准化示范场”“河北省农业产业化重点龙头企业”等多项荣誉称号。公司每年生产优质原料奶 1 万 t，全部供应蒙牛集团，用作特仑苏的原料奶。奶牛年均单产 10 t 以上，乳脂率 4.0%，蛋白率 3.4%，细菌数 10 万以下，体细胞数 10 万以下，在全国同行业中领先。



## 第一节 开展动物疫病净化工作概述

2009 年 10 月，汉沽兴业奶牛养殖有限公司发现奶牛结核病等人畜共患病严重影响奶牛场发展，开始采取对奶牛场进行结核病等人畜共患病的净化防控工作。2011 年，唐山市人民政府办公厅印发了《唐山市“十二五”期间奶牛场布病结核病净化工作实施方案》，公司根据农业部《布鲁氏菌病防治技术规范》《牛结核病防治技术规范》等规范，结合本场具体实际情况，采取严格的监测、扑杀、无害化处理、消毒、隔离、检疫、防疫监督、生鲜乳销售监管等综合性技术和管理措施，重新完善制定了本场动物疫病净化实施方案，制定了各项新相关制度和程序，成立了以总经理为组长的动物疫病净化领导小组，小组由 8 名管理人员、技术人员组成，根据动物疫病净化实施方案开展全场的结核病、布病净化工作。2015 年，在新建牧场中配套建设的所有防疫、生产、粪污处理净化设备、无害化处理等设施达到国内先进水平，满足了动物疫病净化所需的硬件设施条件。

公司建立健全各项规章制度。建立了饲料、兽药、生物制品等投入品采购、使用制度；建立了免疫、引种、隔离、兽医巡查、疫病诊疗与用药、疫情报告、无害化处理、消毒等防疫制度；建立了生鲜乳质量安全管理制度；建立了日常生产管理制度、主要生产操作规程、员工培训考核制度、员工健康检查制度；建立了动物发病或阶段性疫病情况报告制度；建立了车辆及人员出入管理制度；制定有口蹄疫、布鲁氏菌病、结核病年度监测计划，动物疫病净化方案和阳性动物处置方案等。明确岗位职责分工，责任到人，建立员工岗位奖惩机制。公司安排专人负责养殖档案的管理，各项记录健全、完整；制定区域安全告知卡，依据牧场内不同安全关键控制点的风险类别及风险等级制定了组织措施、工程措施，制定现场应急处置方案。

公司主要开展了以结核病、布病为主的动物疫病净化工作。其中结核病采用牛型分枝杆菌(PPD)皮内变态反应试验(TST)和 γ-干扰素 Elisa 试验两种方法相结合进行检测，对假阳性或可疑牛进行隔离、复核确诊；对确诊阳性奶牛进行扑杀，无害化处理；污染牛群每间隔 3 个月对所有奶牛检测一次，直到检不出结核病阳性牛，达到结核病净化牛群标准。对关键投入品，制定采购标准、进场验收接收标准，按要求与厂家签订相关产品的质量、安全标准承诺书，保护双方利益，确保采购产品的质量和安全。由于净化采样的时间比较长，牛只对采样的应激比较大，所以在检测过程中加强牛场管理，尤其是在防疫、环境消毒等方面进行加强。每 4 个月进行一次保健，自 2015 年 1 月开始，依据实际情况调整牛群的保健方案，实施季节性及常规性保健。

2009 年 11 月 23 日开始第一次全场牛只检测，检出结核病阳性牛 8 头，阳性率 0.5%。2010—2011 年共检测 2 088 头，结核病阳性 5 头，阳性率 0.24%。2012 年度共检测 1 600 头，结核病阳性 1 头，阳性率 0.06%。2013 年以后，对所有牛只进行检测，结核病均为阴性。

河北省、唐山市动物疫病预防控制中心一直非常关心和支持公司的动物疫病净化工作，领导和专家多次到公司对养殖场结构布局、饲养管理、无害化处理、消毒管理、疫病防控以及检测等情况进行现场调研指导，并结合养殖场的实际情况对动物疫病净化工作提出整改措施和建议。公司高度重视，积极整改落实，对动物疫病净化工作起到了积极的推动作用。

整改主要内容有：

(1)办公区与生产区之间没有隔离设施　在办公区与生产区之间建筑了一道不低于 2 m 的隔离实体墙，并设有可移动隔离门，出入车辆、人员等严格执行消毒制度。

(2)奶牛到挤奶厅挤奶道路之间存在交叉污染问题　为解决净道与污道交叉污染问题，在净道与污道交口处南北两侧，根据生产流程需要旋转切换净道污道的栅栏上，分别加装宽 2 m 可以通过轮轴下放平铺在挤奶通道和抬起归位侧靠于旋转栅栏的消毒橡胶垫，通过上述装置的下放平铺与地面形成奶牛挤奶行走的污道，上抬侧靠于栅栏，形成饲料投放的净道的工作模式，成功解决圈舍内净污道交叉问题。设立专人负责此项工作，及时对橡胶垫进行清理消毒，操作控制。

(3)粪板刮粪进入集粪沟的时候出现飞溅现象，有污染饲料的问题　集粪沟两侧 3 m 的区间不再设立饲牛栏，原有的料位不再存放饲料。同时在集粪沟与投料净道之间的隔离栅栏上加装宽 3 m 高 1.5 m 的挡板，阻挡刮粪入沟时飞溅的粪便，成功解决刮粪污染饲料问题，同时解决生产防疫安全问题。

(4)外来动物对种植饲料原料的污染　公司的饲草原料生产基地为内蒙古草场牧场和奶牛场周边牧场，在牧场周围设围栏或隔离水沟的方式，避免场外的牛羊等动物进入牧场，可有效预防结核病、布病等疫病传入，避免外源性污染，确保本场生物安全。



通过多年应用新技术全覆盖检测、强化引种监管、严格消毒灭源、科学饲养管理、规范投入品使用、加强阳性扑杀、彻底无害化处理等有效措施，实现了全场奶牛结核病的净化。2018 年 7 月，顺利通过了中国动物疫病预防控制中心评估专家组的验收，获得“国家第三批动物规模化养殖场奶牛结核病净化创建场”称号，该场是河北省唯一一家获得国家“奶牛结核病净化创建场”的奶牛场。

## 第二节　结核病、布病等动物疫病净化技术方案

为有计划地控制、净化和消灭严重危害奶业生产和健康安全的动物疫病，促进本公司健康发展和养殖升级，根据《中华人民共和国动物防疫法》《国家中长期动物疫病防治规划(2012—2020 年)》《乳品质量监督管理条例》《牛结核病防治技术规范》《河北省奶牛结核病防控技术规范》、河北省和唐山市《“十二五”期间奶牛场布病结核病净化工作实施方案》等有关法律法规，结合动物疫病防控工作实际，制定了奶牛结核病、布病等主要动物疫病净化技术方案。

### 一、目标任务

2018 年前，全面推进结核病、布鲁氏菌病等主要动物疫病净化创建工作，奶牛结核病、布病达到全面净化标准。

## 二、指导思路

本着内清外堵、净化巩固的原则，通过采取严格的监测、扑杀、无害化处理、消毒、隔离、检疫、防疫等综合性技术管理措施。按照控制、稳控、净化标准分步达标升级，逐步达到全场牛群结核病等疫病净化标准，提升牛群整体健康水平，提高本公司乳品质量和生产效益。

动物疫病净化方案采取定期检测、消毒、阳性牛只坚决隔离、扑杀、无害化处理相结合的综合性防治措施。坚持自繁自养、封闭饲养、分段饲养、分群饲养、分栏饲养、舍饲圈养，禁止放牧、混养其他动物以及人畜混居，减少相互传染机会。检出结核病阳性牛，每间隔 3 个月全群检测一次，直到检不出结核病阳性牛，视为结核病假定阴性牛群；以后每半年全群检测一次，连续两次检测结核病阴性，可视为结核病净化群；以后每半年检测一次。出入场区车辆、人员及时消毒；牛舍内的一切用具每周定期消毒一次；产房、配种室在使用前后各消毒一次；挤奶厅及牛体、挤奶器械挤奶前按规程清洗消毒；运动场地定期清理后消毒一次，全场及周边环境每年定期彻底消毒 2～4 次。



奶牛场建立详细的奶牛档案，建立健全奶牛防疫制度，并认真实施。奶牛场严格执行出入登记制度，非生产人员不得进入生产区，若进入生产区，需穿戴工作服经过消毒间严格按程序接受喷雾消毒、双脚鞋底踩踏消毒地垫消毒、双手使用消毒液清洗消毒后方可入场。奶牛场员工每年必须进行一次健康检查，发现患有结核病的及时在场外治疗，痊愈后方可上岗，同时排查患病员工接触的牛只。新招员工必须经健康检查，确认无结核病与其他传染病的方可录用。奶牛场员工不得串车间，各车间生产工具不得互用。

按照《病害动物和病害动物产品生物安全处理规程》(GB 16548—2006)的规定，处置染疫牛只及其排泄物、染疫牛只产品、病死或者死因不明的牛只尸体，运载工具及垫料、包装容器等污染物以及其他经检疫不合格的牛只及牛只产品。

牛场科学规划布局、完善设施设备，改善防疫条件。生产区、生活区、饲料加工区、挤奶区、粪污处理区、牛只隔离场(区)等功能区绝对分开；净道、污道分设；场门口设消毒池，生产区门口设消毒通道，设病畜隔离治疗圈、无害化处理设施；配备专职兽医。

## 三、结核病净化技术路线

结核病的防控坚持“预防为主”的方针，除建立健全相关的规章制度、加强饲养管理、改善卫生条件之外，还要采取“监测、检疫、扑杀、消毒、无害化处理”相结合的综合性防控措施，最终将所有牛群变为净化群。奶牛结核病净化路线图(图 1-1)。

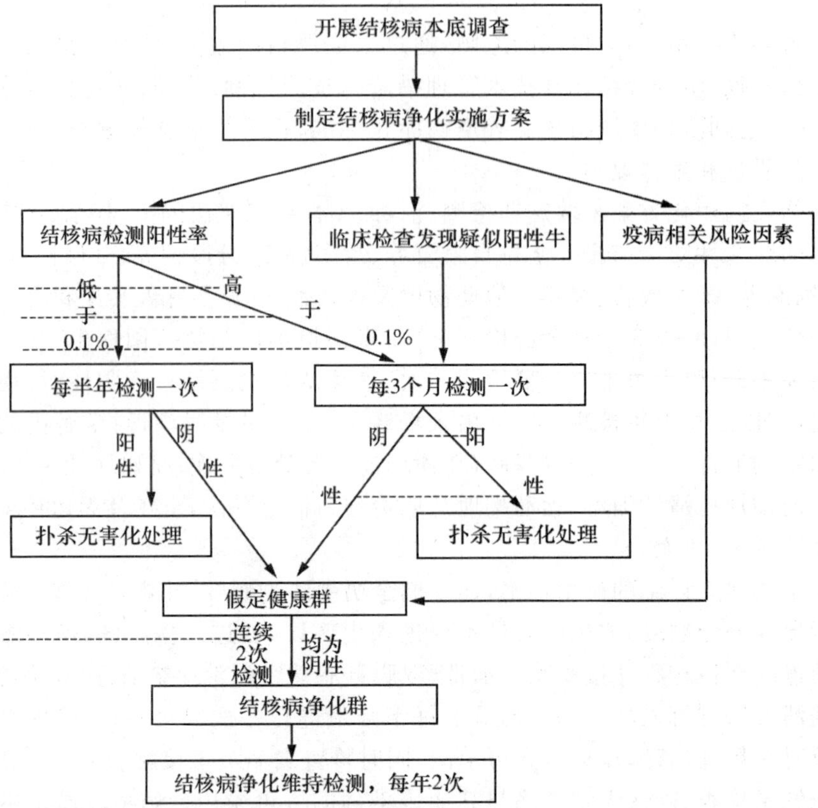


图 1-1　结核病净化技术路线

结合本地实际，为了更好地净化牛群结核病，公司按照汉沽管理区动物疫病预防控制中心的要求，结核病检测自 2016 年开始采取 PPD 皮内变态反应试验和 γ-干扰素 Elisa 试验两种方法相结合进行检测，采用 PPD 皮内变态反应试验对全群进行普检，γ-干扰素 Elisa 试验进行筛查，筛查出阳性样品用 PPD 皮内变态反应进行确诊，确保了结核病的检测精度。

### (一)PPD 皮内变态反应试验

坚持 100%全群监测。凡用 PPD 皮内变态反应试验检出阳性牛的牛群为结核病污染牛群，连续 2 次全群监测都为阴性的牛群为净化牛群。如在牛结核净化群中(包括犊牛群)检出阳性牛时，应及时扑杀阳性牛，其他牛按假定健康群处理。

犊牛初检于 20 日龄第一次检测结核病，100～120 日龄第二次检测；成年牛净化群每年 3 月、9 月用牛型结核分支杆菌 PPD 皮内变态反应试验各进行一次监测。凡连续两次以上监测结果均为阴性者，可认为是牛结核病净化群。一旦出现阳性牛则按照污染牛群处理，每隔 3 个月监测一次。结核病污染牛群连续 2 次全群监测都为阴性可按照净化牛群处理。

结核检疫流程：

（1）工具准备　结核菌素注射器、配药用 5 mL 一次性塑料注射器、注射针头（结核检疫专用）、记录表、牛型提纯结核菌素、灭菌注射水、电子游标卡尺、电动剃毛刀、肥皂水、喷壶、冷藏箱、冰袋、手套、口罩、眼罩、隔离服等。

（2）检疫顺序　泌乳牛（不包括新产牛）—干乳牛（先早期干乳牛，后围产牛）—新产牛—病牛（包括干乳牛和泌乳牛）—青年牛—犊牛。

（3）检疫程序

夹牛：泌乳牛挤完奶回到牛舍锁住颈枷，检疫后备牛舍时，饲养部门配合投料。使用颈夹时尽量控制在 1.5 h 内。

剃毛：部位为牛颈侧中部上 1/3 处喷肥皂水，2 min 后剃毛效果更好，用剃毛刀剃一直径约 5 cm 区域。



量皮厚：用电子游标卡尺测量剃毛中央皮皱厚度（两层皮肤的厚度），做记录。

注射剂量：每毫升含 10 万 IU，皮内注射 0.1 mL 结核菌素，结核菌素注射时稀释要准确加入 5 mL 灭菌生理盐水，吸取时选择瓶盖的侧缘以便能够将药物全部吸出。

注射方法：注射器针头要拧紧、选择短针头，皮内注射 0.1 mL，45°角进针向上挑，注射后局部应出现小泡，如果注射不确实时，要选 15 cm 以外的部位或对侧重做，并做好重做部位的记录。每注射完一头牛，要对针头进行消毒。

（4）注意事项　保证每头牛只必须检疫到位，此项工作开始时各部门尽量减少牛群大的调动，所有转群必须通知兽医处。每做完一栏将该牛舍牛号从系统导出与检疫牛号做对比，及时纠偏。夏季炎热需要将结核菌素放在冷藏箱内。保护自己不要被刺伤、踢伤。在检疫过程中，每天及时填写所检疫牛舍，并做好第二天需要检疫牛舍的各项准备工作。

（5）注射次数和观察反应　皮内注射后经 72 h 判定，仔细观察局部有无热痛、肿胀等炎性反应，并以卡尺测量皮皱厚度，做好详细记录。对疑似反应牛应立即在颈部另一侧以同一批结核菌素同一剂量进行第二回皮内注射，再经 72 h 观察反应结果。对阴性牛和疑似反应牛，于注射后 96 h 和 120 h 再分别观察一次，以防个别牛出现较晚的迟发型变态反应。

（6）结果判定

①阳性反应：局部有明显的炎性反应，皮厚差（单层）大于或等于 4.0 mm。

②疑似反应：局部炎性反应不明显，皮厚差（单层）大于或等于 2.0 mm、小于 4.0 mm。

③阴性反应：无炎性反应。皮厚差（单层）在 2.0 mm 以下。凡判定为疑似反应的牛只，立即在颈部另一侧以同一批结核菌素同一剂量进行第二回皮内注射，再经 72 h 观察反应结果。仍为疑似反应的牛只，作为初检可疑牛隔离饲养。

（7）结核阳性牛的处理　初检阳性的牛只立即无血扑杀并无害化处理（焚烧、深埋）。决不出售阳性牛及其肉、奶等相关产品。初检可疑的牛只在第一次检疫结束就进行隔离饲养，等待 1 个月后的复检。复检结果阴性的牛只放回大群进行饲养；复检结果阳性的牛采取无血扑杀并无害化处理（焚烧、深埋）；复检结果仍可疑的牛只继续隔离饲养 1 个月再复检一次。再复检结果阴性的牛只放回大群进行饲养；再复检可疑或阳性牛无血扑杀并无害化处理（焚烧、深埋）。

（8）环境、污染物的处理　奶牛群中检出的阳性牛进行无害化处理后，对被病畜和阳性畜污染的场所、用具、物品进行严格消毒。饲养场的金属设施、设备采取火焰、熏蒸等方式消毒；养畜场的圈舍、场地、车辆等，用 2%烧碱消毒；饲养场的饲料、垫料采取深埋发酵处理；粪便采取堆积密封发酵方式处理。



（9）以上结核病检测工作均在区动物卫生监督所驻场官方兽医的现场监督下组织实施，并对每次检测结果负责并在记录上签字确认。

**（二）γ-干扰素 ELISA 试验**

（1）检测比例及范围　按照普检牛群 10%～20%比例进行，筛选范围覆盖泌乳牛、育成牛、干乳牛、3 月龄以上犊牛，以保证检测效果。

（2）时间　安排在每年春秋两季采用 PPD 皮内变态反应普检后 1 个月左右。

（3）实施方式　在官方兽医的监督指导下公司负责采集牛群血液样本，委托唐山市动物疫病预防控制中心化验室进行检测，并取得检测报告。

（4）检测结果应用　通过 PPD 普检和 γ-干扰素 ELISA 试验筛查相结合的方式，结核病检测精度极大的提高，牛群结核病净化措施更加完善。3 年来通过 PPD 皮内变态反应试验普检未发现结核病阳性个体，通过唐山市动物疫病预防控制中心化验室 γ-干扰素 ELISA 试验筛查也未出现结核病阳性个体，有力地证明了牛群奶牛结核病已经达到净化标准。改变了以前采用单一 PPD 皮内变态反应试验结果不确实的弊端。

**（三）净化保障措施**

加强牛群饲养管理，强化动物防疫制度建设及执行力度监督，确保场区生物安全，保障牛场结核病净化目标顺利实现。

公司成立了专门的奶牛结核病净化工作领导小组，明确分工，负责全场结核病净化工作的组织、协调、后勤保障，有力的推动了净化工作的有序开展。

### （四）净化效果评估

公司每年召开一次结核病净化评估工作会议，对本年度开展的结核病净化工作进行总结和效果评估，各部门对净化工作中存在的问题进行梳理，研究解决问题的对策和措施，对牛群整体健康状态和年度净化效果进行评估，安排部署下一年度动物疫病净化工作的思路和目标，确保净化工作进展顺利。

### （五）创新点

牛群采用γ-干扰素ELISA试验抽检，该实验缩短了检验时间，节省了人工，便于大批量检验。在每年3月、9月公司自检的同时，按照牛群存栏数量的10%～20%的比例抽血送唐山市动物疫病预防控制中心化验室采用γ-干扰素Elisa试验的方法进行检测，避免因单一采用PPD皮内变态反应一种方法出现误差，以达到更准确掌握牛群结核病状况的目的。



## 四、布鲁氏菌病净化技术路线

根据本场布鲁氏菌病发生史和控制情况、周围布鲁氏菌病发生情况以及本场布鲁氏菌病隐性带菌情况等关键风险因素，评估本场综合防控措施，制定本场布鲁氏菌病净化技术路线。

原则上不免疫。发现阳性奶牛数超过群体的2%时向县级以上畜牧兽医主管部门提出免疫申请，经县级以上畜牧兽医主管部门报省级畜牧兽医主管部门备案后，以场群为单位采取免疫措施。

检测抗体阳性的个体，立即按照相关规定扑杀进行无害化处理，对其同圈舍牛只开展检测，对发现的临床疑似病例，报当地畜牧兽医主管部门，指定当地动物疫病预防控制机构，进一步采样监测确认，复测仍然疑似的，最后采血送唐山市级动物疫病预防控制机构进一步确认，确认阳性的，按照国家相关规定处理，该群牛与一旦发现疑似阳性病例的牛群一样，转为每月检测1次，连续3次检测均为阴性，方可转入常规检测。

### （一）检测

（1）血清学诊断　初筛采用虎红平板凝集试验（RBT）（GB/T 18646），确诊用试管凝集试验（或c-ELISA试验）。

（2）病原学诊断

①显微镜检查，采集流产胎衣、绒毛膜水肿液、肝、脾、淋巴结、胎儿胃内容物等组织，制成抹片，用柯兹罗夫斯基染色法染色，镜检，布鲁氏菌为红色球杆状，而其他菌为蓝色。

②PCR等分子生物学诊断方法。

③细菌的分离培养与鉴定。需采集流产胎衣等组织送有条件的实验室进行检测。

(3)结果判定　根据临床症状和病理变化，判定为疑似患病动物，如确诊应当进一步采样送实验室检测。

对于未免疫动物，血清学确诊为阳性的，判定为患病动物；若初筛诊断为阳性的，确诊诊断为阴性的，应在30天后重新采样检测，复检结果阳性的判定为患病动物，结果阴性的判定为健康动物。

对于免疫动物，在免疫抗体消失后，血清学确诊为阳性的，或病原学检测方法结果为阳性的，判断为患病动物。

### (二)布病阳性牛的处理



初检阳性的牛只立即无血扑杀并无害化处理。绝不出售阳性牛及其肉、奶等相关产品。

初检可疑的牛只在第一次检疫结束就进行隔离饲养，等待1个月后的复检。

复检结果阴性的牛只放回大群进行饲养；复检结果阳性牛无血扑杀并依法依规予以无害化处理；复检结果仍可疑的牛只继续隔离饲养1个月再复检一次。

再复检结果阴性的牛只放回大群进行饲养；再复检可疑或阳性牛无血扑杀并依法依规予以无害化处理。

## 五、口蹄疫防控技术路线

### (一)目标

奶牛群O型、A型口蹄疫免疫抗体合格率达到90%以上，病原学检测阴性，连续四年以上无临床病例。

### (二)措施

加强本场奶牛群基本防疫、确保牛群健康状态、口蹄疫免疫保护水平。降低口蹄疫发生和传播风险。

定期根据流行病学调查技术，采集适量的奶牛血清，检测口蹄疫(O型、A型)免疫抗体，对免疫抗体不合格的奶牛加强免疫一次。对发现的口蹄疫临床疑似病例，对疑似发病个体及其同群畜采集o-p液，开展口蹄疫病原学检测，发现阳性牛的，报告当地动物疫病预防控制机构，按照国家有关规定处理。

# 第三节　生物安全体系建设

## 一、养殖场区结构布局

### （一）参照标准

唐山汉沽兴业奶牛养殖有限公司按照现代化牧场设计理念，根据中华人民共和国农业行业标准《标准化奶牛场建设规模》《畜禽场环境质量标准》《奶牛饲养标准》《畜禽粪便无害化处理技术规范》《畜禽粪便还田技术规范》等相关法规选址建设。

### （二）选址

（1）牛场位置独立，符合本地土地利用总体规划，自然环境良好，土壤质量符合 GB 15618 要求，远离洪涝等自然灾害威胁地段，地势高燥平整，坡度不超过 20°，通风向阳，光照充足，交通便利。



（2）牛场水源充足，能够保证生产、生活用水，供水能力可按每头存栏奶牛每日供水 300～500 L，水质符合《生活饮用水卫生标准》。

（3）牛场所处位置交通便利，周边环境符合防疫和环保要求，距离生活饮用水源地、动物屠宰加工场所、动物和动物产品集贸市场、动物诊疗场所、动物饲养场、无害化处理厂、城镇居民区、文化教育科研等人口集中区域都在 1 000 m 以上。

### （三）场区结构布局

（1）场区主要包括办公区、生活区、辅助生产区、生产区、粪污处理区、无害化处理区和病牛隔离区等功能区，各区之间完全分开且相距 50 m 以上，生活区为独立的建筑物，之间设置隔离围墙。生活区与生产区之间设立工作人员的专用消毒通道、设置消毒垫、更衣消毒室对过往人员实施自动喷雾消毒；进出生产区的硬化车辆通道设立消毒池，对过往车辆进行实时消毒。

（2）辅助生产区主要包括供水、供电、供热、维修、青贮、草料库等设施，紧靠生产区，饲料加工间与饲养区较远。

（3）粪污处理区、无害化处理区、病牛隔离区等分别与生产区中间有绿化带或实体墙进行隔离。

（4）生产区主要包括独立的挤奶厅、犊牛舍、育成（青年）牛舍、泌乳牛舍、干乳牛舍、化验室等，生产区与其他区域距离均在 50 m 以上。

①挤奶厅。2015 年，公司投资 300 万元引进了性能先进的德国 GEA 转盘式

挤奶设备,实现了自动脱杯、自动清洗、自动计量、自动识别在线监测智能化挤奶。该系统可以自动监测乳房炎数据并进行统计,有针对性地实施乳房炎综合防治措施,使乳房炎发病率从3%降低到2%。同时,该系统操作简洁,牛群连续自动进入转盘,旋转的挤奶台减少了操作员的走动,提高了工作效率。通过GEA转盘式挤奶设备的使用,可节约人工成本30%以上,挤奶效率大大提高。自动化转台挤奶机可有效地提高挤奶卫生程度,确保了乳品品质卫生。

②场区建有高标准育成牛舍两栋,占地面积9 960 $m^2$;高标准恒温牛舍两栋,占地面积8 000 $m^2$;犊牛岛4栋,占地面积640 $m^2$;建有3 600 $m^2$草料库一栋。育成奶牛和泌乳牛均采用发酵床饲养。牛舍之间保持在10 m以上距离,布局合理、整齐,能够满足奶牛分阶段、分群饲养要求。

③生产区有独立的后备牛专用舍和隔离栏舍,用于选种或引进过程中牛只隔离;有病牛专用隔离治疗舍;有预售牛观察舍;有独立产房,产房符合生物安全要求。



④设置有兽医室,配备了冷藏、冷冻双用冰箱,常用临床诊疗器械、采血采样器具、兽医个人防护用品、医疗器械消毒等设备,以满足疫病防疫、日常诊疗、采样和血清分离等工作需要。同时配备办公电脑、打印机、资料室内、档案柜等诊疗信息收集整理汇总分析设施设备。

⑤成年母牛舍采用湿帘风机系统建成恒温牛舍,牛舍通风、换气和温控采用电脑智能控制,夏季温度比外界低4~8℃,冬季温度比外界高8~15℃。后备牛舍采用敞棚设计,夏季采用风扇喷淋系统。

⑥场区四周建有隔离墙,可达到有效防控隔离。场区门口处设置有人员入场消毒通道,设置了智能超声波雾化人员消毒系统;场区入口设置有消毒池。

⑦场区内所有道路为水泥硬化道路,设置有专门的保洁、绿化工人,负责场区环境、草坪维护,卫生状况良好,垃圾及时处理,无杂物堆放。场区内设置有独立的净道与污道,防止疫病传播。场区内具备有效的预防鼠害、鸟害设施或措施。

⑧运动场地面平坦,中央略高,周围设有围栏,顶部设有凉棚,顶棚隔热防雨。运动场边设置有饮水槽,供水充足,保持饮水新鲜、清洁。

⑨奶牛场净道和污道设计科学合理,实行分开设立。泌乳牛和成母牛圈舍内牛群的挤奶通道与圈舍内饲料投放通道交口处出现污道和净道交叉情况,公司从实际出发,充分考虑防疫安全,规避交叉感染风险,同时兼顾生产管理快捷方便的因素,经过认真规划设计,在交口处南北两侧分别加装了可以通过轮轴下放平铺在挤奶通道和抬起归位侧靠于旋转栅栏的消毒橡胶垫,通过上述装置的下放平铺于地面形成奶牛挤奶行走的污道,上抬侧靠于栅栏形成饲料投放的净道的工作模式,

成功解决圈舍内净、污道交叉问题。设置专门工作人员及时对橡胶地垫进行消毒，操作管理。

## 二、投入品研究与控制

投入品是奶牛健康和高产的根本保证，奶牛疫病的发生因投入品管理不善而罹患，因此，公司把投入品的管理作为奶牛场经营发展的第一关键环节。公司制定了详细的投入品（含饲料、兽药、生物制品）管理使用制度，执行良好并记录完整。饲料、兽药、疫苗等不同类型的投入品分类分开储藏，其中，兽药按照处方药和非处方药分区存放；生物制品采用专门的冷藏、冷冻双用冰箱专门存放，专人专库保存，入库出库记录清晰，标识清晰。

### （一）饲料的管理与控制

为了保证饲草、饲料的安全性，从源头控制饲料质量，公司对饲草、饲料的验收、入库依程序进行规范管理。

（1）成立饲草、饲料验收小组，由牧场经理任组长，负责饲草、饲料采购的人员、库管员、化验员为小组成员。牧场设置专职库管岗位，负责对饲草、饲料的日常管理和分发工作。



（2）验收小组全体成员对拟入库的饲草、饲料进行感官指标（色泽、气味、干燥度等）的评判，认真检查饲料对感官指标合格的饲料签字确认后方可由库管办理入库手续。对于感官指标不符合饲喂要求的饲草、饲料，验收小组成员必须明确指出并签字确认，库管必须拒绝入库。

（3）饲草、饲料入库前，库管必须及时告知牧场经理，由牧场经理召集验收小组成员进行验收。

（4）为了避免饲料因长期存放产生发霉、变质现象，牧场部每季分两次、每次至少提前15天向采购部门提出采购计划，在计划单上明确注明约定到货时间。

（5）根据牧场所申报的饲草、饲料请购清单，经验收小组对质量、库管员对数量进行验收后，然后再由财务库管员办理入库手续，明确饲草料的名称、数量和价格后存放入牧场饲料仓库。

（6）库管员根据经技术员签字认可的配方方案，集中预混饲料，每天按规定投喂量利用TMR发放给各圈舍，做好登记，要求领用人在领用记录上签字，并妥善保存原始记录。

（7）在尽量减少饲草、饲料库存的情况下，本着“先进先出”的原则，库管员必须优先发放库存时间较长的饲草、饲料，减少可能由此而产生的浪费。

（8）定期对存放饲草、饲料的库房进行检查，保证库房的通风、干燥，发现漏雨、地面渗水的现象，库管员必须及时告知公司场长（或主管场长）协调有关部门解决，防止因天气或存放原因造成饲料发霉、变质。

（9）公司以书面形式告知采购部门及时处理质量不符合要求的饲草、饲料。

（10）特别要求注意防火安全，严禁任何人在草料房及周边吸烟，确保库房周边消防装备的完整、有效。

（11）做好每月饲料出入库清单，上报牧场部反馈工作。

（12）掌握饲草、饲料的基本库存量，及时补充存量，确保饲草料的正常供应。

（13）化验员根据饲料生产供应计划，了解和掌握饲料原料水分和营养指标，微生物及杂质等卫生指标，饲草料形状、体积、硬度、酸度等物理指标，并进行相关测定和记录。

（14）饲料产地的选择：从原材料的种植基地和购入着手，收购生态条件良好，远离污染源的地方种植的饲料原料，并与种植原料的农户签订收购合同书，每年对种植范围、面积、农药作用、肥料使用等进行检查确保各种植基地按无公害规定的种植规程进行种植。



（15）饲料原料应具备一定的新鲜度，感官上要求应具有该品种应有的色、嗅、味和组织形态特征，无发霉、变质、异味及异嗅，饲料原料中有害物质及微生物允许量符合饲料卫生标准的要求。

（16）饲料添加剂的使用：要求应色泽一致，使用的产品应是《允许使用的饲料添加剂品种目录》所规定的品种，或取得试生产产品批准文号的新饲料添加剂品种，并在使用时遵照产品说明书所规定的用法、用量使用。

（17）配合饲料、浓缩饲料和添加剂饲料中不应使用任何药物。

（18）根据奶牛各阶段不同的生理特点，分群饲养、选用最佳的饲料配方进行科学喂养。

（19）首先监测玉米是否成熟，化验干物质，干物质大于 30% 的进行收割，使用克拉斯玉米收割机收割，然后运回牛场，使用 50 型号铲车压窖，压实。然后喷洒饲料菌群，黑色塑料盖压，封窖，45 天后开窖，可以饲喂时，每日只能开窖 3 cm 位置，不得浪费，防止二次发酵。

（20）TMR 搅拌方式及过程：先添加粗饲料，然后添加精料。搅拌均匀后加入水，再搅拌 8 min，查看颗粒度是否合格，进行撒料，核算每个牛舍撒料多少千克，按照每个牛舍奶牛头数进行撒料饲喂。

（21）公司的饲草原料生产基地为内蒙古草场牧场和奶牛场周边饲料基地，在牧场周围加施围栏或设立隔离水沟的方式，避免场外的牛羊等动物进入牧场，可有效预防结核病、布病等疫病传入，避免外源性污染，确保本场生物安全。

**(二)饲料加工管理**

(1)严格按照饲料配方配合精饲料。饲料原料、成品料要按照不同品种分别摆放整齐,便于搬运和清点。每个品种设置标识牌,建立出入库台账。

(2)严格按照操作规程操作各类饲料机械,确保安全生产。

(3)每天按照技术员的发料单,给各个班组运送饲料。要有完整的领料、发料记录,并有当事人签字。

(4)运送或加工饲料时,注意拣出异物和发霉变质的饲料。

(5)每月汇总各类饲料进出库情况,配合财务人员清点库存。

**(三)兽药、生物制品管理与控制**

(1)所用兽药必须符合《中华人民共和国兽药典》《中华人民共和国兽药规范》《兽药质量标准》《兽药生物制品质量标准》《饲料药物添加剂使用规范》等相关规定。

(2)加强奶牛饲养管理,采取各种措施减少应激,增强奶牛自身的免疫力,防止奶牛发病和死亡,最大限度地减少化学药品和抗生素的使用。



(3)确需使用治疗用药的,经实验室诊断确诊后再对症下药,兽药的使用应有兽医处方并在兽医的指导下进行。

(4)在允许使用的抗菌药、抗寄生虫药和生殖激素类药时应注意:严格遵守规定的给药途径、使用剂量、疗程和注意事项;严格遵守规定的休药期。

(5)禁止使用有致畸、致癌和致突变作用的兽药。

(6)保管员在新购药品、器械时,依据发票查清件数,根据产品保管要求分类存放。如有违禁药品及时通知技术部,过期药品报财务部注销。

(7)建立用药申报制度,各生产区兽医主管到总药房取药,常规药品由总药房做计划,由公司统一组织采购。专项疫苗、贵重药品、特殊药械等报公司技术部安排采购,如不能采购,必须在3天内反馈给牛场技术管理部说明情况。

(8)除公司外任何单位和个人无权采购药械,如特殊情况必须经公司分管经理批准。

(9)取药必须凭处方取药,由场方兽医开处方,主管兽医签字方可取药,饲养员一律不准随便取药,司药员必须监督执行。

(10)每批进场的兽药必须是符合招标的厂家和有二维码扫描的厂家,并对产品的外包装进行严格的检查,看是否发生破损、变质等影响产品质量的情况,查验合格后方可准许进入兽药存放室内并设立专人专库存放,盘点,出入库有记录,用药必须开具处方,兽药诊疗环节产生医疗废弃物品实行定点单独存放,设立专人负责保管及回收接洽,委托唐山市宝洁医疗废弃物处理有限公司进行回收,集中进行无害化处理，一个月回收1次，回收后出具回收清单。

(11)允许使用消毒防腐剂对饲养环境、厩舍和器具进行消毒。

(12)允许在临床兽医的指导下使用钙、磷、硒、钾等补充药、微生态制剂、体液补充药、电解质、抗贫血药、维生素类药、止血药、收敛药和助消化药等。

(13)兽医对每一批新药、新疫苗，用前要做小范围试验，并对生产技术管理部书面上报试验结果，无异常方可大范围使用。对每次防疫一定做好以下记录：疫苗名称、生产厂家、批准文号，使用阶段、头数、反应情况等，出现异常及时停止使用，上报技术管理部，如玩忽职守，造成损失由使用者负责。

(14)所有器械根据生产单元造册，落实到人，药房对车间，必须以旧换新。各车间必须设有用药登记本，由使用兽医、防疫员填写，兽医主管及时核对药品领取和使用数量，发现问题及时处理。

(15)慎重使用经农业农村部批准的拟肾上腺药、平喘药、抗胆碱、肾上腺皮质激素类药物和解热镇痛药。



(16)对一些特殊药品、疫苗空瓶或受污染物品、场地，查清数量，依据要求派专人销毁或无害化处理。

(17)建立并保存免疫程序记录，全部用药记录，给药途径、给药剂量、疗程、治疗时间、预防或生长混饲给药记录，建立并遵守用药、停药期。

(18)禁止使用麻醉药、镇痛药、镇静药、中枢兴奋药、化学保定药及骨骼肌松弛药。

(19)禁止使用未经国家畜牧兽医行政管理部门批准的、用基因工程方法生产的兽药。

(20)禁止使用未经农业农村部批准或已经淘汰的兽药。

### (四)开展兽用抗菌药使用减量化行动试点建设

为贯彻落实《兽药管理条例》保障农产品质量安全，根据农业农村部和河北省农业农村厅关于《兽用抗菌药使用减量化行动试点工作方案》的要求，公司积极开展了兽用抗菌药使用减量化行动试点建设工作，减少奶牛抗菌药的使用量，使奶牛抗生素使用量实现零增长，有效地控制牛奶中的药物残留。

(1)规范兽医治疗室　场内配有固定的兽医室和治疗室，面积为40 $m^2$，配有办公桌、电脑和相应的治疗设备、消毒设备，治疗室配有医疗废弃物收集储存设施，并与医疗废弃物无害化处理公司签订合同定期做无害化处理。

(2)规范兽药室　场内配有固定的兽药室两个，面积为36 $m^2$，处方药用带锁的专用柜保存，非处方药和消毒剂分区存放，各种兽药有明显的标识，疫苗和需要低温保存的药物配备相应的冰箱和冰柜，配有扫码枪，所有的兽药必须通过扫描二维码出入库。

(3)提高检测能力　场内建有牛奶化验室和饲料兽药化验室两个,面积为 50 $m^2$。牛奶化验室能对每天生产的牛奶进行各种药残检测,并与唐山市智慧农安网实时连接,不合格的牛奶绝不出厂,出场的产品可追溯。饲料兽药化验室能对进场的投入品进行常规检测,不合格产品不得进场,并建有完整的检测记录,与唐山市畜牧水产品质量监测中心签订委托检测协议,对本场不能检测的投入品进行检测。

(4)加强防疫管理　建有消毒室和消毒池各两个,分别设在场区大门口和生产区入口,消毒室配有紫外线和喷雾消毒设施,对出入人员和车辆进行消毒,场内配有消毒车,定期对场区道路和牛舍进行消毒。定期为奶牛注射疫苗免疫,注射疫苗 30 天后进行采血检测抗体,抗体检测不合格的及时补免,确保牛群安全。

(5)做好粪污处理　公司引进的 GEA 全自动的粪污处理系统,既解决了粪污处理难污染环境的难题,又为饲草、饲料作物提供营养的同时减少了化肥的使用,增加了地力,是真正的生态循环农业,每年可生产苜蓿干草 4 000 t,全部用于自有奶牛。



(6)规范各项制度　分别建立饲料、兽药、疫苗采购制度,建立检验、入库、储存、出库、使用和废弃物无害化处理制度,建立兽医等人员的岗位责任制,并在相应的岗位张贴上墙,建立人员档案和上岗培训制度,所有员工必须经过培训后才能上岗。

(7)建立健全档案　建立建全养殖档案,建立饲料供应商、兽药供应商和产品质量档案,对每个批次的饲料和兽药都有厂家出具的产品检验报告,建立医疗废弃物和病死牛无害化处理档案,做到填写规范、完整。

(8)加强生产管理　加强奶牛卧床、围产期、犊牛饲养等管理,加大了中药替代抗生素的使用量,寻找更多的中药产品。

通过以上工作的开展,奶牛发病率下降,抗菌药的使用量也相应地减少,达到了兽用抗菌药减量的目的,降低了养殖成本,增加了食品安全性,增加了经济效益。

## 三、消毒设计研究应用

建立有效的消毒防疫体系至关重要,奶牛场疫病的防控重要措施之一就是消毒工作,奶牛场消毒工作的质量直接关系到奶牛场疫病的防控效果。对奶牛场进行消毒,可在极大程度上消灭外界环境中传播的病原体,将传播途径彻底切断。

### (一)集中消毒

2013 年,唐山市农业农村局印发《唐山市动物防疫季中消毒月活动实施方案》

的通知，按照重点月份集中消毒与日常制度化消毒相结合的原则，建立了消毒灭源的长效机制。利用每季度中间一个月，即2月、5月、8月、11月在全市范围内组织开展动物防疫集中消毒灭源活动，对重点消毒区域进行集中消毒。该场按照市、区畜牧兽医主管部门的统一安排部署，结合本场实际，积极参加季中消毒月大消毒活动，取得了较好的消毒效果。

### (二)日常消毒

1.场区出入口、人员、车辆消毒管理

(1)场区入口对《场区出入口进出消毒制度》《入场标准化消毒规程(SOP)》进行张贴上墙公示，进场人员、车辆等必须按要求严格执行。

(2)场区门口确保24 h有警卫在岗值班，在无人员车辆进入时，必须保证大门关闭。外来人员都需有场长批准后，由警卫做好登记，并经过严格消毒方可进入。

(3)任何来自其他养殖场的动物、原料、用品等都不得携带入场。任何与其他养殖场动物接触过的员工都应在进入本场之前向牧场场长申报。经同意后，要经过洗澡、消毒、更换衣物方可进入。



(4)东、西大门外前方50 m处设有生石灰隔离带，门口全部采用高压喷枪消毒。

(5)门口消毒池有专人负责消毒液的配置更换，每天上午8:00、下午16:30将消毒池清理干净，更换消毒液。收青贮期间出入车辆较多，根据车辆流量及时增加更换消毒液次数。

(6)消毒液的配置浓度：戊二醛1∶(300～500)，拜净(三碘氧化物)1∶600，火碱1∶50，过氧乙酸3%，几种消毒药每周轮换一次使用。

(7)配制标准：消毒池内消毒液容量以大货车车轮滚动一周长度为计算标准，药浴液面高度15 cm。

(8)车身消毒液配制标准：把过氧乙酸消毒液放入指定的容器内配制成3%的消毒液。

(9)对进入车辆进行全面消毒，重点消毒接触地面方位及挡泥板，再按从里往外的消毒原则，对车辆车胎的内外两侧进行消毒。驾驶员及随车人员必须通过消毒间消毒，在紫外线灯下消毒3～5 min，洗手消毒，对鞋底消毒后方可进入牧场。如车辆来自其他牧场，需对所载物品进行喷雾消毒。

(10)所有进入生产区的人员必须进入消毒室，经淋浴、更换工作服，紫外线、浴池消毒，佩戴手套、口罩、帽子、雨靴后方可进入。

(11)下班后工作人员经消毒室紫外线、浴池消毒、淋浴、更换衣物后方可离场。

(12)日常衣物与工作服不得混穿，严禁将工作服和防护用具带出生产区域。

2.环境、牛舍、用具消毒管理

(1)按照农业农村部规定使用消毒药品对饲养环境、圈舍和器具进行消毒，消毒药品应对人畜安全、无残留、对设备无侵蚀。

(2)环境消毒：牛舍周围每2～3周用2% NaOH(火碱)溶液或撒生石灰消毒1次；养殖场周围及场内污地、排粪坑、下水道出口等，每月用漂白粉消毒1次。

(3)牛舍消毒：每批牛调出后，彻底清扫干净，用高压水枪冲洗，然后进行喷雾消毒或熏蒸消毒。

(4)用具消毒：定期对保温箱、补料槽、饲料车、料箱、投药和注射器械等进行消毒。先清洗，然后选用化学或物理方法消毒。除注射器具外，其他设备消毒后要进行再清洗。

(5)带牛消毒：带牛消毒用0.1%新洁尔灭、0.3%过氧乙酸、0.1%次氯酸钠等。

(6)牛体消毒：助产、注射治疗及任何对牛体接触操作前，对牛局部进行消毒药物擦拭。

(7)卫生消毒器具和药物要妥善保管，消毒器具中不留残液。

(8)每次消毒后，消毒人员填写消毒记录，留档备查。

3.牛舍消毒流程

(1)消毒液选择：拜净(三碘氧化合物)1∶600倍稀释，戊二醛500～1 000倍稀释，0.1%过氧乙酸。几种消毒药每周轮换一次使用。

(2)每年4～9月进行灭蝇工作，药物选择杀灭虫卵类药物。

(3)生产区消毒顺序：泌乳牛舍一特需牛舍(指产房或犊牛岛)—后备牛舍，每天对已清理的卧床、粪道、饲喂通道及饮水槽进行2次喷雾消毒。生产区关键路口设生石灰隔离带。

(4)犊牛岛每天2次消毒和产房每天多次消毒。

(5)挤奶厅按每班次消毒一次。

(6)奶牛医院、病牛舍及死亡牛污染的卧床、运动场，每天多次清理粪污，每天用拜净(1∶600)或戊二醛[1∶(300～500)]或0.1%过氧乙酸消毒。

(7)泌乳牛进挤奶厅期间，及时清理卧床上的粪污、子宫排出的恶露、胎衣碎片、收集流产早产胎儿、胎衣等依法依规予以无害化处理。

(8)消毒工作合理、高效、全面，详细填写消毒记录表，留档备查。

**(三)紧急消毒**

除日常预防性消毒外，公司根据实际情况，制定了紧急消毒预案，在发现口蹄疫、布鲁氏菌病和结核病疫情或病例时，在发现净化病种隐性带毒牛或病牛时，启动紧急消毒措施；根据本场周围奶牛疫病流行情况，增加本场消毒频率，严格控制人员和车辆出入，防止外来疫病传入。

**（四）消毒药品使用注意事项**

（1）醛类消毒剂有甲醛，聚甲醛等，其中以甲醛的熏蒸消毒最为常用，密闭的场所可按每立方米 7～21 g 高锰酸钾加入 14～42 mL 福尔马林进行熏蒸消毒，熏蒸消毒时，室温一般不应低于 15℃，相对湿度应为 60%～80%，可先在容器中加入高锰酸钾后再加入福尔马林，密闭门窗 7 h 以上便可达到消毒目的，然后敞开门窗通风换气，消除残余的气味。

（2）含氯消毒剂的消毒效果取决于有效氯的含量，含量越高，消毒能力越强，包括无机含氯消毒剂和有机含氯消毒剂，可用 5%漂白粉溶液喷洒动物圈舍、笼架、饲槽及车辆等进行消毒，次氯酸杀毒迅速且无残留物和气味。

（3）碱类制剂主要有氢氧化钠等，消毒用的氢氧化钠制剂大部分是含有 94%氢氧化钠的粗制碱液，使用时常加热配成 1%～2%的水溶液，用于被病毒污染的圈舍地面，运动场和污物等的消毒，喷洒 6～12 h 后用清水冲洗干净。



（4）消毒剂使用：结合本场实际科学选择消毒剂，并定期交替使用，防止产生耐药性。

## 四、动物移动控制研究应用

**（一）计步器**

（1）计步器加装于成年母牛的蹄腕部，犊牛、青年牛加装于颈部，可以收集牛只的运动步数，计步器与牛场的电脑终端实现实时信息交换，通过电脑终端可以查阅牛只的每日运动情况。

（2）运动步数。奶牛的运动步数落于正常区间，表示奶牛运动情况正常，活动正常；运动步数低于正常运动步数，进一步结合临床检查，确认引发步数下降的原因，有利于及时发现病牛；运动步数大幅高于正常运动步数，有利于及时掌握奶牛的发情情况。

**（二）电子耳标**

（1）奶牛的电子耳标加装于奶牛的耳部，泌乳牛进入挤奶大厅的挤奶转盘后，通过电子扫码系统主动识别电子耳标信息，开始挤奶后同步收集该牛的产奶量，收集的不同牛只的产奶量信息回传至奶厅数据系统，实现牛只产奶量的实时监控和数据分析。

（2）产奶量。通过电子耳标及挤奶信息收集系统收集的产奶信息，可以为牛场的牛只分群提供信息支撑。

### (三)颈夹

通过安装颈夹,可以实现奶牛采食定位;奶牛诊疗或配种时候,可以通过锁定颈夹,进一步限制牛只移动,确保畜牧兽医工作人员更加顺利开展诊疗或配种工作。

### (四)转群及挤奶的专用通道

通过设置围栏,在围栏的交叉口设置可以切换不同运动方向的旋转栅栏门的方式,根据具体工作需要快速切换形成专门的挤奶、转群通道,有利于牛群能够按照顺序安全通过专用通道行走,预防牛群混乱踩踏,规避牛只意外伤害,确保牛群安全转群移动。

## 五、科学饲养研究应用

公司采用了 TMR 自动饲喂系统对全部奶牛进行自动喂养模式,该系统根据奶牛不同生理阶段和生产性能的营养需求,把经过处理后的粗饲料和精饲料按照一定比例进行充分混合而得到的一种平衡的日粮。该自动喂养系统技术的优点:一是提高了奶牛场工作效率;二是增加了奶牛采食量,提高了生产性能;三是提高了奶牛的适口性,保证了营养均衡;四是维持瘤胃内环境稳定,保持奶牛健康;五是 TMR 技术可按照饲料间的最大正组合效应进行饲料配制,达到"1+1>2"的效果;六是降低养殖成本,提高经济效益。



### (一)TMR 制作规程

1.原料预处理

(1)精料　饲料原料需经过必要的粉碎、预混料需要提前与精料混匀。

(2)干草　散开整摞的干草,清理出杂物;干草预切割,切割长度 5～8 cm。

2.原料称重

(1)依据营养师制定的各牛群日粮配方,按照添加顺序依次称重。

(2)称重误差　青贮≤2%或 30 kg;干草≤3%或 50 kg;精料≤2%或 10 kg。

3.加料

(1)原则:先干后湿,先长后短,先轻后重(立式顺序);干草、精料、干辅料、湿辅料、青贮、糖蜜、水(一般添加顺序)。

(2)搅拌容积:50%～85%。

(3)防止石块、铁器、包装线等杂物混入制备机。加料前启动 TMR 制备机,确保设备正常。每次瞬时加料不超过 250 kg。

4.搅拌

(1)干草搅拌 3 min,其他按顺序快速添加。

(2)原料添加完成后再搅拌 3～8 min。

(3) 水份控制在 45%～55%,依据气温及牛场条件适当调整水分,定期监测 TMR 水分。

5.出料

(1)用 TMR 运输车或撒料车运输到牛舍。

(2)通过控制 TMR 撒料车出口大小控制出料速度。

(3)关注出料速度和投料距离,及时调整投料速度,保证投料质量。

(4)投料距离:距离档料墙≤60 cm。

### (二)牛群分段饲养管理

1.犊牛



(1) 生牛后 30 min 内脐带消毒。

(2)1 h 内保证犊牛吃到合格的初乳,第二次饲喂应在 6～9 h,初乳应持续饲喂 3～5 min。保证犊牛自由饮水,喂奶后 1～2 h,饮用 35～38℃的温水。

2.育成牛

断奶后育成牛按照月龄和体重进行分群饲养,饲养方式采取散栏方式饲养,自由采食,精饲料 500～1 000 kg,其中能量饲料占比 50%～55%,蛋白占比 20%～25%,保证粗饲料各品种供应均衡,每头每日育成牛干草 1.5～2.5 kg,精料 1.5 kg,青贮料 10 kg。

3.干乳期

干乳牛单独饲养,专人管理,注意保胎防止流产,干奶的方法有逐渐干奶法,快速干奶法,干乳期 60 天,停奶一般采用快速干奶法,3～5 min 干奶完成,挤完奶注入干奶药。干奶后及时调整日量,根据不同的怀孕天数进行分开饲养,精料控制在 4～6 kg。粗蛋白控制在 13%。

4.围产期

围产牛前期和后期多喂块根料、槽楂料。按照阴离子盐说明添加阴离子盐,不得给予食盐。适当加强运动,减少难产,防止畜群拥挤,产前两周将母牛移至产房内,产房预先做好消毒。分娩是母牛的正常生理需求,羊水流出后 2 h 后,未见到胎儿娩出,人员消毒后检查胎儿是否正常,人工助产,产后 12 h 观测胎衣是否脱落。进行催产素打针。

5. 泌乳高峰期

减少能量负平衡，提高饲料浓度，日粮干物质采食量增加，奶料比一般 2.5∶1，精料日粮饲喂不超过 15 kg，通常 8 kg。全天 20 kg 干草自由采食，充足供水，每天挤奶 3 次，防止发霉变质饲料。密切关注新产牛子宫恢复情况，搞好产后监控。

6. 泌乳中期

在饲喂上要坚持多产多喂、少产少喂的原则。最大限度地控制产奶下降的速度，随产奶量渐减，精饲料用量逐步减少，提高日粮干物质中粗饲料所占的比例，尽量延长奶牛的泌乳高峰，管理，每天挤奶 2 次，根据挤奶高低进行调整。

7. 泌乳后期

日粮干物质占体重 3.0%～3.2%，粗蛋白水平 12%，钙 0.6%，磷 0.35%，精粗料比 30∶70。调控好精粗比例，以青粗饲料为主，补充少量精料，防止母牛过肥，保证母牛中等膘情，做好保胎工作，防止流产，防止乳房炎，为干奶做好准备。

**(三)饲养相关职责**



1. 饲养人员职责

(1)饲养员应熟悉所管牛群的基本情况，熟记牛号、年龄(月龄、胎次)、出生日期、膘情、发情配种和妊娠情况。

(2)掌握一定的饲养管理知识、发情鉴定及疫病观察知识，严格按操作规程饲养管理牛群。

(3)根据牛群膘情、采食量、体质状况等生理特点区别饲养。根据具体情况搞好分群饲养工作。

(4)以先粗后精、勤添少喂为原则，不喂霉烂、变质、冰冻饲料。注意拣出草料中异物，不空槽、不断草。

(5)保证奶牛充足的饮水供应；经常刷拭饮水槽，保持饮水清洁。两天一清洗，半个月一消毒，冬季要防冻，时刻要干净。

(6)坚持刷拭牛体，保持圈面及周围环境卫生，注意观察奶牛的精神、食欲、排便等情况，发现异常及时报告兽医，配合技术人员做好检疫、配种、称重、体测及疫病治疗护理工作。

(7)坚持每班次清理舍内牛槽，经常清理补饲槽，确保舍内牛槽清洁卫生、无杂物。饲料要新鲜，不能有霉变。

(8)牛粪、杂物要及时清理干净，不得乱倒。牛舍、运动场保持松软干燥、清洁卫生，夏不存水、冬不结冰。上下槽不急赶。坚持每天刷拭牛体。

(9)熟悉每头牛的基本情况,注意观察牛群采食、粪便、乳房等情况,发现异常及时向技术人员报告。

(10)卧床一天一平整,三天一填充,及时清牛粪,坡度要适中。

2.犊牛岗位

(1)注意观察犊牛的发病情况,发现病牛及时找兽医治疗,并且做好记录。

(2)喂奶犊牛在犊牛岛内应挂牌饲养,牌上记明犊牛出生日期、母亲编号等信息,避免造成混乱。

(3)新生犊牛在1 h内必须吃上初乳。

(4)犊牛喂奶要做到定时、定量、定温。

(5)及时清理犊牛岛和牛棚内粪便,犊牛岛内犊牛出栏后及时清扫干净并撒生石灰消毒。舍内保持卫生,定期消毒。

(6)喂奶桶每班刷洗,饮水桶每天清洗,保证各种容器干净、卫生。

(7)协助资料员完成每月的犊牛照相、称重工作。



3.育成牛、青年牛岗位

(1)注意观察发情牛并及时与配种员联系。

(2)严格按照饲养规范进行饲养。

(3)保证夜班饲草数量充足。

4.成母牛岗位

(1)根据牛只的不同阶段特点,按照饲养规范进行饲养。同时要灵活掌握,防止个别牛只过肥或瘦弱。

(2)爱护牛只,熟悉所管理牛群的具体情况。

(3)按照固定的饲料次序饲喂。饲料品种有改变时,应逐渐增加给料量,一般在一周内达到正常给量。不可突然大量改变饲料品种。

(4)产房要遵守专门的管理制度,协助技术人员进行奶牛产后监控。

### (四)信息收集与分析

公司成立饲养管理信息收集会商工作组,负责从下设的畜牧兽医组、饲养管理组、后勤保障组收集牧场生产管理诊疗信息,集体会商分析、制订后续工作计划。畜牧兽医组负责配种、诊疗、防疫、监测、无害化处理等信息收集整理报送;饲养管理组负责牛群饲养、分群、牛圈舍管理、器械操作保养等信息收集整理报送;后勤保障组负责饲料采购、兽药出入库、牧场全域视频监控管理、从业人员技术培训指导等信息收集整理报送;信息收集会商小组根据收集的信息,每月开展一次综合评估会商，借助合作科研院校的专业前沿技术平台优势，及时交流生产管理诊疗信息，分析找准后续工作重心和工作难点，精准提出解决方案，形成下个月工作计划，下发各工作小组，高效推进牧场的各项具体工作。

## 六、动物疫病防控研究应用

### (一)口蹄疫的防控

口蹄疫是由口蹄疫病毒引起的急性、热性、高度接触性传染病，也属于人畜共患病，世界动物卫生组织将其列为A类传染病，我国将其列为一类动物疫病。本病流行快、传播广、危害性大，对奶牛业的危害极大。

(1)按免疫程序做好预防免疫。3个月以上牛只，每年5月、11月各集中免疫一次口蹄疫O型和A型口蹄疫二联疫苗。犊牛达到3月龄进行首免，1个月后加强免疫一次。免疫必须做到一牛一针，确保消毒到位，剂量充足、部位准确。打疫苗时，做好观察，如出现过敏牛只，立即使用肾上腺素。

(2)做好抗体监测工作。牛场对免疫21天后奶牛按存栏10%采血进行抗体监测，采血时兼顾各个牛群。一旦发现抗体合格率低于部颁标准要求，立即组织实施加强补免，确保维持有效抗体水平。每年开展4次口蹄疫免疫监测，春、秋两季分别于免疫后一个月左右随机采血30份送唐山市动物疫病预防控制中心进行抗体监测，汉沽管理区动物疫病预防控制中心每年按照年度工作计划进行两次抗体监测。



### (二)布鲁氏菌病的防控

布鲁氏菌病是由布鲁氏菌属细菌引起的一种人畜共患病的常见传染病。我国将其列为二类动物疫病。布鲁氏菌病主要通过呼吸道、消化道、生殖道传播，也可通过损伤的皮肤、黏膜等感染，奶牛感染后，临床主要表现为流产、睾丸炎、关节炎等；人感染后临床表现为发烧、多汗、游走性关节痛、全身乏力等。

(1)临床症状　布病典型症状是怀孕母畜流产。乳腺炎也是常见症状之一，可发生于妊娠母牛的任何时期。流产后可能发生胎衣滞留和子宫内膜炎，多见从阴道流出污秽不洁、恶臭的分泌物。新发病的畜群流产较多。公畜往往发生睾丸炎、附睾炎或关节炎。

(2)病理变化　主要病变为妊娠或流产母畜子宫内膜和胎衣的炎性浸润、渗出、出血及坏死，有的可见关节炎。胎儿主要呈败血症病变，浆膜和黏膜有出血点和出血斑，皮下结缔组织发生浆液性、出血性炎症。组织学检查可见脾、淋巴结、肝、肾等器官形成特征性肉芽肿。

(3)布病防控　常年坚持自繁自养，无引进奶牛。加强监测。坚持每年3～4月份、9～10月份进行两次全群采血检测，监测结果及时整理归档，同时按照全市监测计划于每年5月、10月随机采取100头份奶牛血样送唐山市动物疫病预防控制中心进行集中监测。普检阶段发现的可疑牛只，立即进行隔离，密切观察，1个月后进行二次采血送样复检，复检结果仍判定为阳性牛依法依规进行无害化处理。检出阳性牛，经当地畜牧兽医部门批准后可以对阴性牛进行布病疫苗免疫。免疫半年后进行检测，区分感染抗体与免疫抗体。

**(三)蹄病预防及治疗**

1.蹄病预防

(1)季节性全群修蹄　每年的3～5月、9～10月对成母牛群进行季节性修蹄整形。

(2)预防性药浴　挤奶牛、泌乳牛蹄浴每周3次，分别在每周四、五、六连续3天，停药后下周循环进行。



(3)奶厅铺设橡胶垫，减少牛群蹄部损伤，牛舍垫料及卧床垫料3～4天更换一次，牛舍内的粪污在牛群离开后每天及时通过自动清粪机进行清理，保持牛舍干净。

2.蹄病治疗

(1)趾间皮炎(蹄叉炎)治疗　首先把病牛上蹄台检查，然后用水或0.1%新洁尔灭消毒液清洗干净整个蹄子，同时清除蹄叉内坏死组织及化脓物，再用5%碘酒消毒蹄叉，并用一块比创口大1/3的脱脂棉和松馏油20 g敷在蹄叉内，用奶牛专用的包扎带包好。修蹄后立即肌肉注射消炎药，第三天再注射一次，连用3次，五天后复查一次，并做好详细记录。

(2)趾间蜂窝织炎治疗

①用青霉素钠400万IU，0.5%普鲁卡因30～40 mL，在肿胀部位的稍上方分3～4个点肌肉注射，每天一次，连用3～5天。

②素解灵20 mL，肌肉注射，每天一次，连用3天。

③局部处理，用检蹄钳钳压蹄底，看有无明显疼痛点，凡有明显痛点且蹄底角质变软变色者，应修蹄。先用5%碘酊消毒蹄底，再用消毒的挖蹄刀对蹄底变色软化处进行挖削。当到达蹄真皮时，排除恶臭化脓性渗出物，用双氧水冲洗，再用生理盐水冲洗。每天肌肉注射20 mL头孢噻呋盐酸，连用3天。

(3)趾间皮肤增殖治疗　对于小的增生物，可以用高锰酸钾腐蚀。对于大的增生物，可以用5%碘酊消毒，然后用消毒刀片切除，药敷并用专用绷带包扎。

(4)蹄底角质糜烂治疗　用蹄刀去除已经腐烂的角质，挖出填塞的泥土粪污，将蹄底腐烂的角质去除，露出新鲜的创面。凡蹄底角质出现分层的，均应将已经分离的角质去除，用松馏油填塞蹄底部，包扎。

(5)蹄底化脓治疗

①用 0.1%的新洁尔或 0.1%高锰酸钾消毒患蹄。

②用 5%碘酊消毒蹄底。

③用蹄刀去除已经腐烂的角质，并深挖至蹄底真皮部。

④充分排出蹄底真皮部的炎性渗出物。

⑤用双氧水冲洗蹄部真皮感染部。

⑥用生理盐水再次冲洗。

⑦外敷松馏油+脱脂棉。

⑧包扎专用绷带。

(6)蹄底挫伤治疗

①保持粪道和挤奶道上的卫生，及时清除粪污、积水或石子。

②挤奶通道铺设橡胶垫。

③对已发生蹄底挫伤的牛可以用美达佳 15 mL/次，每 3 天注射一次，连用 2～3 次，即可治愈。

④疣状皮炎、白线裂在多年的治疗中几乎没有遇到。

**(四)乳房炎牛挤奶及治疗程序**

1.准备工作

把治疗乳房炎时用到的物料在挤奶之前准备好(药物：速诺、泌乳通、乳炎康、酒精棉球、记录本、笔等及当天需要治疗牛的电子记录打印版)。

2.验奶及前药浴

(1)每头牛验奶之前都要进行药浴，然后才进行验奶。

(2)验奶兽医在每验完一头牛之后都要更换一次性手套，避免交叉感染。

(3)每头牛验奶结果必须准确记录耳号、发炎乳区、坏死乳区、新发病牛等级等，以便查阅(每头乳房炎牛都要有纸质和电子版的治疗记录)。

3.用药

(1)脱杯后发病乳区必须手工挤奶、挤净为止。在挤下一头牛之前更换一次性塑料手套。

一个乳头最好要用 2 个酒精棉球进行消毒，用酒精棉球擦净乳头末端，直至擦拭棉球无肉眼可见的污迹。

(2)乳头管内注射药物。用药之前进行信息核对，确认用药的种类及乳区。注射药物时注射管插入乳头管内 0.5 cm，防止插入过深，增加外源感染概率。

(3)送药。药物注入乳头管之后用左手食指与拇指轻轻捏住乳头末端，右手食指与拇指从下向上轻捋 4～8 次。

(4)用药要结合化验室的病菌鉴定结果，选择敏感药物。金黄色葡萄球菌引起的临床型乳房炎牛要隔离治疗，支原体乳房炎牛应及时淘汰处理。

(5)重症临床型乳腺炎，在对发病乳腺进行局部治疗的同时，要全身使用广谱抗生素，并大量补液纠正水盐代谢紊乱和酸碱平衡失调。以控制和防止败血症、毒血症的发生。

(6)用药方法(图 1-2)。



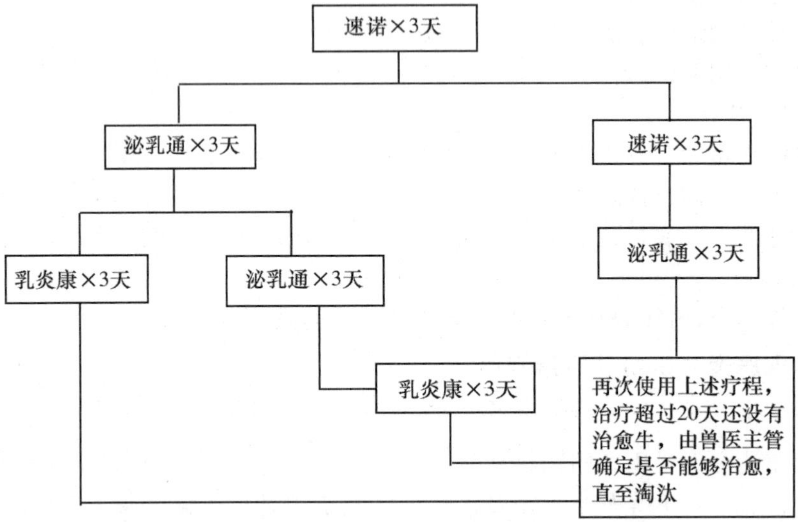


图 1-2　用药方法

### (五)防疫管理制度

(1)牛场建设须经汉沽管理区畜牧兽医行政管理部门审批，并取得动物防疫合格证，自觉接受汉沽管理区动物卫生监督机构监督管理。

(2)牛场从区外引进动物，首先向区动物卫生监督机构提出申请，审批后再引进。引进的动物必须来自非疫区，附有检疫证明。种畜禽必须附有种畜禽合格证和种畜系谱。引进的种用动物依法实施隔离饲养。入场后立即报检报验。

(3)牛场配备专职兽医，积极落实防疫管理制度，按要求认真填写畜禽养殖档案。

(4)科学制定综合性动物防疫规划、动物疫病防治和应急措施，报县级畜牧兽医行政管理部门备案。

(5)做好强制免疫病种、计划免疫病种的免疫工作和免疫效果监测、标识佩戴工作，接受区动物卫生监督机构的监督指导。

(6)动物出售前，必须向区动物卫生监督机构报检，取得检疫证明后，方可出售。

(7)牛场一旦发生疫病，立即向汉沽管理区畜牧兽医主管部门报告，并依法或者按动物卫生监督机构的要求采取相应的处理措施。

**(六)免疫管理制度**

(1)牛场的免疫包括强制免疫和计划免疫。强制免疫要按区畜牧兽医行政管理部门规定的病种、程序和使用疫苗品种执行；计划免疫要在区动物疫病预防控制机构指导下，结合本场实际，确定免疫病种、程序。

(2)牛场的免疫工作经由兽医工作人员实施，并接受区动物卫生监督机构的监督检查。

(3)强制免疫和计划免疫的疫苗必须从国家规定的合法渠道获得。

(4)兽医在免疫接种前应详细查阅使用说明书，查看使用方法和注意事项。免疫过程做到严格消毒。注射器、针头应洗净、煮沸(至少 20 min)，针头逐头更换，注射部位实施消毒。免疫接种后，消毒注射用具，一次性用具和空苗瓶集中销毁。

(5)免疫完成后兽医人员应认真填写畜禽养殖档案中免疫记录部分，做到准确、规范、不漏项。

(6)积极配合区动物疫病预防控制中心做好免疫效果监测工作，取得免疫效果监测结果通知单，对免疫效果监测合格动物佩戴耳标、签发免疫证明。免疫证注明免疫有效期，大中家畜一头一证，禽兔小动物一批一证，同时加盖发证单位公章，对检测不合格的及时进行补免。

**(七)动物疫情报告制度**

(1)发现一般动物疫情时要按照有关规定的程序和时限逐级上报。

(2)发现下列情况必须快报，并由动物疫病预防控制机构有关技术人员到现场进行核实。

①发生一类或疑似一类动物疫病；

②二类、三类或其他动物疫情呈暴发性流行；

③已经消灭又发生的动物疫病；

④新发现的动物疫病。

(3)动物疫情报告的内容要包括：疫情发生的时间、地点；染疫、疑似染疫动物数量、同群数量、免疫情况、死亡数量、临床症状、病理变化、诊断情况；流行病学和疫源追踪情况；已采取的控制措施；疫情报告的单位、负责人、报告人及联系方式等。

(4)报告程序:场方兽医发现动物染疫或者疑似染疑的,按《动物防疫法》第 26 条规定办理;症状不明显的,立即通知驻场监管官方兽医,官方兽医到场,发现疑似传染病的,马上报告县级动物疫病预防控制机构。

(5)重大动物疫情须由省级以上兽医行政部门依法认定和公布,任何单位和个人不得确认疫情并对外公布。

(6)对重大动物疫情不得瞒报、谎报、迟报,也不得授意他人瞒报、谎报、迟报,不得阻碍他人报告。

## 七、奶牛疫病监测研究应用

公司根据《唐山市动物疫病监测与流行病学调查实施方案》,制定了本场动物疫病监测方案和计划,重点做好口蹄疫、布鲁氏菌病、结核病等动物疫病监测工作。根据建立的特定动物疫病净化方案和发现阳性动物处置方案等,切实开展结核病净化监测、隔离、淘汰和无害化处理等工作。



### (一)结核病监测

1."γ-干扰素 Elisa 试验在奶牛结核病净化工作中的推广应用"项目

该项目为唐山市动物疫病预防控制中心开展的研究推广项目,获得了唐山市科技进步奖。公司作为该项目试验示范场,积极配合开展各项示范试验,并将该技术在本场应用推广。项目解决了奶牛养殖中结核病快速检测耗时长、用人多、不能大批量检测等问题。奶牛结核病的传统检验方法为牛结核菌素皮内变态反应试验,用时长,至少需 72 h,每头牛需要 3 人以上才能完成注射,还要在注射时、24 h、72 h 三个时间点进行三次皮厚测量。尤其是注射结核菌素后 3 天的奶必须弃掉,造成极大浪费和经济损失,已经不适用于当前集约化奶牛场结核病的检测工作。而牛结核病 γ-干扰素 Elisa 试验,操作简单,只需要采集血液样本在实验室完成检验,用时短(24 h 内即可完成),对产奶无影响,且短时间内就可完成大批样本的检验。通过试验示范,采用牛结核病 γ-干扰素 Elisa 试验检测新技术,缩短了检验时间,同时节省了人工,便于大批量检验,有力地保障了奶牛结核病净化工作的开展。

2.结核病监测

(1)监测目标　通过实施结核病年度监测方案及时发现阳性病牛个体,制定严格的无害化处理措施,维护牛群整体健康稳定。

(2)监测范围　6 月龄以上所有奶牛。

(3)监测方法　按照国家标准(GB/T 18645—2002),用牛结核病 γ-干扰素 Elisa 试验进行检测;或用牛型结核分枝杆菌 PPD 皮内变态反应进行检测。

(4)监测频率

①集中监测　在官方兽医监督指导下，公司安排兽医技术人员具体实施检测。每年开展集中检测两次(春、秋各一次)。

②日常筛查监测　场方兽医每日临床巡查。巡查能够发现连续顽固干咳特征、清早最为明显、食欲早期正常、容易疲劳、逐渐清瘦、呼吸困难的病畜。能够发现消瘦和持续性下痢，或便秘下痢交替出现为特点，粪便带血或带脓汁，味腥臭病畜。能够发现乳房淋巴结肿大，而后两乳区发生局限性的弥漫性硬结，且无热无痛，表面高低不平，泌乳量降低，乳汁变稀，乳腺萎缩或泌乳停止病畜。立即转入隔离饲养圈舍，专人护理，密切观察，采用牛型结核分枝杆菌 PPD 皮内变态反应检测，必要时用 γ-干扰素 Elisa 试验检测。

(5)监测工具　测量皮厚的工具由原来的手动游标卡尺，更新换代为更为精确的电子游标卡尺，测量工具的改变，大幅度提升测量数据的准确性，确保监测结果更精确。工作效率大大提升。

(6)结果判定　对皮内变态反应检测阳性的动物，45 天后用牛型和禽型结核分枝杆菌 PPD 在颈部两侧或颈部同侧相距 12～15 cm 的两个部位进行比较皮内变态反应试验(GB/T 18645—2002)，或用 γ-干扰素 Elisa 试验(按试剂盒说明书)检测，检测阳性的牛，判定为结核病牛。



(7)检测结果处置

①检测结果疑似阳性奶牛马上隔离饲养，待 1 个月后复检再次进行结果判定。

②初检疑似阳性牛经复检仍为阳性者坚决进行淘汰扑杀，同时对其同群的奶牛作为结核病污染群每 3 个月进行一次结核病检测，直至连续 2 次检测不出现阳性结果的方可按照净化群转入常规检测。

③结核病阳性牛严格按照农业农村部《病死及病害动物无害化处理技术规范》进行销毁和无害化处理。严禁将病牛销售出场区。

④检出的阳性牛进行无害化处理后，对被病畜和阳性畜污染的场所、用具、物品进行严格消毒。金属设施、设备采取火焰、熏蒸等方式消毒；圈舍、场地、车辆等，用 2%烧碱消毒；饲料、垫料采取深埋发酵处理；粪便采取堆积密封发酵方式处理。

全群结核病监测由汉沽管理区动物疫病预防控制中心负责监督监测，每半年监测一次，全群 10%采血送唐山市动物疫病预防控制中心监测，近 3 年监测结果显示阳性率均不超过 0.5%。

**(二)布鲁氏菌病监测**

1.监测目标

通过实施年度监测计划及时发现布病阳性牛个体，制定严格的无害化处理措施，维护牛群整体健康稳定。

2.检测方式及频次

委托本区动物疫病预防控制中心化验室开展布病筛查检测，每年开展集中检测两次（春、秋各一次）。每年春秋季普检完成后再按一定比例抽样送唐山市动物疫病预防控制中心兽医实验室各检测一次。

日常筛查监测：孕牛流产，流产前阴道黏膜潮红，并有粟粒状红色结节，从阴道中流灰白色、淡褐色、黄红色或黏液脓性分泌物。随后出现分娩预兆，不久即发生流产者，进行隔离饲养，进行布病筛查。每月随机抽取一定数量的血样，进行随机监测筛查。

3.检测范围

6月龄以上所有奶牛。

4.检测方法



采用虎红平板凝集试验进行初步筛选，阳性或可疑牛采用试管凝集试验复核确诊。

5.检测流程

（1）采样　在驻场官方兽医的监督下场方兽医负责奶牛血液样品采集，记好样品编号，填写采样记录单（官方兽医和本场兽医共同签字）。

（2）送样　将采集好的血液样品连同采样记录单一起送至区、市疫控中心兽医实验室。

（3）样品处理　化验室收到样品后及时进行离心分离血清。

（4）检测　区、市兽医实验室开展虎红平板凝集试验检测初筛。

（5）复检确诊　区疫控中心兽医实验室对初筛阳性或可疑的血清样品由市中心兽医实验室采用试管凝集试验复检确诊。

6.监测结果处理

经复检确诊为布病阳性的奶牛，在驻场官方兽医现场监督下按照农业农村部有关规定进行扑杀无害化处理，并转为每月监测1次，连续3次检测均为阴性后，方可转入常规监测。

### （三）口蹄疫监测

1.监测目标

通过实施奶牛口蹄疫监测计划掌握场内口蹄疫免疫抗体水平，指导全场开展口蹄疫防控工作，维护牛群整体健康稳定。

2.检测方式

由唐山市和汉沽管理区动物疫病预防控制中心兽医实验室开展口蹄疫检测工作。

3.检测频次

唐山市动物疫病预防控制中心每年开展春、秋两次集中监测工作，汉沽管理区动物疫病预防控制中心按照每年工作计划进行两次抗体监测。

4.检测比例

按照全群10%的比例进行抽检。

5.检测方法

口蹄疫病毒抗体液相阻断Elisa。

6.检测合格标准

口蹄疫A型、O型抗体合格率均达到90%以上。

7.监测结果应用

经化验室监测口蹄疫抗体合格率低于80%时采取全群强化免疫一次。

## 八、粪污处理研究与应用

奶牛场粪污主要包括有：奶牛的粪便、尿液、冲洗牛舍产生的污水和冲洗挤奶厅产生废水等。

### （一）相关依据

按照《畜禽规模养殖污染防治条例》第十三条规定：畜禽养殖场、养殖小区应当根据养殖规模和污染防治需要，建设相应的畜禽粪便、污水与雨水分流设施，畜禽粪便、污水的贮存设施，粪污厌氧消化和堆沤、有机肥加工、制取沼气、沼渣沼液分离和输送、污水处理、畜禽尸体处理等综合利用和无害化处理设施；其他相关标准：《奶牛场粪污无害化加工与应用规范》《畜禽粪便还田技术规范》《畜禽场环境质量及卫生控制规范》和《畜禽养殖业污染防治技术规范》等相关规定规范。

### （二）自行建设

公司本着生态环保、资源循环利用和可持续发展的理念，投入资金420万元，引进了先进的GEA全自动粪污处理系统和干湿分离系统。

### （三）处理原则

遵循减量化、无害化和资源利用的原则，执行“三时”要求，配套粪污处理设施。

### (四)粪污处理模式概述

GEA全自动粪污处理系统和干湿分离系统的工艺流程为:牛舍内采用全自动智能刮粪板将奶牛的粪便和尿液等刮至牛舍外的集粪渠。循环泵将粪污集中到集粪池,集粪池的粪污通过搅拌输送泵输送到镜面固液分离压榨系统,将粪污分为液体和固体两部分。固体部分进行定向发酵,作为奶牛卧床垫料,有机肥用于苜蓿、玉米种植基地。液体部分通过定向发酵,在氧化塘中充分氧化发酵后、经过兑水稀释处理,通过地下管网输送给大型喷灌机,灌溉苜蓿、玉米基地。既实现水肥的循环利用,又减少排泄物对环境的影响,实现粪污的无害化处理和循环利用。粪便存放地点合理,有防雨、防渗漏、防溢流措施并及时转运;牛舍废污排放符合生物安全要求,粪污处理工艺流程见图1-3。

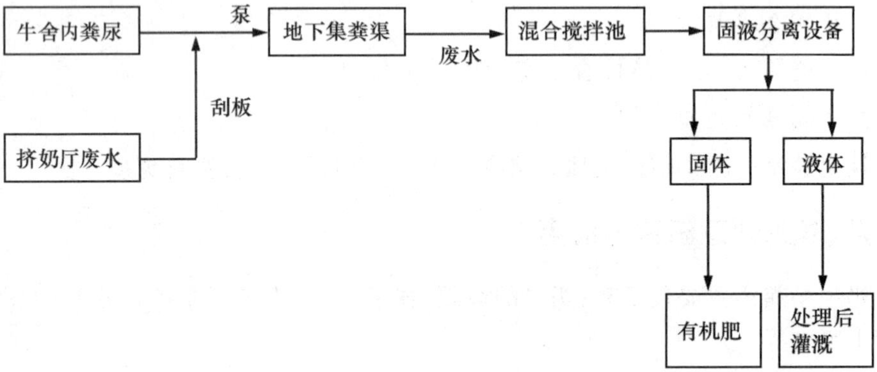


图1-3 污染处理工艺流程

### (五)技术要点

(1)处理原理 智能化粪污处理系统主要用于养殖场粪污无害化处理,包含挤奶厅冲洗系统、牛舍清粪系统、固液分离系统。智能化清粪系统能够时刻保持牛舍的清洁、干净、干燥和卫生。智能化粪污处理系统做到程序化控制,充分地体现了人性化的设计理念、性能稳定可靠;速度可调,根据不同牛群设置不同运行速度;实时监控,运行速度和运行轨迹通过无线传输系统传到中央控制中心;安全性能高,不会对奶牛和人员造成任何伤害;防冻系统,保证在寒冷的冬季仍能够正常运转。

(2)粪污的输送 刮粪板将粪尿刮到牛舍中间或一端的地下粪渠,挤奶厅的废水也经冲洗后一并流入地下粪渠,粪渠的坡度为3°,在粪渠的始端设置水冲阀门,利用废水冲洗将粪污冲到粪污搅拌池。

(3)粪污处理 牛舍粪污和挤奶厅废水全部由回冲阀门输送至牧场的粪污处

理区，由混合搅拌池里的设备提取粪水混合物进行固液分离。

固液分离后固体纤维物质经多次翻耕发酵，通过堆积发酵或晾晒的方式处理。夏秋季节粪便温度 50℃以上 7 天以上，冬春季节粪便温度 45℃以上 14 天以上。晒干后的牛粪杀菌后作为牛床垫料使用，提升了奶牛舒适度，又卫生又安全。液体被输送至回冲池，上清液用来回冲回冲主渠，下面的液体通过污水转移泵送至氧化塘进行后续处理。

(4)氧化塘　氧化塘建设总面积 12 000 $m^2$，总有效容积 18 000 $m^3$。液体部分经固液分离后，上清液用来回冲回冲主渠，下面的液体进入一级氧化塘进行爆氧处理，约 60 天进入二级氧化塘，约 30 天后进入三级氧化塘，约 20 天后可以达到畜牧排放标准。液面悬浮泵安放于三级氧化塘内，当污水达到排放标准后，启动液面悬浮泵，将处理后的水用于灌溉农田或循环利用回冲粪渠。

(5)喷灌设施　将养殖场处理的污水作为生物液体肥料通过喷灌系统直接施入农田，减少中间环节的液肥损失与污染。



**(六)粪污处理优势**

(1)循环利用好　将牛粪、作物秸秆等废弃资源，通过生物发酵，分解转化成培养基，用于食用菌生产，出菇后的废弃菌料，再经过生物处理制成有机肥回施农田改良土壤，种植的优质苜蓿蛋白含量高，又大大提高了奶牛单产，最终实现农业资源的循环利用。

(2)粪便污染小　粪便通过集中收集后干湿分离，干物质用于食用菌生产，液态经过发酵后，通过大型喷灌设施，结合浇水直接施入周边苜蓿基地，减少农田化肥施用，整个生产过程基本不产生污染排放。

(3)自动化程度高　引进国际最先进的转盘式挤奶器，大大提高挤奶效率，苜蓿种植基地采用节水喷灌设施，实现浇水喷肥一体化，食用菌生产全程采用 HACCP 程序控制，全部产业链条基本实现机械化自动控制。

**(七)效果分析**

(1)环境效果评价　养殖场粪便和污水全部实现综合利用。该模式对养殖场产生的粪污及养殖污水进行处理，处理后主要用于农田直接利用、生产有机肥、奶牛卧床垫料，实现了粪便变废为宝，促进了循环农业和生态农业发展。污水经氧化塘氧化处理后施予农田，畜禽粪污综合利用率达到 100%，实现粪污的“零排放”。该模式场区实现雨污分流，卫生整洁，实现清洁生产。

(2)社会效益评价　该模式的实施使粪污得到无害化处理，既保护了环境，又能增加土壤肥力，对社会起到循环经济的示范作用。该模式实现清洁生产，改变了大众对养殖场脏、乱、差的不利意识，有利于畜牧业健康发展。

（3）经济效益分析　该模式可为奶牛、肉牛提供更加舒适的生活环境，减少了动物疫病发生概率，提高了产奶量，由于环境控制达标，生鲜乳品质提高，生鲜乳单价将提高，该模式对养殖场经济效益提升起到了明显的推进作用。

### （八）获得国家专利

GEA自动清粪系统中的智能化清理牛粪设备，获得了2017年国家实用性专利。该技术提供一种智能化清理牛粪设备，取代了原始的人工和拖拉机等清粪，节省大量人力，减少了噪声，防止牛粪的污染，可预防奶牛各种疫病，有利于提升奶牛产量和质量，增加了经济效益。

## 九、无害化处理研究应用

病死牛体内带有大量致病微生物，如不及时进行无害化处理，任其腐烂发臭，病原体会随空气、水分到处扩散，不仅污染环境，还容易引起人畜疫病传播。



### （一）处理的原则

（1）对养殖过程中病死牛只及其排泄物、污染物进行无害化处理。

（2）配建污水沉淀排放、粪便堆放及无害化处理设施。粪便、污水等排泄物经沼气池或沉淀消毒池无害化处理。

（3）对病死牛只的处理严格遵循“四不准一处理”的原则，即对病死牛尸体一不准宰杀、二不准销售、三不准食用、四不准转运，将病死牛尸体全部进行无害化处理。

（4）病死或死因不明牛只的无害化处理工作应在区动物卫生监督机构的监督下进行。

（5）处理以掩埋、消毒和发酵处理方式为主。

（6）无害化处理措施以尽量减少损失，保护环境，不污染空气、土壤和水源为原则。

（7）采取掩埋的方式进行无害化处理，掩埋场所应在饲养场内或附近，远离居民区、水源、泄洪区和交通要道。对污染的饲料、排泄物等物品喷洒消毒剂后与尸体共同深埋。

（8）病死牛严格按《病死及病害动物无害化处理技术规范》进行无害化处理，并做好记录，由处理人和负责人共同签字，并对处理结果负责。

（9）建立无害化处理档案，对无害化处理情况做详细记载。

**（二）相关依据**

按照《动物防疫法》《病死及病害动物无害化处理技术规范》《病害动物和病害动物产品生物安全处理规程》（GB 16548—2006）、《畜禽养殖业污染防治技术规范》等法律法规进行无害化处理，加强监管。消毒按《畜禽产品消毒规范》进行处理。

**（三）处置方法**

（1）奶牛尸体运输。运输尸体和病害动物产品采用封闭不渗漏的容器。装卸前后必须按照消毒规范进行严格的消毒。

（2）深埋处理法。按照当地环保治理要求，本场主要采取深埋方式进行病死牛无害化处理。掩埋场所在饲养场内或附近，远离居民区、水源、泄洪区和交通要道。对污染的饲料、排泄物等物品喷洒消毒剂后与尸体共同深埋。掩埋坑底均匀铺2 cm厚生石灰，掩埋后掩埋土要夯实。病死奶牛尸体及其产品最上层应距地表面1.5 m以上；掩埋后的地表环境使用有效消毒药品喷洒消毒。对污染的饲料、排泄物和杂物等物品消毒后与尸体共同深埋。

（3）病死或死因不明奶牛的无害化处理工作应在区动物卫生监督机构的监督下进行。

（4）病死奶牛严格按规定进行无害化处理，做好记录，由处理人和负责人共同签字，并对处理结果负责。

（5）建立无害化处理档案，对无害化处理情况做详细记载。

（6）无害化处理记录具有可追溯性，无害化记录保存3年以上。

## 第四节　监督管理

### 一、种源管理

根据牧场实际开展牛群体型评定和DHI生产性能测定，定期聘请繁殖专家制定选种选配计划，建立科学合理的引种管理制度并执行良好、记录完整。该公司坚持采购优质精液进行自繁自养，从未引入奶牛或种牛。精液抽检检测报告结果：口蹄疫病原检测阴性、布病检测阴性、结核病检测阴性。有近3年完整的奶牛销售记录。

## 二、门卫管理制度

(1)严禁闲杂人员入场,公务出场要有手续,出入车辆必须检查,未经养殖场负责人批准,谢绝参观。

(2)严禁非工作人员门房逗留、聊天,严禁其他家禽、家畜等动物进入场区。

(3)搞好门口的内外卫生及防疫消毒工作。非生产车辆严禁进入场区,确需进入的必须严格消毒。

(4)认真负责,坚守岗位,不迟到早退,交接班后不擅离工作岗位,夜班不得高枕无忧睡大觉,要不定时察看责任区全部财产,因工作不负责任,丢失损坏财物,照价赔偿,损失重大的,解除劳动合同。

## 三、职工管理制定

(1)严格遵守奶牛场内部各项规章制度,坚守岗位,尽责尽职,积极完成本职工作。



(2)服从领导,听从指挥,严格执行作息时间,做好出勤登记。

(3)认真执行生产技术操作规程,做好交接班手续。

(4)上班时间必须穿工作服,严禁喧哗打闹,不擅离职守。

(5)严禁在养殖区吸烟及明火作业,安全文明生产,爱护牛只,爱护公物。

(6)遵纪守法,艰苦奋斗,增收节支,努力提高经济效益。

(7)树立集体主义观念,积极为奶牛场的发展和振兴献计献策。

## 四、技术人员职责

(1)制定牛场年、季、月生产计划和各类牛群的生产任务,包括产奶、产犊,选种、选配、草料消耗、牛群增重及药品计划等。

(2)协助场长改进工作,提出各阶段保证生产任务完成的技术措施和技术要求,实施技术指导并检查各项技术措施的执行情况,发现并及时解决技术措施实施中出现的问题。

(3)负责牛群疫病防治、饲养管理及育种工作,不断提高牛群品质,增进牛群健康。总结牛群配种、发病、检疫及不同个体牛只生产性能的提高和减产的原因,并提出技术改进措施和意见。

(4)负责制定饲料调配,定量和贮存技术、总结饲养技术经验,推广应用先进的饲养技术,实行科学养牛,准确填写牛群档案及各项生产计划资料记录。

(5)准确称量和记载牛的产奶量、乳脂率,日增重等。

(6)对养牛生产中出现的事故，及时向场领导提出报告，并承担应负的责任。

(7)开展培训班，培养提高全场职工技术水平，业务素质，及时向场长汇报工作，当好参谋。

## 五、兽医职责

(1)做好全场的卫生防检疫、疫病预防与治疗工作。

(2)每天必须在上班时巡视牛群，发现问题及时处理，不得坐等就医，做到以预防疫病为主。

(3)认真细致地进行疫病诊治，充分发挥自己的技术水平和聪明才智，及时解决问题，并参加会诊。

(4)必须做到诊断准确，用药及时，病历等记录完整。

(5)配合生产场长，参与饲养管理，共同提高饲养管理水平。

(6)及时、准确上报各种报表。

(7)定期进行检疫、防疫、驱虫、修蹄等工作。

(8)普及奶牛卫生保健知识，培训职工饲养管理和疫病防治知识，提高职工素质，掌握先进的饲养方法。

(9)积极学习掌握最新科技信息，及时结合实际情况，用于本场的生产实践。

(10)不得有擅自对牛场以外的奶牛出诊就医。

(11)积极配合领导和同事工作，相互学习，共同提高。

(12)及时完成场交办的其他临时安排的工作。

## 六、卫生防疫制度

(1)防疫规程严格按照《中华人民共和国动物防疫法》的规定，贯彻“预防为主”的方针，净化奶牛主要动物疫病，防止疫病的传入或发生，控制动物传染病和寄生虫病的传播。

(2)非生产人员不得进入生产区。

(3)奶牛场员工每年必须进行一次健康检查，如患传染性疾病应及时在场外治疗，痊愈后方可上岗。新员工必须持有当地相关部门颁发的健康证方可上岗。

(4)奶牛场不得饲养其他畜禽，特殊情况需要养狗，应加强管理，并实施防疫和驱虫处理，禁止将畜禽及其产品带入场区。

(5)定点堆放牛粪，定期喷洒杀虫剂，防止蚊蝇滋生。污水、粪尿、死亡牛只及产品要按规定做好无害化处理，并做好器具和环境等的清洁消毒工作。

(6)当奶牛发生疑似传染病或附近牧场出现烈性传染病时，应立即按规定采取隔离封锁和其他应急防控措施。

(7)要根据《中华人民共和国动物防疫法》及其配套法规的要求，结合当地实际情况，对强制免疫病种和有选择的疫病进行预防接种，疫苗必须经国家兽医行政主管部门批准。

(8)要按照国家有关规定和当地畜牧兽医主管部门的具体要求，对结核病、布鲁氏菌病等动物传染性疫病进行定期检测及净化。

## 七、检疫申报管理

(1)严格按照《动物防疫法》《动物检疫管理办法》的规定，在引进或出售动物前，向区动物卫生监督机构申报检疫。

(2)出售动物或产品前，场兽医人员应填写《检疫申报单》并报区动物卫生监督所；官方兽医收到报检申请后，填写《检疫申报受理单》。

(3)申报检疫前应准备好以下材料



①养殖档案和免疫证明；

②口蹄疫等强制免疫病种免疫抗体检测报告单；

③种畜禽的《种畜禽合格证》和种畜系谱；

④拟向省外调出种用动物的审批手续。向省外调出种用、动物的，需提供输入地省级动物卫生监督机构的同意调运审批手续。

(4)申报检疫的时间规定

①种用动物提前15天报检。

②动物产品和供屠宰或育肥的动物提前3天报检。

③因生产生活特殊需要出售、调运和携带动物，随时申报检疫。

(5)申报检疫方式。书面申报，电话申报。

(6)接到检疫申报后，官方兽医应及时到现场实施检疫。对经检疫合格的动物出具检疫证明。经检疫不合格的，应当在动物卫生监督机构的监督下按照国务院兽医主管部门的规定处理，处理费用由养殖场承担。

(7)跨省(直辖市、自治区)引进种用动物及其精液、胚胎时，引进前应当向区动物卫生监督所领取河北省统一的《跨省引进种用动物及其精液、胚胎、种蛋检疫审批表》，于调入前10天内逐级向河北省动物卫生监督机构申请，批准后方可引进。

(8)在引进动物前，应当对饲养场地、设施等进行彻底消毒。引进的动物必须来自非疫区，附有检疫证明，必须附有《种畜禽合格证》和种畜系谱。引进动物到达后要进行隔离饲养，并在3天内向区动物卫生监督所报验，经检疫人员查验证物、临床检查确认健康后，隔离期满后方可混群饲养(本场只引入品质优良的精液，进行自繁自养)。

## 八、牧场管理软件

阿菲金牧场管理系统是由电脑管理软件和数据收集设备组成。可以实现的功能有产奶量计量、乳成分在线分析、乳房炎早期监测、代谢病早期监测、发情牛监测、繁殖疾病监测、肢蹄病监测等,利用管理软件将这些数据传输到电脑软件的数据库中,通过软件的数据分析功能,根据牧场的需要,生成牧场所需的各种报表,通过这些报表,牧场管理者可以轻松地知道需要治疗和配种的奶牛。通过使用管理软件,可以使牛群数据规范准确。

# 第二章　唐山恒天然牧场有限公司净化案例

唐山恒天然牧场有限公司为唐山市三元食品有限公司与新西兰恒天然牧场合资企业，是新西兰在中国建立的首家牧场，注册资本 1 800 万美元。公司位于唐山市汉沽管理区农业总公司第十五队东部，场区面积为 350 000 $m^2$。该公司远离城镇居民区、生活饮用水源地、交通主干道等场所。选址合理，四周为耕作土地，周围设有隔离水沟；布局科学，周围建有围墙，门口设立消毒池，周围环境整洁，场内生活区、生产区通过合理的消毒带或围墙科学分离。

唐山恒天然牧场有限公司从新西兰引进荷斯坦奶牛，现养殖奶牛规模达到 7 300 头，其中成母牛 4 300 头，育成牛 1 700 头，犊牛 1 300 头。年产奶量达 2.8 万 t。企业在坚持科学养牛的基础上，注重改善动物福利。

公司有严格的规章制度、鲜明的企业文化以及清晰的组织结构，坚持以人为本与科学管理相结合，要求技术人员积极参加省、市、区等的各项养殖技术培训，并多次邀请专家到场内对员工进行培训，提高员工的专业技能和职业素养。健康安全部门定期组织健康安全培训，让员工安心工作，健康回家。恒天然尤其重视食品质量，生产上不断完善奶牛防疫，采用先进的挤奶设备和鲜奶储藏设备，大胆投入；企业设立食品质量与安全部门，实验室设备齐全，为牛奶质量保驾护航，始终处于同行业先进水平，真正做到世界可信赖的乳品之源。2016 年公司荣获了“SQF 标准食品安全与质量综合管理体系 2 级”，2017 年和 2018 年荣获了“SQF 标准食品安全与质量综合管理体系 3 级”。

为有效遏制结核病、布鲁氏杆菌等人畜共患病的发生和传播，公司常年致力于奶牛重点疫病的净化与防控工作，并全力以赴做好奶牛场结核病和布鲁氏杆菌的净化工作，将此项工作做为本场动物疫病防控工作的重中之重。

经过多年努力，奶牛结核病、布鲁氏杆菌病及口蹄疫等重点奶牛疫病防控工作取得了满意的成绩。2018 年 10 月该公司顺利通过河北省动物疫病预防控制中心评估专家组的验收，获得河北省第一批规模化养殖场奶牛结核病净化创建场荣誉称号并已授牌。

# 第一节 奶牛结核病净化技术方案

按照《动物防疫法》《乳品质量监督管理条例》《河北省动物防疫条例》《河北省奶业管理条例》等有关法律法规，遵照国家《牛结核病防治技术规范》，结合公司具体实际情况，本着内清外堵，净化巩固的原则，通过采取严格的监测、扑杀、无害化处理、消毒、隔离、检疫等综合性技术管理措施，逐步达到全场牛群结核病净化标准，提升牛群整体健康水平，提高公司乳品质量和生产效益，特制定本方案。

## 一、工作目标

通过采用一系列动物疫病净化技术手段、优化饲养管理措施及强化各项制度的建立与落实，使本场牛群结核病最终达到净化标准并得以维持净化状态。



## 二、净化技术手段

全场牛群结核病的防控坚持以“预防为主”的方针，建立健全各项相关的规章制度，加强饲养管理，改善卫生条件，采取“检测、隔离、淘汰、销毁、消毒”相结合的综合性防控措施，最终实现奶牛结核病的净化目标。

### （一）检测

公司采用PPD皮内变态反应试验100%自行普检和委托唐山市动物疫病预防控制中心兽医实验室采用γ-干扰素Elisa试验按10%～20%比例进行筛查相结合的方式定期开展结核病的检测。

采用PPD皮内变态反应试验和γ-干扰素Elisa试验相结合方式检出阳性牛的牛群为结核病污染牛群，连续2次全群监测都为阴性的牛群为净化牛群。如在牛结核净化群中（包括犊牛群）检出阳性牛时，应及时扑杀阳性牛，其他牛按假定健康群处理。犊牛初检于20日龄第一次检测结核病，100～120日龄第二次检测。成年牛净化群应每年3月、9月用牛型结核分支杆菌PPD皮内变态反应试验各进行一次监测。凡连续两次以上监测结果均为阴性者，可认为是牛结核病净化群。一旦出现阳性牛则按照污染牛群处理，每隔3个月监测一次。结核病污染牛群连续2次全群监测都为阴性按照净化牛群处理。

1.PPD皮内变态反应自行普检

检测程序：

(1)工具准备　一次性人用 2.5 mL 注射器(实践证明使用这样的注射器卫生、安全、操作方便)、配药用 5 mL 一次性塑料注射器、记录表、牛型提纯结核菌素、灭菌注射水、电子游标卡尺、电动剃毛刀、肥皂水、喷壶、冷藏箱、冰袋、手套、口罩、眼罩、隔离服等。

(2)检疫顺序　泌乳牛(不包括新产牛)—干乳牛(先早期干乳牛,后围产牛)—新产牛—育成牛—犊牛—病牛。

(3)检疫程序

夹牛:泌乳牛挤完奶回到牛舍锁住颈夹,检疫后备牛舍时,饲养部门配合投料。使用颈夹时尽量控制在 1.5 h 内。

剃毛:部位为牛颈侧中部上 1/3 处喷肥皂水,2 min 后剃毛效果更好,用剃毛刀剃一直径约 5 cm 区域。量皮厚:用电子游标卡尺测量剃毛中央皮皱厚度(两层皮肤的厚度),做记录。

注射剂量:每毫升含 10 万 IU,皮内注射 0.1 mL 结核菌素,结核菌素注射时要准确加入 5 mL 灭菌生理盐水稀释、吸取时选择瓶盖的侧缘以便能够将药物全部吸出。



注射方法:注射器针头拧紧、选择短针头,皮内注射 0.1 mL,45°角进针向上挑,注射后局部应出现小泡,如果注射不确实时,要选 15 cm 以外的部位或对侧重做,并做好重做部位的记录。

(4)注意事项　每头牛必须检疫到位,此项工作开始时尽量减少牛群大的调动,所有转群必须通知兽医处。每做完一栏将该牛舍牛号从系统导出与检疫牛号做对比、及时纠偏。

夏季炎热需要将结核菌素放在冷藏箱内。

在检疫过程中,每天及时填写所检疫牛舍,并做好第二天需要检疫牛舍的各项准备工作。

(5)注射次数和观察反应　皮内注射后经 72 h 判定,仔细观察局部有无热痛、肿胀等炎性反应,并以卡尺测量皮皱厚度,做好详细记录。对疑似反应牛应立即在颈部另一侧以同一批结核菌素同一剂量进行第二回皮内注射,再经 72 h 观察反应结果。对阴性牛和疑似反应牛,于注射后 96 h 和 120 h 再分别观察一次,以防个别牛出现较晚的迟发型变态反应。

(6)结果判定

①阳性反应:局部有明显的炎性反应,皮厚差(单层)大于或等于 4.0 mm。

②疑似反应:局部炎性反应不明显,皮厚差(单层)大于或等于 2.0 mm、小于 4.0 mm。

③阴性反应：无炎性反应。皮厚差(单层)在 2.0 mm 以下。

④判定为疑似反应的牛只，立即在颈部另一侧以同一批结核菌素同一剂量进行第二回皮内注射，再经 72 h 观察反应结果。仍为疑似反应的牛只，作为初检可疑牛隔离饲养。

(7)做好结核病检测记录　建立结核病检测登记册，详细记录奶牛的耳号、栋舍号、年龄、原始皮厚、注射 72 h 皮厚、皮厚差、结果判定，由专人负责记录存档。

(8)阳性牛的处理　初检阳性牛只立即无血扑杀并无害化处理。决不出售阳性牛及其肉、奶等相关产品。初检可疑的牛只在第一次检疫结束就进行隔离饲养，等待 1 个月后的复检。复检结果阴性的牛只放回大群进行饲养；复检结果阳性牛无血扑杀并无害化处理；复检结果仍可疑的牛只继续隔离饲养 1 个月再复检一次。再复检结果阴性的牛只放回大群进行饲养；再复检可疑或阳性牛无血扑杀并无害化处理。

(9)环境、污染物的处理　奶牛群中检出的阳性牛进行无害化处理后，对被病畜和阳性畜污染的场所、用具、物品进行严格消毒。饲养场的金属设施、设备采取火焰、熏蒸等方式消毒；圈舍、场地、车辆等，用 2%烧碱消毒；饲养场的饲料、垫料采取深埋发酵处理；粪便采取堆积密封发酵方式处理。

以上工作由场方组织兽医技术人员和饲养员组成的结核病检测小组，并在驻场官方兽医现场监督下具体负责实施。

2. 筛查

牛群 γ-干扰素 Elisa 试验筛查检测，在每年 3 月、9 月公司自检的同时，按照牛群存栏数量的 10%～20%的比例抽血送唐山市动物疫病预防控制中心兽医实验室采用 γ-干扰素 Elisa 试验的方法进行检测，避免因单一采用 PPD 皮内变态反应一种方法出现误差，以达到明确掌握牛群结核病感染状况的目的。

**(二)结核病净化工作实施路线**

结核病净化工作实施路线见图 1-1。

**(三)净化保障措施**

公司建立健全各项规章制度。包括饲料、兽药、生物制品等投入品使用制度；免疫、引种、隔离、兽医健康巡查、疫病诊疗与用药、疫情报告、无害化处理、消毒等防疫制度；生鲜乳质量安全管理制度；日常生产管理制度；主要生产操作规程、员工培训考核制度；动物发病或阶段性疫病情况报告制度；车辆及人员出入管理制度；口蹄疫、布鲁氏菌病、结核病年度监测计划；疫病净化方案和阳性动物处置方案等。明确岗位职责分工，责任到人。建立员工岗位奖惩机制。公司安排专人负责养殖档案的填写，各项记录健全、完整。

公司坚持自繁自养(引进精液也要严格实施检疫)、封闭饲养、分段饲养、分群饲养、分栏饲养、舍饲圈养，禁止放牧、混养其他动物以及人畜混居，减少相互传染机会。出入场区车辆、人员及时消毒；牛舍内的一切用具每周定期消毒一次；产房、配种室在使用前后各消毒一次；挤奶厅及牛体、挤奶器械挤奶前按规程清洗消毒；运动场地定期清理后消毒一次，全场及周边环境每年定期彻底消毒 2～4 次。奶牛场建立详细奶牛档案，建立健全奶牛防疫制度，并认真实施。奶牛场严格执行出入登记制度，非生产人员不得进入生产区，若进入生产区，需穿戴工作服经过消毒间、洗手消毒后方可入场。奶牛场不饲养其他畜禽。奶牛场员工每年必须进行一次健康检查，发现患有结核病的应及时在场外治疗，痊愈后方可上岗。新招员工必须经健康检查，确认无结核病与其他传染病的方可录用。奶牛场员工不得互串车间，各车间生产工具不得互用。



## 三、其他重点动物疫病控制

公司在全力做好奶牛结核病净化工作的基础上，对布鲁氏菌病和口蹄疫等其他重点疫病制定了年度监测方案，确保牛群重点疫病得到有效控制。

### (一)布病监测防控方案

为做好奶牛布鲁氏菌病防控工作，保障人员和牛群健康，提升乳品质量安全，公司特制订了奶牛布病年度监测方案。

1. 年度监测目标

通过实施年度监测计划及时发现布病阳性病牛个体，制定严格的无害化处理措施，维护牛群整体健康稳定。

2. 检测方式及频次

委托区动物疫病预防控制中心化验室开展布病筛查检测，每年开展集中检测两次(春、秋各一次)。每年春秋季再按一定比例抽样送唐山市动物疫病预防控制中心兽医实验室检测各一次。

3. 检测范围

6 月龄以上的奶牛。

4. 检测方法

采用虎红平板凝集试验进行初步筛选，阳性或可疑的采用试管凝集试验复核确诊。

5.检测流程

（1）采样　在驻场官方兽医的监督下场方兽医负责奶牛血液样品采集，记好样品编号，填写采样记录单（官方兽医和场方兽医共同签字）。

（2）送样　将采集好的血液样品连同采样记录单一起送至区、市动物疫病预防控制中心化验室。

（3）样品处理　化验室收到样品后及时进行离心分离血清。

（4）检测　区、市兽医实验室开展虎红平板凝集试验检测初筛。

（5）复检确诊　汉沽管理区动物疫病预防控制中心化验室对初筛阳性或可疑的血清样品由唐山市动物疫病预防控制中心兽医实验室采用试管凝集试验复检确诊。

6.监测结果处理

经复检确诊为布病阳性的奶牛，在驻场官方兽医现场监督下按照农业农村部有关规定进行扑杀无害化处理。奶牛群转为每月监测 1 次，连续 3 次检测均为阴性后，方可转入常规监测。



### （二）口蹄疫免疫和监测方案

为做好口蹄疫防控工作，牛场需强化奶牛口蹄疫免疫工作并加强抗体监测，掌握口蹄疫免疫抗体水平，降低口蹄疫发生和传播风险，确保牛群健康稳定，公司特制定了奶牛口蹄疫年度监测方案。

1.口蹄疫免疫程序

每年 5 月、11 月各集中免疫一次口蹄疫 O-A 二价灭活苗。

2.检测

（1）目标　通过实施奶牛口蹄疫监测计划掌握场内口蹄疫免疫抗体水平，指导全场开展口蹄疫防控工作，维护牛群整体健康稳定。

（2）检测方式　委托唐山市动物疫病预防控制中心兽医实验室开展口蹄疫检测工作。

（3）检测频次　每年开展两次检测（春、秋各一次）。

（4）检测比例　按照 10%的比例进行抽检。

（5）检测方法　口蹄疫病毒抗体液相阻断 Elisa。

（6）检测合格标准　口蹄疫 A 型、O 型抗体合格率均达到 90%以上。

（7）监测结果应用　经化验室监测口蹄疫抗体合格率低于 70%时采取全群强化免疫一次。

# 第二节　生物安全体系的建立

## 一、场区建设结构布局

### (一)参照标准

公司根据《标准化奶牛场建设规模》《畜禽场环境质量标准》《畜禽粪便无害化处理技术规范》等相关法规选址建设养殖场区。

### (二)选址

恒天然牧场有限公司场址位于农业总公司十五队，自然环境良好，土壤质量符合 GB 15618 要求。远离洪涝等自然灾害威胁地段，地势高燥平整，坡度不超过20°。通风向阳，光照充足，交通便利。周边 1 km 内无学校、公共场所或其他畜牧场等敏感区域，不受外部污染源影响，符合防疫和环保要求。区域内水源充足，满足生产生活需求，水质符合 GB 5749 的规定。场区面积为 350 000 $m^2$，满足生产需求。



### (三)功能分区

场区按照功能设置管理办公区、生产区、生活区。管理办公区设置在生产场区大门口对面。各区之间界限分明，联系方便并设置隔离栏(带)。生产区四周设置明显隔离设施。出入口设值班室、人员消毒设施，车辆消毒通道。生产区内设有饲草饲料区、饲养区、挤奶厅、病牛隔离舍、粪污处理区、兽医室、更衣消毒室、厕所、淋浴室、休息室等功能区。各功能区及建筑物之间相互隔离。兽医室、产房、隔离病房、贮粪场和污水处理池布置在场区的下风处。生活区内设置员工宿舍、淋浴室、员工食堂等功能区，布置在场区的上风处。功能分区、布局科学合理，实现了人、牛、奶三分开和奶牛饲喂区、休息区及挤奶区三分开。

1. 牛舍

生产区设计存栏 8 000 头，现存栏 7 250 头。有犊牛舍、育成牛舍、泌乳牛舍、干乳牛舍等，为半开放式双列牛舍，中间设有宽 6 m 通道，方便人员及料车通行，便于饲喂。牛舍框架为钢结构材质，屋顶为彩钢瓦，坚固耐用，宽敞明亮。牛床为双列式排列方式，中间粪道 3.5 m，水泥地面，向粪沟倾斜，结实、防滑、易于冲刷。水槽采用不锈钢或水泥，内表面光滑、耐酸碱、耐用。粪尿沟为明沟或管道，沟底向下水道方倾斜。牛舍建有奶牛卧床，垫料为沙子或稻壳。增设防暑降温喷洒设施和排风设施。

2. 饲料贮存加工区

饲草饲料加工区位于场区东侧，设备满足生产需求，设置有专门贮存场所并配备防雨设施。5 000 t 青贮窖 7 个，储备量满足 14 个月以上青贮需要量。精饲料储备加工区占地 3 500 $m^2$，精料储存量能满足牧场牛只 1 个月的需要。

3. 挤奶厅

挤奶厅位于牧场中间位置，紧邻各泌乳牛舍，方便牛只转移挤奶。挤奶厅面积 5 400 $m^2$，内置两套 80 挤奶位的鱼骨式挤奶设备，每小时大约挤奶 450 头牛。

4. 配套设施

生产区水源充足，水质符合养殖用水要求。配有贮水设施，定期清洗和消毒。管理办公区给排水均按工业与民用建筑有关规定执行。排水采用雨污分流制，污水通过暗管排入污水处理设施。牛场电力负荷等级为民用建筑供电二级，自备电源的供电容量高于全场电力负荷的 1/4。牛场建筑物防火设计为民用建筑防火规范三级。



5. 净道和污道

场区内道路规划科学，净道污道分设。场区门口设有消毒池和人员消毒通道，对进入场区的车辆及人员实行严格的消毒措施。场区内车辆通道和人员通道分开，中间设有隔离栏或隔离线，做到了人车分流，避免交叉。

## 二、投入品控制研究应用

恒天然牧场有限公司在投入品质量监管方面有严格要求，在安全性方面有严格标准。坚决杜绝添加动物源性的饲料，不使用任何的添加剂。对供应商实行预审制度。通过实地考察、严格审计，合格后建立固定供应关系。同时每年对供应商品评分，评分合格的供应商才会继续合作。

### （一）饲料管理

恒天然牧场有限公司有严格的饲料质量监测方案和明确的饲料质量管理流程。所有合作供应商是企业管理体系的一部分。饲料进场基于监控、检验、不合格品控制等有效程序进行。确保供应商提供的饲料无论规格和质量全部符合恒天然饲料标准，饲料储备处于恰当的库存管理水平。

各部门分工明确、职责清晰。采购团队收集新供应商信息，按照检查表评估供应商是否满足要求，根据黄曲霉毒素风险和饲料原料使用量进行实地考察，按照供应商现场资格预审表对供应商进行评估。食品安全与质量团队（FSQ）对采购团队进行供应商拜访/审计方面的培训，为采购团队提供新供应商开发和新饲料原料风险评估及供应商实验室检验比较方面的技术支持。实验室团队负责按照饲料黄曲霉毒素检验计划提供饲料检验结果，填写饲料接收表和不合格品报告。运营团队审核进场饲料的质量是否达到接收标准。部门间的每一次合作都为牛只能吃到质量安全的饲料保驾护航。

每次有饲料进场，饲料团队对每批到货进行感官检验，如不达标，由饲料主管填写偏差报告。如通过检验，饲料团队即对饲料进行采样，一个样品送至饲料实验室进行干物质检验，另一样品送至 FSQ 实验室进行 AFB1 检验，并根据相关 SOP 进行留样。符合饲料接收规格，实验室技术员填写饲料原料接收表，如不达标，应填写质量偏差报告。针对到场饲料质量偏差，采购团队在 3 个工作日内从供应商处获得纠正措施反馈，然后反馈给牧场，每个牧场均应保存不合格品处理的书面记录。



饲料团队确保良好的库存管理。确保料库标识的信息和实际物料完全对应，遵循先进先出原则，保持饲料区域的清洁卫生，防止霉菌滋生。全面建立 5S 管理，杜绝闲杂物品在区域内存放。饲料团队按照饲料检验计划，定期检查库存并取样，确保饲料的质量安全。

### (二)兽药管理

兽药管理有严格的标准。只有 SOP 中被批准允许使用的药物和中国法律法规允许采购的药物才能接收。必须从批准的供应商采购，要使用检查清单列表进行检查。检查进口药品的中文标签，如无中文标签则不能接收。

所有药物都贮存在库房内并且登记入库。要在上锁的房间妥善保管，并指定专人管理。任何药物发生变化，或 SOP 发生变化，需要按照流程做风险评估并报批。

兽药使用记录或其他化学品使用记录必须详尽，在 DC305 和记录表中做详细记录。库存药物妥善管理，最新的保质期最长的药物总是放在货柜或冰箱的后面，保证接近保质期的药物优先使用。AHWB 申领药品人员使用完药品后，要向药房库管人员反馈使用记录表，同时退还当天未使用完的药品。

## 三、消毒设计研究应用

恒天然制定了各项消毒工作制度，严格落实、执行。

### (一)场区入口人员、车辆消毒管理

场区入口张贴《场区出入口进出消毒制度》《入场标准化消毒规程(SOP)》，进

场人员车辆等必须按要求执行。

场区门口确保 24 h 有人守卫，在无人员车辆进入时，必须保证大门关闭。外来人员进场需要场长批准，保安做好登记，并经过严格消毒方可进入生活区。

场区门口处设置车辆消毒池和消毒通道，池内消毒液定期更换，保证消毒效果。人员入场走消毒通道喷雾消毒，脚踏消毒脚垫。车辆和人员进出场区执行严格的消毒登记制度。

门口消毒池的管理：消毒池内放置足够浓度的火碱水溶液，指派专人负责消毒池内消毒药品添加，并确保消毒液的有效浓度。为了便于检测消毒药的有效浓度，保持有效消毒效果，公司采用 pH 试纸或 pH 专用检测笔定期测定的方法，专人负责每天检测 1 次，pH 大于 12 为合格有效，检测 pH 低于 12 时及时补充添加火碱。

### （二）进入生产区消毒管理

员工上班必须经专用通道，在更衣室更换工作服、水靴后趟过消毒水槽后方可进入生产区作业。员工下班后返回更衣室，将废弃的个人防护物品放到指定的回收容器中，然后趟过消毒水槽，全面对胶靴进行消毒后，返回更衣间洗手消毒，脱掉工作服放回工服箱中，洗澡后换上自己的服装出厂区有关车辆进入生产区前必须在大门口进行严格消毒登记后方可进入，并按照事先制定路线行驶到指定的地点装卸货物，严禁私自乱停乱放。



牧场内配备可移动的消毒车，保证设备能正常运行。严格按照消毒液说明书配置消毒药品，并由专人负责场区环境进行消毒工作。动物福利部门每 2 天 1 次对所有奶牛养殖栋舍进行。

### （三）紧急消毒

牧场依据实际情况，科学制定了紧急消毒预案，在发现口蹄疫、布鲁氏菌病和奶牛结核病疫情或病例、净化病种隐性带毒牛或病牛时，启动紧急消毒措施。根据牧场实际情况，增加消毒频率，严格控制人员和车辆出入，防止外来疫病传入。

## 四、动物移动控制研究应用

### （一）牛群按照日龄正常转群

牧场按照奶牛日龄实行分群管理，不同日龄牛群分别饲养在相应的牛舍中。0～2 月龄犊牛岛，3～6 月龄转入小育成牛舍，7～12 月龄转入大育成牛舍，13 月龄以上转入青年牛舍，怀孕 250 天转入头胎围产牛舍，产完犊牛转入泌乳牛舍。

### (二)病牛转群管理

牧场内的牛只转移涉及病牛治愈后转群和初乳母牛转移到正常牛棚,还有泌乳牛、干乳牛、围产牛的调群。

将需要诊治的牛隔离到病牛舍并在小奶厅挤奶。从牛场管理软件 DC305 中打印出需调回到泌乳牛群的牛号,然后挤奶,将奶收集在一起,用检测仪对牛奶进行检测,如果检测结果阴性,则将牛只调回到泌乳牛舍。如果测试结果为阳性,则所有牛只留在病牛舍中,一天后再次检测;由病舍将康复的牛放出。

初乳母牛转移到正常牛棚之前必须要通过抗生素测试。在干乳牛治疗的抗生素残留期内产犊的奶牛,因没有达到残留期不予进行检测。在达到残留期后,必须通过抗生素测试合格后,才能转移到正常牛棚。

### (三)牧场间调牛转群管理

牧场之间转移牛只,提供牛只的牧场和接收牛只牧场要完全了解并明确转群计划中涉及的牛只类型、数量、执行时间等内容,隔离并核对牛号,确保牛只信息准确无误。提前与所在地方检疫部门沟通运输转移计划,获得批准和支持。



运输公司提供的拉牛车辆清洗消毒后进场,在指定区域铺装沙子。官方兽医开具每辆车的检疫证明,领取检疫耳标。给待转运牛只打检疫耳标后分批次装车,确保每辆车所装牛只数量和耳号准确无误并填写牛只清单。每辆车的牛只清单和检疫证明随车带至接收牧场。

兽医负责人与接收牧场负责人密切沟通装车情况,告知已装车牛只类型、数量等信息。牛只到达接收牧场后,通知官方兽医接收牛只的时间、数量等信息。通知饲养部门为接收牛只提供相应的饲料。引导运牛车辆进场并停靠在卸牛平台的指定位置。根据每辆车的牛只清单核对牛只数量,卸车后放入相应的隔离牛舍。密切关注牛群健康状况。接收牧场完成牛号核对后反馈给提供牛只牧场进一步核实,确保无误后完成该批牛只资料在 DC305 软件中的转移和导入。

## 五、科学饲养研究应用

牧场通过先进的生产工艺,TMR 自动饲喂技术,采用国际先进管理软件系统管理牧场生产,实现现代牧场自动化及智能化管理。

### (一)软件系统管理

1. FeedWatch 系统

该系统用于检测和调整所有牛群投料量。信号和数据传输于电脑和 TMR 车之间，饲养组员工会根据表头的信息进行每天的投料工作。与自走式 TMR、固定式 TMR 和撒料车完美结合，能够监控牧场饲喂流程中的各个数据，以保证配方与牛只采食配方一致，从而减少饲料浪费。FeedWatch 通过独立的无线电系统连接办公室与搅拌车记录各种饲料真实投料量，系统稳定高效。并且可以提供多种多样的系统报表供牧场人员进行饲喂监控。FeedWatch 还能够提供用户自定义报表功能供牧场人员自定义新的报表，非常灵活。当装入所有的饲料并搅拌好后，饲养组员工会根据表头的指示将饲料送到指定的牛棚，根据每天的三段筛选来控制饲料的长度。

牧场根据牛只成长的不同阶段，进行分群饲养，分为犊牛、育成牛、成母牛（干乳牛、围产牛、泌乳牛等）。牛群采用 TMR 技术饲养，它是按照反刍动物不同生理阶段的营养需要，把切碎（揉搓）适当长度的粗饲料、精饲料和各种营养添加剂按照一定的配比进行充分搅拌混合而得到的一种营养相对均衡的日粮。TMR 饲养技术结合配套技术措施和性能优良的 TMR 机械能够保证奶牛每采食一口日粮都是精粗比例稳定、营养标准一致的全价日粮。目前这种成熟的奶牛饲喂技术在多个国家普遍使用。恒天然聘请专业的营养师，针对不同的牛群结构、季节变化等，随时调整 TMR 配方，保证牛只能够获得充足的营养。



2. Data Flow 系统

该系统是一款基于电脑的综合的全面的实时奶牛监控和挤奶管理解决方案。该款基于电脑的解决方案可以在挤奶过程中提供有关奶牛的繁育、健康和福利状态的实时信息。信息通过奶牛发情和健康监控颈圈、挤奶点设备进行采集，由系统接收。Data Flow 系统为乳品生产商提供了强大的管理工具，包括报告、图表、分析、任务列表和终生奶牛卡历史。该系统还可以控制和支持饲喂系统和称重系统等其他组件。

通过基于电脑的强大而直观的管理软件使奶牛监控和决策能力最大化。对个体奶牛进行终生追踪和管理，分析产奶量、繁育和健康数据，自定义报告和图表，并可通过电子邮件定时发送报告。可以通过第三方牧群管理软件将奶牛监控和挤奶厅管理系统相连接，整合各种升级套件，使用统一的工具管理所有数据。

基于从挤奶点和监控颈圈获得的实时信息，对个体奶牛和整个牧群的挤奶流程进行在线控制并掌握相关信息。有关生产的实时信息与个体奶牛、挤奶点和产奶量的实时运行数据进行整合。通过全面即时的数据分析，提高挤奶工作效率。

通过一套简单易用的系统即可访问全部奶牛监控和挤奶厅管理，可授权多名工作人员通过用户自定义面板实现全天候访问，为牧场提供所需的信息和快速深入分析等。该系统能根据牧场发展壮大不断进行升级，从而满足不断变化的要求，从而实现投资长期有效。

3. Dairy Comp 305 奶牛智能管理

该软件是一套高效的牛场管理软件系统能够对牧场进行全面、高效的管理，操作简便、灵活，可根据牧场实际情况量身定制；快捷的数据输入方式——每天只需10 min，可以与各类奶厅管理软件完美对接。DC305 是目前世界范围内应用最广最有效的牧场管理软件。

DC305 记录每头牛从出生到死亡的所有信息，操作人员可以通过输入不同的命令来得到所需的结果。同时，DC305 可以与 Data Flow 相连接，操作者方便获取牛奶产量等信息。根据每天的平均产奶量兽医部门对牛群进行调整。

牛只出生后即在 DC305 中建立档案。根据牧场管理要求，在规定的日期内，提醒管理人员或技术人员查验牛只。利用 DC305 管理牛只的方法是通过事件为每头牛建立牛卡，在每头牛的牛卡中记录牛只的全部信息。DC305 最强大的功能就是对牧场繁殖情况的管理。DC305 可以对牧场中的各种类型的繁殖数据进行合理分析，方便管理者对牧场繁殖工作的监督。



DC305 是通过统计分析牧场中每日输入的奶牛事件实现对牛群的整体管理。DC305 对挤奶厅的管理，是根据牧场的需求制定的。不同的牧场对挤奶厅有不同的管理方法。DC305 将根据牧场的管理方法，设定挤奶时间，挤奶次数，挤奶位设定等。疫病管理的重点是忠实记录牛只发病及治疗情况，为疫病控制及牛群更新奠定良好的基础。

### (二)各阶段奶牛饲养管理

1. 犊牛哺乳期饲养管理

(1)饲养　保证新生犊牛在 1 h 内吃到初乳，出生 6～9 h 后饲喂第二次。初乳应持续饲喂 3～5 天。如果成母牛患病或无奶，可饲喂分娩日期相近的其他健康母牛的初乳或以前冷冻的其他健康母牛的初乳。5 天后饲喂常乳要逐渐转换，过渡期一般为 4～5 天。哺乳期为 60 天，每天喂 3 次，哺乳期犊牛喂奶量见表 1。自由饮水。喂奶后 1～2 h，饮 35～38℃的温开水。15～20 天后逐渐改为生水，冬季饮温水。

(2)采食训练　出生后第 7 天训练犊牛采食犊牛料，采用喂完奶后用少量精料涂抹鼻镜和嘴唇，或撒少许于料桶内任其舔食，调教 3～4 天后，可将精料投放在食槽内让其自由舔食。第 10 天开始训练采食优质干草，自由采食；第 20 天开始训练犊牛采食多汁饲料（胡萝卜、甜菜等），方法是将切碎的多汁饲料拌入精料中；2 月龄时开始训练犊牛采食青饲料和青贮饲料。犊牛各个时期饲料喂量见表 2-1。

**表 2-1　犊牛饲养方案**

| 日龄 | 日喂奶量（kg/头） | 犊牛料（kg/头·日） | 干草（kg/头·日） | 多汁饲料（kg/头·日） | 青贮（kg/头·日） |
|---|---|---|---|---|---|
| 0～30 | 6 | 0～0.3 | 自由采食 | 0～0.06 | |
| 31～50 | 6 | 0.3～0.5 | 自由采食 | 0.05～0.4 | |
| 51～60 | 5 | 0.5～0.9 | 自由采食 | 0.5～1.0 | |
| 61～90 | | 0.9～1.8 | 自由采食 | 1.1～2.0 | 0～2 |
| 91～120 | | 1.8～2.0 | 自由采食 | 2.1～3.0 | 2～4 |
| 121～150 | | 2 | 自由采食 | 3.0 | 4～6 |
| 151～180 | | 2 | 自由采食 | 3.0 | 6～8 |



（3）犊牛哺乳期管理

①犊牛出生后立即清除口、鼻、耳内的黏液，确保呼吸畅通。在距腹部 6～8 cm 处断脐，用 5%的碘酒消毒。擦干牛体，称重、填写出生记录、放入犊牛栏饲养。

②犊牛出生 10 天内，进行谱系登记。

③喂奶管理必须做到“五定”，定质、定时、定量、定温、定人。定质是指乳汁的质量，保证犊牛健康；定时指两次饲喂之间的间隔时间，一般间隔 8 h 左右；定量是指按饲养方案标准合理投喂食物；定温是指饲喂乳汁的温度，一般夏天掌握在36～38℃，冬天 38～40℃；定人指专人管理。

④犊牛日常管理做到“四勤”和“三净”。“四勤”指勤打扫、勤换垫草、勤观察、勤消毒。“三净”指饲料净、畜体净和工具净。犊牛转出后应对犊牛栏更换垫料、彻底消毒 。

⑤根据饲养方案，到 60 日龄时断奶。测量体重后转入断奶群。及时淘汰有生理缺陷的犊牛。

⑥防止舐癖，每次喂完奶后擦干嘴部。

⑦犊牛去角在 7～10 日龄时进行，最晚不超过 35 日龄，用电烙铁或药物去角。

⑧剪除副乳头（多余的乳头）在 2～6 周龄时进行，先清洗消毒副乳头周围，再轻拉副乳头，用弯型剪或刀片沿基部除去副乳头，并用 2%碘酒消毒。

2. 断奶犊牛的饲养管理

(1)逐渐增加优质粗饲料的喂量，选择优质干草等供犊牛自由采食，营养需要见 NY/T 34。平均日增重 650～700 g，6 月龄体重达 150～160 kg，犊牛培养目标见表 2-2。

**表 2-2　中国荷斯坦牛犊牛、育成牛培养目标**

| 月龄 | 体重/kg | 胸围/cm | 体高/cm |
| --- | --- | --- | --- |
| 初生 | 38 | 6 | 78 |
| 6 | 175 | 0 | 131 |
| 12 | 303 | 0 | 157 |
| 18 | 410 | 0 | 184 |

(2)断奶后犊牛按月龄和体重进行分群饲养(由犊牛栏到犊牛舍饲养)，饲养方式采取拴系饲养或散放饲养。自由采食，保证充足、新鲜、清洁卫生的饮水，冬季饮温水。保持犊牛圈舍清洁卫生、干燥。及时淘汰发育不正常的犊牛。



3. 育成牛的饲养管理

(1)饲料与营养　充分利用现有饲料资源，保证饲料供给，一头育成牛一年应储备、供应的饲草、饲料量如下：

青贮玉米秸：3 500～5 500 kg，青干草 800～1 000 kg。

精饲料：500～1 000 kg(其中能量饲料占 50%～55%，蛋白饲料占 20%～25%)。保持粗饲料各品种的供应均衡，供给适合本地区的经济、高效的平衡日粮。其中矿物质饲料应占精饲料的 2%～3%。

育成牛粗饲料占日粮干物质的 60%～100%，每头每日青贮料给量 10～15 kg，干草(或秸秆)1.5～2.5 kg。6 月龄至配种年龄平均日增重 0.7 kg 以上。

(2)培育

①体况评分　育成牛自 6 月龄起，每隔 1～2 个月进行一次体况评分。至少应在以下两个时期进行评定：一是 6 月龄时，检查牛体是否过肥而防影响乳腺发育；二是临近配种时检查体况是否适宜，以保证受胎率。评分标准见表 2-3。

表 2-3　奶牛体况评分标准

| 部位＼评分 | 1 分 | 2 分 | 3 分 | 4 分 | 5 分 |
|---|---|---|---|---|---|
| 脊峰 | 尖峰状 | 脊突明显 | 脊突不明显 | 稍呈圆形 | 脊突埋于脂肪中 |
| 两腰角之间 | 深度凹陷 | 明显凹陷 | 略有凹陷 | 较平坦 | 圆滑 |
| 腰角与坐骨 | 深度凹陷 | 明显凹陷 | 较少凹陷 | 稍圆 | 丰满呈圆形 |
| 尾根部 | 凹陷呈 V 形 | 凹陷呈 U 形 | 凹陷少，稍有脂肪沉积 | 骨节不明显，胖瘦适中 | 无凹陷，大量脂肪沉积 |
| 整体 | 极度消瘦皮包骨感 | 瘦但骨骼轮廓清 | 骨节不明显，胖瘦适中 | 皮下脂肪沉积明显 | 过度肥胖 |

②体尺与体重

育成牛培育应以体尺和体重为指标，及时纠正饲养管理中的不当之处，保持各部位平衡发育，以期获得较理想的体型。育成牛各生长阶段培育指标见表 2-4。



表 2-4　育成牛各生长阶段培育指标

| 月龄 | 体高/cm | 胸围/cm | 体重/kg | 体况评分 |
|---|---|---|---|---|
| 6 | 104 | 125 | 173 | 2.3 |
| 9 | 112 | 146 | 246 | 2.4 |
| 12 | 118 | 158 | 315 | 2.8 |
| 15 | 124 | 165 | 350 | 2.9 |
| 16 | 126 | 168 | 367 | 3.0 |
| 18 | 129 | 175 | 400 | 3.2 |

③体高和胸围　体高指鬐甲最高点到地面的垂直距离，用测杖量取。在肩胛骨后缘处作一垂线，用卷尺围绕一周所测的长度即胸围。

④体重　连续 2 天清晨空腹称取的平均体重。

⑤遗传　育成牛培育还应注意估测来自祖先各方面的遗传性。对不符合体型外貌标准的个体应及时淘汰处理。

(3)管理

①分群　育成牛按 6 月龄到 12 月龄和 13 月龄到配种年龄分群管理。群内将年龄相差在 2 个月以内，体重相差在 30 kg 以内的育成牛编在一组饲养，每组的头数不超过 50 头。

②初次配种　当体重不低于 380 kg 时开始初配（15～18 月龄）。注意观察发情，做好发情记录，以便适时配种。

③健康管理　做好育成牛的健康管理，在舍饲条件下，育成牛每天应至少有 2 h 以上的运动，每日刷拭牛体一次。育成牛发育不正常或 10 月龄后如发现有恶癖、乳房发育不良、乳头特别细小等应及时淘汰。12 月龄后每天按摩一次乳房，每次 5～10 min，并在按摩时用热毛巾敷擦乳房，但严禁试挤乳头。有条件的牛场每天刷拭牛体 1～2 次，每次 4～5 min。

(4)配种

①器具清洗和消毒　凡是接触精液和母牛生殖道的输精器具都进行清洗和消毒。

②冷冻精液的贮存　冷冻精液浸泡在液氮生物容器中贮存，液氮生物容器应符合相关规定。包装好的冷冻精液由一个液氮容器转换到另一个液氮容器时，在液氮容器外停留时间不得超过 5 s。



③冷冻精液解冻和质量检查　精液最好随解冻随使用，一般细管和安瓿精液解冻后 1 h 内、颗粒精液 2 h 内使用。若解冻后的精液需外运时，则应采用 5℃左右的低温解冻。并将其用脱脂棉或多层纱布包裹后置于 5℃左右的冰壶中运输，从解冻到输精的时间不得超过 8 h。解冻后应检查活力，若低于 0.3，则不得用于输精。

④牛体卫生　输精前用手掏净母牛直肠宿便，再用温水清洗母牛外阴部并擦拭干净。

⑤球式玻璃输精器使用　球式玻璃输精器主要用于颗粒冷冻精液的输精。输精前在输精器后端装上橡胶头，手捏橡胶头吸取精液。

⑥金属输精器使用　金属输精器主要用于细管冷冻精液的输精。剪去细管精液封口，剪口应正，断面应齐。将剪去封口的细管精液迅速装入输精器管内，步骤为：剪去封口段的前端，输精器推杆后退，细管装至管内，输精器管进入塑料外套管，管口顶紧外套管中固定圈，输精器管前推到头，外套管后部与输精器后部螺纹处拧紧，全部结合要紧密。

(5)母牛发情鉴定与诱导

①直接观察　外部观察：通过母牛的外部表现症状和生殖器官的变化判断母牛是否发情和发情程度。

直肠检查：通过直肠检查卵巢，触摸发育程度，判断发情程度及排卵时间。

②诱导发情　诱导发情按以下程序操作：

A. 肌肉注射 $PGF_{2\alpha}$（氯前列烯醇），剂量为 0.4 mg。注射当日，记为第 0 天；

B. 间隔 14 天，第二次肌肉注射 $PGF_{2\alpha}$，剂量为 0.4 mg；

C. 间隔 12 天，肌肉注射 LRH-$A_3$（促排卵素 3 号）剂量为 25 μg；

D. 间隔 7 天，肌肉注射 $PGF_{2\alpha}$，剂量为 0.4 mg；

E. 间隔 56 h，肌肉注射 LRH-$A_3$，剂量为 25 μg。

F. 最后一次注射 LRH-$A_3$ 的 18～20 h，进行一次性人工输精。

(6)输精

①输精时间的确定　触摸卵泡法：在卵泡壁薄、满而软、有弹性和波动感明显接近成熟排卵期时输精 1 次；6～10 h 卵泡仍未破裂，再输精一次。

外部观察法：母牛接受爬跨后 6～10 h 为适宜输精时间。如采用两次输精，第二次输精时间为母牛接受爬跨后 12～20 h。青年母牛的输精时间宜适当提前。

②直肠把握输精法　输精人员一手五指并握，呈圆锥形从肛门伸进直肠，动作要轻柔。在直肠内触摸并把握住子宫颈，使子宫颈把握在手掌之中。另一手将输精器从阴道下口斜上方约 45°角向里轻轻插入。双手配合，输精器头对准子宫颈口，轻轻旋转插进，过子宫颈口螺旋状皱襞 1～2 cm 到达输精部位。一头母牛应使用一支输精器或者一支消毒塑料输精外套管。

直肠把握输精使用器皿及其操作分为：

A. 用球式玻璃输精器时，注入精液前略后退约 0.5 cm，手捏橡胶头注入精液，输精管抽出前不得松开橡胶头，以免回吸精液。

B. 用金属输精器时，注入精液前略后退约 0.5 cm，把握输精推杆缓缓向前推，通过细管中棉塞向前注入精液。

(7)输精部位　应到子宫角间沟分叉部的子宫体部，不宜深达子宫角部位。

(8)早期妊娠诊断　完成定时输精的母牛，可采取以下方法进行早期妊娠诊断：

①测孕试剂盒法　输精后的第 28 天，采集静脉血 7 mL，以 2 500 r/min 速度离心 20 min（或者静置 1 h）分离血清，利用测孕试剂盒进行检测。

②B 超法　输精后 29～35 天，使用 B 超仪进行妊娠诊断。操作人员戴上经过润滑消毒的长臂手套，掏出直肠内的宿便，然后将直肠探头蘸温水后，手握探头呈锥形送入直肠至骨盆口，前部向下呈 45°～90°，从子宫体分别向两侧子宫角滑行探查，用 B 超仪观察胎儿、子叶及胎水的状况。

③返情母牛的处理　发现返情母牛，进行人工输精。

(9)记录　记录内容包括母牛号、母牛发情时间、发情观察鉴定、发情后期流血事件、输精时间、公牛号及冷冻精液信息、输精操作人员。

4.成母牛管理

(1)成母牛的一般饲养管理

①成母牛可以根据泌乳阶段分为干乳期、围产期、泌乳期。而泌乳期的牛又可分为泌乳初期、泌乳高峰期、泌乳中期、泌乳后期。由于各期对营养需要的不同,成母牛应根据不同泌乳阶段进行分群饲养。

②成母牛一天饲喂3次,固定饲喂时间。

③保持牛体卫生,在喂料之后,挤奶之前应进行牛体的刷拭,牛床、运动场清扫干净。

④饲养员相对固定。产奶牛每天挤奶2～3次。

⑤各种饲料应做到均衡供应,避免饲料突然转换。

(2)干乳期

①饲养　日粮以粗饲料为主,控制精饲料、青干草和玉米青贮的喂量,青贮玉米10～15 kg,干草5～6 kg,严禁添加块根、块茎类饲料;另加矿物质、盐和微量元素添加剂,精粗料比为30∶70。



日粮干物质采食量占体重的2%～2.5%,粗蛋白水平12%～13%。混合精料日饲喂量2.5～3 kg。

②管理

A.干乳期奶牛单独组群,专人管理。每天运动不少于2 h。严禁鞭打哄赶牛群,注意保胎护胎,防止流产。

B.干乳的方法有逐渐干奶法和快速干乳法,干乳时间一般为60天。停乳多采用快速停乳法,3～5天内完成母牛干乳。第1天挤乳由3次减为2次,第2～3天减为1次,直到产乳量降至5 kg时停止挤乳。增加母牛运动时间,打乱牛的生活习性。最后一次将乳挤净,用消毒液消毒乳头后注入专用干乳药转入干乳牛群,并注意观察乳房变化。

C.在干乳前及干乳后的15天之内,应控制精饲料的用量和饮水,禁喂多汁块根料、糟渣料。

D.干乳时必须挤净每一乳区的乳汁,分乳区注射专用干奶针剂或抗生素,最后再药物沾乳头,药物选择应符合《中华人民共和国兽药典》。

E.患有乳房炎的牛将乳房炎治愈后才能干乳,干乳后一旦发生乳房炎立即停止干乳,将乳房炎治愈后再干乳。干乳后的牛,须连续跟踪检查7～10天,未发现乳房有红、肿、热、痛的不正常反应后,即完成干乳。如乳房有肿、硬不消、皮温增高的情况时,应进行热敷和按摩,再次挤净全部乳汁,注入专用干乳药。

F.干乳后的牛根据个体不同体况,调整日粮,逐渐减少精料供给量,防止过肥和胎儿过大造成难产。

G. 干乳后期的奶牛日粮采用低钙日粮配方。

H. 干乳牛每天应给予一定的运动时间，同时注意保胎、防止早产。

(3)围产期　围产期分为围产前期和围产后期。进入围产期的奶牛应放在产房中饲养。

①饲养

A. 围产前期停喂多汁块根料、糟渣料。

B. 产牛后一周内，限制饲喂多汁块根及糟渣料，每头每天不超过 10 kg。

C. 精料每天控制在 4～6 kg，日粮应以优质粗饲料为主，日粮干物质采食量应占体重的 2.5%～3%，粗蛋白水平 13%。

D. 按照阴离子盐产品说明添加阴离子盐，不补喂食盐。

②管理

A. 适当运动，减少难产，防止早产。防止畜群拥挤，出现顶撞、扭伤、滑倒，做好保胎工作。

B. 产前 2 周将母牛转移至产房内，产房预先做好消毒。

C. 产前 7 天开始药浴乳头，每天 2 次，不能试挤。防止生殖道和乳腺感染以及代谢病发生。

D. 围产期的牛出现食欲突然降低，精神抑郁或不安，阴户红肿，流出黏液，荐坐韧带松凹，并出现努责反应时，即进入分娩期。

E. 孕牛进入分娩阶段，应更换牛床的垫草，保持清洁、干燥、每天消毒，随时注意观察牛只状况，准备好各种消毒药水及接产用具。

F. 分娩是母牛的一种正常生理过程，一般情况下不需要干预，接产人员主要是监视分娩情况的进展和护理仔畜。需要助产时，由专业技术人员按产科要求操作。

G. 一旦羊水流出 2 h 后，仍未见胎儿的唇及二前蹄或二后蹄时，应及时检查胎位，以便及时排除或做好难产处理准备工作。助产时应保护好母牛的会阴，胎儿分娩出来后，应用 5%碘酊进行脐带消毒。

H. 产后母牛前 3 天手工挤奶，第 1 天挤够犊牛饲喂量即可，第 2 天挤产奶量的 1/3，第 3 天挤产奶量的 1/2，第 4 天开始挤净，第 8 天母牛正常可以机挤。产后 7 天以内的奶应作初乳处理。

I. 产后 12 h 之内应密切注意母牛的胎衣排出情况，并做好记录。产后 5 h 胎衣未下时，可肌肉注射催产素或前列腺素；产后 24 h 胎衣仍未下时，行剥离术或保守疗法。产后 14 天，进行第一次产科检查，产后 35 天，进行第二次产科检查，并对第一次检查有异常征兆记录的牛进行复查。产后50～60天，对一检、二检的治疗牛进行复查。

(4)泌乳高峰期

①饲养

A. 减少能量负平衡影响，提高饲料浓度。日粮干物质采食量应从占体重的2.5%～3.0%，逐渐增加到3.5%以上；粗蛋白水平16%～18%，钙0.7%，磷0.45%；精粗比由40∶60逐渐过渡到60∶40，精饲料随产奶的上升而逐步增加，奶料比一般为2.5∶1，最高精料日饲喂量不超过15 kg，通常8～12 kg，青贮20～25 kg，秸粉3～4 kg，干草自由采食，充足供水。

B. 多饲喂优质干草，对体重降低严重的牛适当补充脂肪类饲料并多补充维生素A、维生素D、维生素E和微量元素，饲喂小苏打等缓冲剂以保证瘤胃内环境平衡。

C. 适当增加饲喂次数，运动场采食槽应有充足补充料和舔砖供应。在饲喂过程中少喂勤添，防止饲料发霉变质。



②管理

A. 每天挤奶3次，根据挤奶量高低酌情增减。

B. 密切注视发情反应及生殖器官的恢复，搞好产后监控，以产后60～70天配种最佳，易在泌乳高峰期配种受孕。

(5)泌乳中期

①饲养

A. 日粮干物质采食量占体重3.0%～3.5%，粗蛋白13%、钙0.6%、磷0.35%，精粗比以60∶40为宜。

B. 在饲喂上要坚持“多产多喂”“少产少喂”的原则，奶料比以(2.5～3)∶1为宜。如果产奶量下降不大，不要急于减少精饲料喂量，宜半月调整一次精饲料喂量。

C. 最大限度地控制产奶量下降的速度，随产奶量渐减，精饲料用量随奶量的下降逐步减少，应提高日粮干物质中粗饲料所占的比例，尽量延长奶牛的泌乳高峰。

②管理

A. 每天应挤奶2次。也可根据挤奶量高低，酌情增减。

B. 对乳房进行按摩以保持产奶量。

(6)泌乳后期

①饲养

A. 日粮干物质应占体重的3.0%～3.2%，粗蛋白水平12%、钙0.6%、磷

0.35%，精粗比以 30∶70 为宜。

B. 调控好精料比例，以青粗饲料为主，补充少量精料，保持中上等膘情、防止母牛过肥。奶料比以 3∶1为宜。每周调整精料饲喂量。

②管理

该期以复膘、恢复牛只体况为主，加强管理，做好保胎，预防流产；防治乳房炎，为干乳做好准备。为下胎泌乳打好基础。

## 六、动物疫病防疫研究应用

恒天然牧场有限公司按照现代牧场动物疫病防控的总体要求，制定了科学的奶牛重点疫病及常见动物疫病防控措施，确保奶牛福利符合国际标准。

### （一）口蹄疫防控

口蹄疫是由口蹄疫病毒引起的急性、热性、高度接触性传染病，世界动物卫生组织将其列为 A 类传染病，我国将其列为一类动物疫病。

1. 按免疫程序做好预防免疫

3 月龄牛只开始口蹄疫免疫工作，4 月龄再对牛只加强免疫一次。每年 1 月、5 月、10 月各集中免疫一次口蹄疫 O 型和 A 型口蹄疫二联疫苗。打疫苗时，做好观察，确保消毒到位，剂量充足、部位准确，如出现过敏牛只，立即使用肾上腺素进行急救。



2. 做好抗体监测工作

每年春秋两季分别于免疫后一个月左右开展口蹄疫免疫监测。奶牛按存栏 10%采血，采血时兼顾各个牛群。一旦发现抗体合格率低于部颁标准要求，立即组织实施加强补免，确保维持有效抗体水平。

### （二）布病的防控

（1）常年坚持自繁自养，不随意从外场引进牛只。

（2）加强监测。坚持每年 3～4 月、9～10 月进行两次成母牛全群采血检测，监测结果及时整理归档。同时按照全市监测计划于每年 4 月、10 月随机采取 500 头份奶牛血样送唐山市动物疫病预防控制中心进行集中监测。

检测发现的可疑牛只，立即进行隔离，密切观察。1 个月后进行二次采血送样复检，复检结果仍判定为阳性牛依法依规进行无害化处理。

### （三）蹄病预防及治疗流程

1. 蹄病预防

（1）季节性全群修蹄　每年的 3～6 月、9～11 月对成母牛群进行季节性修蹄整形。

(2)预防性蹄浴　泌乳牛蹄浴每周3次,分别在每周一、三、五3天对牛只进行蹄浴消毒。为确保药液的浓度和卫生指标达到消毒要求,保证消毒效果,400头牛时更换药液一次。

(3)在奶厅待挤区和挤奶平台上铺设橡胶垫,减少牛只蹄部损伤。卧床垫料每天旋耕一次,每周2～3次填充卧床垫料。牛舍内的粪污每天在牛群离开后及时清理,清理频率按照挤奶频率而定,做到牛走粪清、料上原则。

2.蹄病治疗

(1)指(趾)间皮炎(蹄叉炎)治疗　首先病牛上蹄台检查,然后用水或0.1%新洁尔灭菌消毒液清洗干净整个蹄子,同时清除蹄叉内坏死组织及化脓物,再用5%碘酒消毒蹄叉,用奶牛专用的包扎带包好。修蹄后立即肌肉注射消炎药,每天一次,连用3次,5天后复查一次,并做好详细记录。

(2)蹄底角质糜烂治疗　用蹄刀去除已经腐烂的角质,挖出填塞的泥土粪污,将蹄底腐烂的角质去除,露出新鲜的创面。凡蹄底角质出现分层的,均应将已经分离的角质去除。



(3)蹄底化脓治疗

①用0.1%的新洁尔或0.1%高锰酸钾消毒患蹄。

②用5%碘酊消毒蹄底。

③用蹄刀去除已经腐烂的角质,并深挖至蹄底真皮部。

④充分排出蹄底真皮部的炎性渗出物。

⑤用双氧水冲洗蹄部真皮感染部。

⑥用生理盐水再次冲洗。

⑦包扎专用绷带。

**(四)乳房炎治疗程序**

1.准备工作

在挤奶前准备好乳畅、优孢欣、酒精棉球、记录本、笔、病牛记录清单等治疗乳房炎所用物料。

2.验奶及前药浴

(1)由一名兽医进行验奶工作,每验完一头牛后使用药浴液清洗消毒手部,避免交叉感染。

(2)准确记录每头牛验奶结果(耳号、发炎乳区、坏死乳区、新发病牛等级等),工作结束后将信息录入DC305电脑以便查阅(每头牛都要保存电子版和纸质的治疗记录)。

3. 用药

(1)脱杯后发病乳区必须手工挤奶,挤净为止。

(2)一个乳头用 2 个酒精棉球进行消毒,用酒精棉球擦净乳头末端,直至擦拭后棉球无肉眼可见的污迹。

(3)乳头管内注射药物。用药之前核对信息,确认用药牛只及乳区,注射药物时注射管插入乳头管内 0.5 cm,避免过深,降低外源感染概率。

(4)药物注入乳头冠之后用左手食指与拇指轻轻捏住乳头末端,右手食指与拇指从下向上轻捋 4~8 次。

(5)结合化验室药敏试验结果选择敏感药物。金黄色葡萄球菌引起的临床型乳房炎牛要隔离治疗,支原体乳房炎牛应及时淘汰处理。

(6)重症临床型乳腺炎,在对发病乳腺进行局部治疗的同时,要全身使用广谱抗生素,并大量补液纠正水盐代谢紊乱和酸碱平衡失调。以控制和防止败血症,毒血症的发生。



### (五)犊牛腹泻治疗与预防措施

犊牛腹泻又称犊牛拉稀,一年四季均可发生,是犊牛常发的一种胃肠疾病。

犊牛常在出生后 2~3 天开始发病,对犊牛的发育、生长、成活等有很大影响。

在大群饲养时,犊牛腹泻发生率常达 80%~90%,死亡率最高可达 50%以上,对奶业的发展威胁很大。引起犊牛腹泻的原因有很多种,如犊牛饲喂环境卫生差,奶温不稳定,不定时定量,还有细菌性感染的原因,大肠杆菌、弯曲杆菌、沙门氏菌等等都能导致犊牛腹泻。

1. 犊牛腹泻的预防

使用巴氏杀菌奶罐对饲喂犊牛的牛奶进行消毒和加热,保证饲喂犊牛的奶温度正常。兽医每天跟随犊牛饲养人员参与犊牛喂奶工作,目的是查看每一头小牛采食情况,检查奶温和饲喂的奶量,从而确保犊牛的采食正常。

每天上午消毒犊牛所在环境,确保环境卫生的干净和整洁。杜邦卫可和戊二醛交替使用。

每一次喂奶前更换喂奶小桶,让犊牛使用干净的奶桶饮食,从而减少病从口入的风险。对饲喂犊牛的奶桶使用杜邦卫可 1∶200 的比例消毒清洗。

2. 犊牛腹泻治疗

有轻微腹泻症状的牛只,采食量、精神状态正常的我们选择不使用抗生素治疗,在每天中午时候添加一次口服补液盐,(电解质),继续关注牛只情况。

腹泻严重并且伴有脱水症状的牛只，单独隔离，切断与健康牛的接触。使用恩诺沙星、土霉素、头孢、抗炎药、美达佳、福乃达、福欣安等药物治疗。根据牛只体重选择使用剂量，每天两次治疗。

对于伴有脱水的牛只进行静脉补液，补液剂量根据犊牛体重计算，按 30～100 mL/kg 计算，或考虑采用复方氯化钠 1 500～2 000 mL，碳酸氢钠 250 mL、10%葡萄糖 250 mL 配方。葡萄糖选择低浓度的，在静脉使用碳酸氢钠的时候牛只会感觉疼痛，所以要缓慢补液。

治疗出现死亡，对牛只解剖处理，查看死亡原因，在有条件的情况下，采集组织样品，送样检测腹泻类型和感染源。

## 七、结核病监测研究应用

公司开展了全场牛群结核病本地调查工作，制定了符合本场实际的结核病净化监测实施方案。2015 年以前坚持 PPD 变态反应试验 100%全群检测。凡用提纯结核菌素检出阳性牛的牛群为结核病污染牛群，连续 2 次全群监测都为阴性的牛群为净化牛群。如在牛结核净化群中（包括犊牛群）检出阳性牛时，及时扑杀阳性牛，其他牛按假定健康群处理。2015 年以后坚持采用 PPD 变态反应每年 2 次普检和用 γ-干扰素抽检 12 月龄以上奶牛（每年 2 次）相结合的方式检测奶牛结核病，进一步巩固净化成果。



### （一）本底调查

时间为 2013 年 11 月以前。全面普检牛群结核病，了解本场牛群结核病感染水平，评估本场结核病发生和传播风险，制定结核病净化技术方案。

本底调查结论：

(1)唐山恒天然牧场是当地汉沽管理区最大的奶牛养殖企业，始建于 2007 年，职工素质较好，管理比较规范，牛群健康度较高。

(2)汉沽管理区疫控中心历来重视奶牛结核病检测工作，一直坚持对辖区内奶牛场（户）饲养的奶牛开展一年 2 次的结核病检测。作为全区最大的奶牛养殖企业的恒天然牧场，更加关注结核病的检测工作，一直作为工作的重点之一。

(3)2013—2015 年期间，全场未检出结核病阳性牛只。

(4)鉴于以上的本底调查结果，制定了前面的结核病净化技术路线开展结核病净化工作。

### （二）通过监测确定净化技术路线

依据本底调查情况，制定符合本场牛群的结核病净化实施方案。采取严格的生物安全措施、实行每年2次PPD变态反应试验100%全群检测的策略。凡用提纯结核菌素检出阳性牛的牛群为结核病污染牛群，连续2次全群监测都为阴性的牛群为净化牛群。在牛结核净化群中检出阳性牛时，按照要求进行无害化处理工作，其他牛按假定健康群处理，逐步建立健康牛群。对假定阴性群加强综合防控措施，逐步扩大净化效果，最终建立净化场。同时加强对人员、车辆出入的管理，降低疫病水平和传播风险。强化本场引种的检测，避免外来病原传入风险。建立完善的防疫和生产管理等制度，优化生产结构和建筑设计布局，构建持续有效的生物安全防护体系，确保净化效果持续有效。

**(三)具体措施**

结核病的防控坚持"预防为主"的方针，公司建立健全了相关的规章制度、加强饲养管理、改善卫生条件，更要采取"检测、隔离、销毁、消毒"相结合的综合性防控措施，最终将所有牛群变为净化群。

1.检测

检测方法：结核病PPD皮内变态反应试验或γ-干扰素Elisa试验。

检测范围及频次：犊牛大于6月龄第一次检测结核病；成母牛每年4月、9月分别进行一次结核病检测。

检测方式：结核病PPD皮内变态反应试验在官方兽医监督指导下公司安排人员具体实施检测。

2.隔离

检测结果疑似阳性奶牛马上隔离饲养，待1个月后复检一次再次进行结果判定。

3.销毁

初检疑似阳性牛经复检仍为阳性者坚决进行销毁，严格按照农业农村部《病死动物无害化处理技术规范》进行销毁和无害化处理。严禁将病牛销售出场区。同时对其同群的奶牛作为结核病污染群每3个月进行一次结核病检测，直至连续2次检测不出现阳性结果的方可按照净化群转入常规检测。

4.消毒

检出的阳性牛进行无害化处理后，对被病畜和阳性畜污染的场所、用具、物品进行严格消毒。金属设施、使用戊二醛、碘制剂2种消毒药品交替喷雾方式消毒；圈舍、场地、车辆等，用2%杜邦卫可消毒；饲料、垫料采取深埋发酵处理；粪便采取堆积密封发酵方式处理。

**(四)实施效果**

从2007年11月23日开始到2013年12月，每年实施全群奶牛2次PPD变态反应检测，期间未发现结核病阳性牛只。2013 年以后连续 2 年 PPD 皮内变态反应检测方式均未检出结核病阳性牛，牛群结核病初步达到净化标准。2015 年以后采用每年 2 次的结核病全群 PPD 检测与每年 2 次的 γ-干扰素抽检相结合的持续监测的方式，至今未检测出结核病阳性牛，整体牛群结核病净化持续巩固。

总之，经过多年来的坚持与努力，唐山恒天然牧场有限公司的奶牛群结核病达到了净化标准，整体牛群生产性能稳定高产，取得了令人满意的经济效益和社会效益。

## 八、粪污处理研究应用

公司本着生态环保、循环利用和可持续发展的思路，建立了固液分离系统和污水处理系统。固体粪便进行晾晒、发酵，作为绿植等作物肥料。沙子回收、晾晒，做垫床垫料。液体污水一部分经过初级处理、发酵等，还田再利用。另一部分输送到污水处理厂，经处理达标后排放。



### （一）污水收集过程

牛舍内粪尿及污水通过清粪工程被收集排放到集粪池，集粪池内安装有潜水搅拌机和潜水切割泵，粪经由搅拌机搅拌均匀后由切割泵提升至固液分离机进行螺旋挤压分离。分离后的固体粪渣含水量低，运输方便，晾晒后可以直接做牛床垫料，也可以堆肥制作成有机肥。养殖废水和生活污水收集后排入厂区内污水处理站处理

### （二）污水处理系统整体工艺

污水处理站的污水处理系统采用工艺和设备先进的帕克公司产品，最大日处理能力为每天 1 000 $m^3$，采用 AFR＋好氧处理＋AMX＋AO＋三级处理工艺，对污水经过处理达标后再行排放，或经过存储熟化后作为液态粪肥抛洒到农田。

污水处理系统整体工艺包括厌氧处理、好氧处理、脱氮处理、A/O 处理、三级处理、沼气处理、废气处理、化学加药以及污泥处理（不做具体介绍）。

## 九、病死牛无害化处理研究应用

### （一）依据

根据《中国动物防疫法》《病死及病害动物无害化处理技术规范》《病害动物和病害动物产品生物安全处理规程》等法律法规进行无害化处理。

### （二）处理原则

（1）无害化处理包括病死动物及其排泄物、污染物等。

(2)无害化处理以减少损失、保护环境、不污染空气、土壤和水源为原则。

(3)建设有污水沉淀排放、粪便堆放及无害化处理设施。

(4)病死动物的处理严格遵循"四不准一处理"的原则,将病死牛尸体全部进行无害化处理。

(5)无害化处理方式以掩埋、消毒和发酵处理为主。

(6)病死或死因不明的牛只无害化处理应在区动物卫生监督机构的监督下进行。

(7)对污染的饲料、排泄物等物品,喷洒消毒剂后与尸体共同深埋。

(8)建立无害化处理档案,对无害化处理情况做好记录,做详细记载。

#### (三)处理方法

(1)深埋。根据相关法规和当地环保治理要求,牧场主要采取深埋方式对病死牛进行无害化处理。对污染的饲料、排泄物等物品,也应喷洒消毒剂后与尸体共同深埋。掩埋坑底均匀铺 2 cm 厚生石灰,病死奶牛尸体及其产品最上层应距地表面 1.5 m 以上,掩埋后掩埋土要夯实。掩埋后的地表环境用消毒药品进行喷洒消毒。对污染的饲料、排泄物和杂物等,进行消毒后与尸体共同深埋。

(2)运输奶牛尸体和病害动物产品等采用封闭不渗漏的容器。装卸前后必须进行严格消毒。

(3)无害化处理工作应在汉沽管理区动物卫生监督机构的监督下进行。

(4)死牛被发现后,首先由兽医现场查看奶牛病史,不能立即移动尸体。兽医先要明确该牛是否死亡,如果该牛不是疑似炭疽病例,由 AHWB 主管决定是否进行剖检。疑似结核、布病的死亡牛只也禁止剖检和切割。

无论死亡的是大牛还是犊牛,均需要制定专用车辆拉运死牛至无害化处理区进行堆肥处理。堆肥过程中对死牛喷洒专用发酵菌液。

## 第三节　监督管理

### 一、日常管理

#### (一)制度健全

公司建立了门卫管理、职工管理、技术人员职责、兽医卫生防疫和检疫申报管理等制度;建立了饲料、兽药、生物制品等投入品使用制度;建立了免疫、引种、隔离、兽医健康巡查、疫病诊疗与用药、疫情报告、无害化处理、消毒等防疫制度等，各项管理制度健全。明确岗位职责分工，建立疫病净化领导小组，领导小组中现有硕士研究生1人，专科生6人，执业兽医师1人。公司安排专人负责养殖档案的填写，各项记录健全，完整。

### （二）加强监管

汉沽管理区动物卫生监督所指派一名官方兽医具体负责对恒天然牧场的日常监督管理工作，负责宣传贯彻《动物防疫法》《兽药管理条例》等法律法规。对规模养殖场（小区）动物防疫条件进行监督检查，随时提出整改意见，并督促整改和完善。全面掌握规模养殖场（小区）动物防疫、存出栏、免疫、检疫、消毒、无害化处理、用药等情况，监督指导养殖场（小区）建立养殖档案。监督规模养殖场（小区）做好强制免疫、产地检疫申报、消毒、无害化处理以及畜禽标识的佩戴工作。监督、指导规模养殖场（小区）科学使用兽药，严格执行休药期规定。负责受理跨省引进乳用、种用动物以及精液、胚胎、种蛋的检疫申报以及调入后隔离饲养期间的检疫监管。负责规模养殖场（小区）出栏动物的产地检疫工作。负责每月对恒天然进行监督检查及其他专项检查。同时驻场官方兽医全面负责监督恒天然牧场进行奶牛结核病检测、布病的血样采集送检工作，监督指导场方做好两病净化方案落实，确保达到预期效果。



## 二、年度审查

### （一）动物防疫条件审查

汉沽管理区动物卫生监督所每年3月对恒天然牧场有限公司开展一次规模场动物防疫条件审核，实行年度报告制度。场方提交《汉沽管理区养殖场动物防疫情况年度报告表》，报告其上一年度动物防疫条件情况，由驻场官方兽医审核同意后交动监所审核验收，验收合格的通知场方，验收不合格的下达整改通知书进行整改，连续整改2次不合格的吊销动物防疫条件合格证。确保养殖场动物防疫条件符合动物防疫要求。

### （二）两病检测情况年度审查

汉沽管理区动物疫病预防控制中心每年8月对恒天然牧场等奶牛养殖企业奶牛上一年度结核病、布病监测情况进行审核。主要审查结核病和布病检测情况，包括检测数量、检测结果，并对该企业两病防控情况进行评估，审查通过后，发放奶牛结核病、布病检测合格证明。企业凭检测合格证明销售鲜奶制品。

# 第四节　动物疫病净化效益评估

## 一、经济效益

前几年，牧场经历了养殖业的低谷期，奶价低廉，牛奶只能以低价出售。经过几年的坚持，加强牧场管理和动物疫病净化工作的开展，目前牧场的牛群整体情况良好，奶产量稳步上涨，每头牛每年平均单产 11 t 左右。牧场能产出优质、安全的牛奶，现在奶价逐年上升，牧场实现了盈余。

## 二、社会效益

唐山恒天然牧场可提供 150 多个劳动就业机会，不但解决了周边村民就近上班的机会，还帮助政府解决了一部分村民的就业问题。每年收青贮 3 万 t 左右，牧场周边农村 1 万亩左右土地都种植青贮玉米交售给牧场，每亩青贮地可为农民多增收 180 元以上，提高了农民种地收益，带动了周边农业农村经济的发展。同时牧场产生的大部分有机粪肥进行还田处理，提高了周边农村土地肥力，改善了土壤品质，大大减少了化肥的使用量，取得了良好的社会效益及效果。



## 三、生态效益

为响应 2017 年国务院办公厅发布的《关于加快推进畜禽养殖废弃物资源化利用的意见》(国办发〔2017〕48 号)文件，以及农业农村部发布的“关于印发《畜禽粪污资源化利用行动方案(2017—2020 年)》的通知”，近两年唐山恒天然牧场大力推广 EcoWin 项目。所有牧场副产品都是经过无害化处理后，通过有资质第三方机构的定期检测合格后，将液态粪肥进行还田。

所有还田土地均为合法流转，恒天然在对合作大户资质进行审核之后与其签订还田合同。粪肥还田施用量计算方法根据当地实际情况经过科学计算，并得到农业专家认可。所有牧场还田的液体肥/固体肥的数量与质量均已取得合作大户的认可并签字。恒天然运行粪肥还田微细化管理，对还田过程包括运输车辆检查，管道检查，车辆 GPS 运行，行车路线监测，还田施用检查等。恒天然践行企业主体责任，对所有参与粪肥还田的土地土壤委托有资质的第三方进行科学的周期性检测，包括在签约之前的土壤基底值检测，作物种植前还田前检测以及作物收获后还田前检测。

同时公司污水综合处理利用系统的建成投产，实现了水资源的循环利用，实现污水污染物零排放，大大降低了牧场对周边环境的影响。

总而言之，恒天然牧场本着企业为社会服务的原则，强化企业动物防疫主体职责，全力配合政府做好动物疫病防控工作。多年来，在各级政府的关怀及帮助下，在各级专家的鼎力支持下，动物疫病防控、环境保护等方面工作取得了丰硕的成绩。今后我们愿意继续努力，切实履行主体责任，全面做好各项工作，为社会提供优质原料乳品。

第二篇

# 种猪

# 第三章　石家庄市牧工商开发总公司原种猪场净化案例

石家庄市牧工商开发总公司原种猪场是国家“948”计划项目，座落在石家庄市井陉矿区苗圃场内，四面环山，具有天然的防疫屏障。厂址东侧为农田，西侧为果园，南侧和北侧为林地，西北侧距小峪村 700 m，东距西岗头村 900 m，西南距大峪村 1 100 m，西南侧 600 m 为清凉山，周围无任何化工厂、矿厂、屠宰场及其他污染源，无文物保护单位及名胜古迹。符合当地政府发展规划，符合《中华人民共和国防疫法》及相关标准的规定。

石家庄市牧工商开发总公司原种猪场是国家生猪产业技术体系石家庄综合试验站依托单位、中国畜牧业协会养猪业分会常务理事单位、中国畜牧兽医学会养猪学分会理事单位、全国猪联合育种协作组成员单位、河北省农业产业化经营重点龙头企业、河北省首家通过农业部验收的动物疫病净化创建场、河北省无公害畜农产品认证单位、河北省养猪协会副会长单位、河北省十佳养殖企业、石家庄市养猪协会会长单位。

牧工商总公司原种猪场拥有原种车间、二元车间、省二级种公猪站，存栏基础母猪 1 500 头，饲养品种为长白、大白、杜洛克，品系为瑞系和加系。2011 年开始实施伪狂犬病的净化，2015 年底净化完成。年可向社会提供优质的伪狂犬病阴性纯种及二元种猪 11 000 余头，优良种猪精液 10 万头份，是国内较大的种猪生产基地之一。经过多年发展，牧工商原种猪场种猪在历届河北省种猪生产性能测定中获前三名，已推广到国内 20 多个省区。

牧工商总公司始终以“诚信、创新、优质、高效”的经营理念，推广优良品种，不断提高产品质量，完善服务体系，为我国养猪业跨入国际先进水平做出积极的贡献。

# 第一节　伪狂犬病净化实施方案

## 一、伪狂犬病净化技术结构

净化技术路线结构见图 3-1。



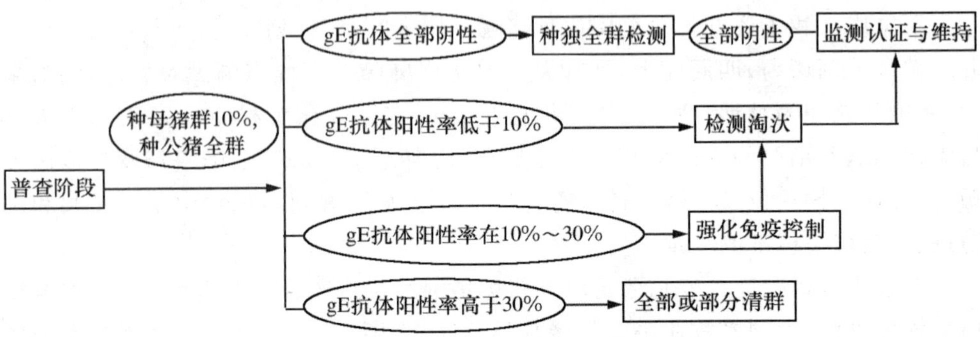


图 3-1　净化技术路线结构图

## 二、伪狂犬病净化方案

### (一)确定净化种猪群数量

### (二)伪狂犬病净化方案的分期

根除和净化措施分为普查阶段、强化免疫控制、检测淘汰、全群清群与引种、监测认证与维持五个阶段。

### (三)疫苗与检测试剂的准备

(1)疫苗的选择　选择伪狂犬病毒 gE 基因缺失疫苗，也可以根据自己的工作基础和经验，选择安全性高、免疫原性好的疫苗。

(2)抗体检测试剂盒

免疫抗体检测试剂盒：使用 gB-ELISA 试剂盒(IDEXX 公司)。

野毒抗体检测试剂盒：使用 gE-ELISA 试剂盒(IDEXX 公司)。

### (四)种猪群(种母猪、种公猪)伪狂犬病野毒感染状况的普查

按照种母猪群数量的 10%、种公猪全群采样。分离血清，用 gE-ELISA 检测，

根据野毒抗体阳性率高低，确定净化方案。

(1)若血清样品全部为 gE 抗体阴性，则种猪群全部逐头检测，如果所有样品均为阴性，可确定种猪群为伪狂犬病野毒抗体阴性，直接进入"监测认证与维持"阶段。

(2)若血清样品的 gE 抗体阳性率低于 10%，实行"检测淘汰"—"监测认证与维持"的净化方案；

(3)若血清样品的 gE 抗体阳性率在 10%～30%可实行"强化免疫控制"—"检测淘汰"—"监测认证与维持"的净化方案；

(4)若血清样品的 gE 抗体阳性率高于 30%，则实行"全部或部分清群"措施，暂时不考虑实施净化。

**(五)强化免疫控制阶段**

主要通过用伪狂犬病 *gE* 基因缺失疫苗免疫猪群，同时采取生物安全等综合措施，达到控制的目的。

(1)免疫程序的制定

①种猪群　种母猪每年普免 3～4 次，母猪产前 4 周免疫一次，普免时，避免在分娩前 7 天内接种，以减少接种应激对分娩的影响，但可于母猪分娩后补免。



公猪每年 3 次免疫，采用集中普免的方式。

②仔猪　分别检测仔猪 50 日龄、60 日龄和 70 日龄时的伪狂犬病抗体(gB 抗体或全病毒抗体)，每个阶段抽样 30 份，样品来自 10 窝猪，每窝 3 头，确保采样的均衡性。根据抗体水平确定仔猪的免疫日龄。猪场可根据产房小猪和保育猪是否出现伪狂犬病(如腹泻、神经症状等)，使用出生猪滴鼻免疫的方式，克服母源抗体干扰，并以提高局部的黏膜免疫力。

(2)实验室评估　仔猪免疫后 3 周，检测 30 份血清 gB 抗体。如果 85%的样品为 gB 抗体阳性，即可认为群体免疫合格。

(3)临床评估　主要考察猪群的生长成绩。母猪无繁殖障碍，产房哺乳仔猪无尖叫、腹泻和转圈，最后死亡等现象；保育猪无神经症状，育肥猪无伪狂犬病病毒引起的呼吸道症状。

(4)配套的生物安全措施

①如需引种，只能引进伪狂犬病 gE 抗体阴性的后备种猪；

②对进出猪场的车辆和外来人员进行消毒；

③无害化处理病死猪和流产死胎等；

④定期灭鼠。

**(六)检测淘汰**

(1)种猪群　当种母(公)猪伪狂犬病野毒感染抗体(gE 抗体)阳性率在 10%

以下时，对种猪群实行全群逐头采样检测，如样品呈 gE 抗体阳性，直接淘汰该野毒感染猪；对可疑样品，可重新检测，以排除操作误差，如认为可疑，则在 3 天后再采血，重新检测，判定结果。

(2)后备种猪　对拟选留的后备种猪，可分别在 5 月龄、进入后备舍或配种前一个月检测 gE 抗体，如为阴性，即可作为种猪使用；如为阳性，淘汰处理。

(3)全部(部分)清群　如果种母猪(种公猪)的伪狂犬病野毒感染抗体阳性率在 30%以上，直接全群淘汰，重新引种；或者该猪群不能作为种猪群使用，通过加强免疫接种，使伪狂犬病稳定，作为商品猪场的繁殖猪群，根据自然淘汰和更新，最终全部淘汰该猪群。

实施部分清群时，可用阴性后备种猪逐步替换原有 gE 抗体阳性猪，最终实现猪群伪狂犬病的净化。

### (七)监测与认证



(1)伪狂犬病稳定猪场　完成“检测淘汰”阶段 1 年后，在育肥猪群中设立不免疫的育肥哨兵猪(要求是野毒抗体和免疫抗体均阴性)。育肥哨兵猪的数量为每个生产线 30 头猪，分散在不同的猪栏。1 个月后检测，应该为野毒抗体阴性。

一年后，设立非免疫母猪哨兵猪(野毒抗体和免疫抗体均阴性)，占母猪数量 2%～3%，或最低为 10 头母猪。不免疫哨兵母猪分别在猪群的配种前，怀孕后 40～50 天，80～90 天，产后 2 周分别检测野毒抗体，其后代于 3～4 周龄检测，均应该为野毒抗体阴性。此阶段，全群公猪和母猪野毒抗体阴性；疑似病例为伪狂犬病病原阴性；生产成绩正常稳定。猪群进入稳定和维持阶段。观察 1 年。

(2)伪狂犬病净化猪场　在“稳定阶段”后，在 1 年内监测全群种猪，生产成绩正常，所有种猪的野毒抗体均为阴性，即可认为是伪狂犬病阴性猪群，达到净化阶段，即为“无伪狂犬病”猪群。

(3)伪狂犬病阴性猪场的维持　每隔 1 年，对阴性种猪群，按 10%比例随机抽样，监测“无伪狂犬病”猪群的维持的状况。同时，只能引入伪狂犬病野毒抗体阴性后备种猪或(和)伪狂犬病毒阴性的精液。

## 三、应急与预警方案

### (一)应急方案

(1)基础母猪检测出伪狂犬 gE 阳性，则淘汰该阳性猪，并对种猪群全群逐头采样进行检测，对检测出的阳性猪全部进行淘汰处理。

(2)育肥猪检测出伪狂犬 gE 抗体阳性，则淘汰该阳性猪，并对该阳性猪所在圈和两侧圈的猪逐头采样进行检测，对基础母猪按10%比例随机采样进行抽检，对检测出的gE抗体阳性猪全部进行淘汰处理。

### （二）预警方案

注意收集周边地区的疫病流行情况，坚持预防为主的原则，一旦周边县区有伪狂犬病流行趋势立即启动该预警方案以防本场该病的暴发。

（1）立即封场　严格控制人员出入，外来人员及车辆严禁入内，本场员工因有事必须离场时待封场解除后再回场；送料车进场前严格消毒；外来采购物资进场前严格消毒。

（2）加强消毒管理　对猪舍和场区内环境卫生彻底清理，在严格执行原来卫生防疫制度的基础上每天一次带猪消毒和环境消毒并做好记录，尤其注重大门口、病死动物处理区和粪污处理区域的消毒，每次卖猪以后对装猪台内外进行冲洗消毒，展厅内地面和物品用消毒液进行擦拭。

（3）注意观察猪群　加强饲养管理，提高猪群整体免疫力，加大巡查力度，一旦发现异常立即上报。



### （三）我场伪狂犬病净化的具体实施

1.种猪群伪狂犬病野毒感染状况的普查

（1）确定净化数量　2011年11月开始确定实施伪狂犬病净化，种猪群数量为种公猪26头，基础母猪503头。

（2）种猪群（种母猪、种公猪）野毒感染状况的监测　按种猪群（母猪）10%的比例进行采样，种公猪进行全群采样，共采样76份，分离血清，送往石家庄市动物疫病预防控制中心化验室进行检测，检测与分析种猪群伪狂犬病野毒感染情况。根据野毒抗体阳性率高低，确定实行“检测淘汰”“监测与认证维持”的净化方案。检测结果见表3-1。

**表3-1　伪狂犬病检测结果**

| 类别 | 种公猪 | | | | 基础母猪 | | | |
|---|---|---|---|---|---|---|---|---|
| 项目 | 总头份 | 合格数 | 不合格数 | 合格率/% | 总头份 | 合格数 | 不合格数 | 合格率/% |
| 伪狂犬病抗体 | 26 | 26 | 0 | 100 | 50 | 49 | 1 | 98 |
| 伪狂犬病野毒感染 | 26 | 阴性26 | 阳性0 | 感染率0 | 50 | 阴性48 | 阳性2 | 感染率4 |

(3)调整免疫程序　依据净化需要调整了免疫程序,选择勃林格伪狂犬病毒 gE 基因缺失疫苗,种公猪每年普免 3 次,母猪产前 4 周免疫,仔猪 35 日龄免疫。

2.检测淘汰

(1)基础母猪、种公猪全群检测淘汰　对种猪群实行逐头采样检测,gE 抗体阳性率为 6.6%,对 gE 抗体阳性样品再复查,如仍为阳性,直接淘汰该野毒感染猪;如认为可疑,则在 3 天后再采血,重新检测,判定结果。经过连续监测淘汰,共有 gE 抗体阳性猪只 31 头,全部做淘汰处理。

(2)基础母猪再次检测淘汰和两次随机抽检　2013 年 3 月,对基础母猪群逐头采样,共采样 469 份,送往石家庄市动物疫病预防控制中心化验室进行二次检测,检测伪狂犬 gE 抗体和伪狂犬 gB 抗体,为了进一步达到净化的目的,把不合格的 1 头和可疑的 2 头猪直接进行了淘汰。

2013 年 5 月和 8 月随机抽检两次,送往石家庄市动物疫病预防控制中心化验室进行伪狂犬 gE 抗体和 gB 抗体检测,无伪狂犬病野毒感染结果(表 3-2)。



**表 3-2　两次随机抽检检测结果**

| 时间 | 检测方法 | 类型 | 种公猪 | | 基础母猪 | | 育肥猪 | |
|---|---|---|---|---|---|---|---|---|
| | | | gB | gE | gB | gE | gB | gE |
| 2013.5.10 | ELISA 检测 | 检测份数 | 10 | 10 | 50 | 50 | 150 | 150 |
| | | 阳性份数 | 10 | 0 | 50 | 0 | 150 | 0 |
| | | 阴性份数 | 0 | 10 | 0 | 50 | 0 | 150 |
| | | 阳性率 | 100% | 0% | 100% | 0% | 100% | 0% |
| 2013.8.20 | ELISA 检测 | 检测份数 | 10 | 10 | 45 | 45 | 135 | 135 |
| | | 阳性份数 | 10 | 0 | 45 | 0 | 135 | 0 |
| | | 阴性份数 | 0 | 10 | 0 | 45 | 0 | 135 |
| | | 阳性率 | 100% | 0% | 100% | 0% | 100% | 0% |

(3)后备种猪的检测　选留的后备种猪全部在 5 月龄、8 月龄进行了伪狂犬 gE 抗体和伪狂犬 gB 的检测,其中伪狂犬 gE 抗体全部为阴性,gB 阳性的转入种猪群,阴性的进行了淘汰处理。

3.监测认证与维持阶段

(1)2014 年 4 月开始在肥猪群中设立不免疫的育肥哨兵猪 27 头,共进行了两次检测,野毒抗体全部为阴性。

(2)2015 年 10 头母猪哨兵猪在产后 13 日龄进行了检测,其后代在 20 日龄进行了抽检,伪狂犬野毒抗体全部为阴性。

(3)2015 年对育肥猪在 120 日龄左右进行了 3 次随机抽检，伪狂犬 gE 抗体均为阴性。

到 2015 年 12 月，猪伪狂犬病的净化基本完成，保证了种猪群的健康，各项生产技术指标得到大幅提升(表 3-3)。

**表 3-3　生产成绩对比**

| 年度 | 窝产仔数 | 窝产活仔数 | 窝产健仔数 | 断奶成活率/% | 年产胎数 | 育成成活率/% |
|---|---|---|---|---|---|---|
| 2011 | 10.62 | 10.01 | 9.23 | 93.12 | 2.09 | 94.8 |
| 2012 | 11.32 | 10.65 | 10.12 | 94.17 | 2.13 | 95.5 |
| 2013 | 11.75 | 11.21 | 10.35 | 95.24 | 2.20 | 97.2 |
| 2014 | 11.98 | 11.42 | 10.66 | 95.85 | 2.21 | 97.35 |
| 2015 | 12.25 | 11.81 | 10.92 | 96.52 | 2.23 | 97.62 |

4.定期监测

2016 年开始，我场开始进入伪狂犬阴性场的维持阶段并实施以下方案。

(1)疫苗及免疫　选择梅里亚的伪狂犬病毒 gE 基因缺失疫苗。种公猪每年普免 2 次，母猪产前 4 周免疫，仔猪 35 日龄免疫，后备猪 210 日龄免疫。

(2)后备猪在转入后备猪舍前全部采样进行 gE、gB 抗体检测，gE 抗体阴性且 gB 抗体合格猪只方可留种。

(3)基础母猪、种公猪每年两次按 10%比例随机抽样，每次不低于 50 头，进行 gE、gB 抗体检测。

(4)育成猪每月一次按 1%比例随机抽样进行 gE、gB 抗体检测。

5.种猪的引进

(1)引种前做好供种场疫病流行情况调查，只能从伪狂犬病阴性场引种。对所引进种猪入场前按 20%比例随机抽样进行检测，全部为伪狂犬 gE 抗体阴性才可入场。

(2)引进种猪入场后做好隔离和检测工作。外引种猪必须隔离 45 天，隔离期间加强饲养管理和猪群健康状况的观察，并全群逐头采样进行伪狂犬 gE、gB 抗体检测，gE 抗体阴性且 gB 抗体合格猪只方可进入种猪群，不合格猪只淘汰处理。

6.卫生防疫

严格执行兽医卫生防疫制度，做好基础性免疫工作，加强病死动物的无害化处理，确保生物安全。

# 第二节　猪场建设与场区布局

## 一、选址情况

### (一)地理位置

猪场建设用地应当符合政府发展规划、环境保护规划以及相关法律法规要求，积极推行标准化规模养殖，合理确定用地标准，节约集约用地。石家庄市牧工商开发总公司原种猪场是国家“948”计划项目，坐落在石家庄市井陉矿区苗圃场内，具有天然的防疫屏障。厂址东侧为农田，西侧为果园，南侧和北侧为林地，西北侧距小峪村 700 m，东距西岗头村 900 m，西南距大峪村 1 100 m，西南侧 600 m 为清凉山，周围无任何化工厂、矿厂、屠宰场及其他污染源，无文物保护单位及名胜古迹。符合当地政府发展规划，符合《中华人民共和国防疫法》及相关标准的规定。场区地理位置图见图 3-2。



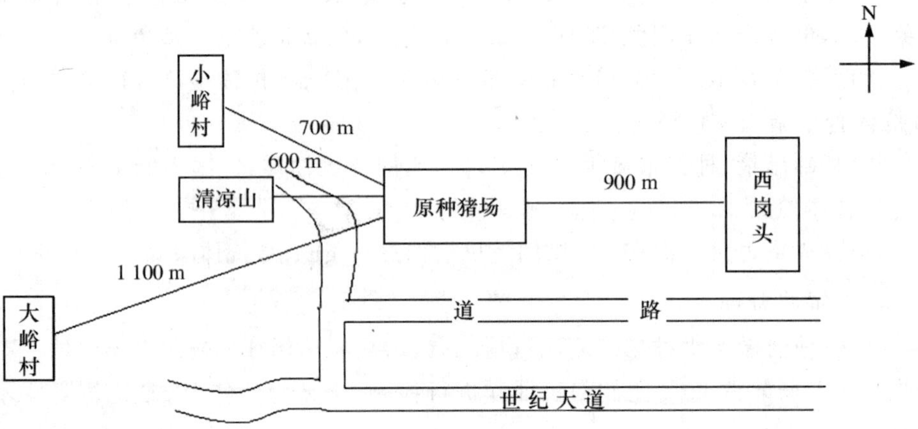


图 3-2　场区地理位置图

### (二)地形

石家庄市牧工商开发总公司原种猪场地势高燥、排水良好、空气流畅；为丘陵地形，猪舍建筑地面相对平坦，合理利用地形地势进行了分区饲养。

### (三)土壤

场区土壤质量符合 GB 15618 土壤环境质量标准的规定，透气性好，易渗水，热容量大，这样可抑制微生物、寄生虫和蚊蝇孳生，并可使场区昼夜温差较小。

### (四)水源

场区用水主要为养殖用水和职工生活用水，主要由场区内自备水井提供，水源充足。水质符合 GB 5749 生活饮用水卫生标准和 NY 5027 无公害食品畜禽饮用水质标准的规定。

### (五)交通及供电

场址所在地交通便利，道路畅通，电力充足可靠。南临世纪大道，西邻外环路，可直接通往高速路口；供电由贾庄镇电网提供，能够满足生产、生活用电需求。

## 二、场区布局

### (一)场区布局原则

场区布局须根据利于防疫、改善场区小气候，方便进行饲养管理、节约用地的原则，并考虑当地的气候、风向，场地的地形、地势，猪场各建筑物和设施的面积等情况规划全场的道路、排水系统、场区绿化，安排各功能区的位置及建筑物的朝向等。



### (二)分区布局

场内建筑设施按管理区、生产区和无害化处理区 3 个功能区布局，各个功能区相对独立，界限分明，间距不少于 50 m，并有绿化防疫隔离带。

(1)管理区包括管理人员的生活设施、办公设施等；位于常年主导风向的上风向，地势较高，为单独院落。

(2)生产区内包括车间工作人员的生活管理区(包括职工隔离室、宿舍、食堂、娱乐室、更衣沐浴室等)，种猪区(包括种公猪舍、空怀母猪舍、配种妊娠舍)，产仔区(包括产房、仔培舍)，育成区(包括育肥舍和销售区域)，无害化处理区(包括沼气池、病猪隔离舍)，有关生产辅助设施(兽医室、化验室、饲料加工间、变配电室、水泵房、锅炉房、仓库、维修间等)。

养猪场生产区四周设围墙，大门出入口设值班室、人员更衣消毒室、车辆消毒通道。车间工作人员的生活管理区在整个场区南侧，经大门口更衣消毒后进入；生产区的种猪区和产仔区设在人流较少和猪场的上风向或偏风向；育成区设在处于下风向或偏风向的位置，设有斜坡装猪台，装猪台与猪舍距离 100 m；无害化处理区设在常年主导风向的下风向，整个场区的东北角。

(3)道路设置　猪舍内道路全部为水泥硬化地面，猪场与外界有专用道路相连；场内道路分为净道与污道，两者严格分开，不得交叉、混用。人员、饲料等进出走净道;商品猪、粪便及废弃物运输走污道。各栋舍内道路也分为净道与污道,饲喂、治疗、消毒等走净道;清粪、运粪走污道。

### (三)猪舍建设

(1)猪舍建筑形式为有窗式封闭猪舍,建筑结构为砖混结构。屋顶形式为双坡式屋顶。净高度不低于 2.7 m。

(2)猪舍朝向和间距满足日照、通风、防火和防疫等的要求,东西走向,南北两侧有窗户通风采光,东西两头有门,门口设有消毒池。相邻二幢猪舍间距不低于 8 m,相邻二猪舍端墙间距 7～9 m。猪舍距围墙不低于 5 m。

(3)猪舍平面布置为多列式布置,猪舍两侧和中间应设置纵向通道。

(4)猪舍地面硬化,地面向粪尿沟处作 1°～3°倾斜,易于冲刷,能耐受各种形式的消毒。

## 三、设施设备



猪场内设备应符合 GB/T 17824.3—1999《中、小型集约化养猪场设备》要求,与之相配套的供水、供料、供电设施同时必须满足猪只培育和生产的技术要求;经济实用、便于清洗消毒,安全卫生;有利于改善猪舍环境,减少猪只的应激反应,降低发病率等。

### (一)供水系统

场内的供水系统、水质、水量满足猪场生产、生活需要。水质符合 GB 5749、NY 5027 标准。生活与管理区给水、排放按工业民用建筑有关规定执行。猪舍内供水系统与场内供水系统相连接,采用自流式饮水器。饮水器的安装数量和高度根据猪群的种类和数量确定,小猪的饮水器高度为 25～35 cm,大猪的饮水器高度为 50～55 cm,原则是保证每头猪能自由饮水。

### (二)供料系统

猪场建有饲料加工车间,其建筑面积与贮藏能力均满足生猪生产需要。猪场根据猪群营养需要加工全价配合饲料,猪舍内为每头猪只提供足够的饲料槽位,每头小猪的饲料槽位为 20～30 cm,每头大猪的饲料槽位为 30～40 cm。种猪群为人工喂料,仔培与育成区为自动上料系统。

### (三)供电系统

场内供电系统满足猪场生产、生活需要。自备电源的供电容量不低于全场用电负荷的 1/4。舍内供电系统与场内的供电网相连接,保证舍内的生产用电。

### (四)排污系统

猪舍内的排污系统与猪舍外的排污管道相连接,进入污水处理设施,舍内排污道保证舍内产生的污水能顺利排出舍外,保证舍内不积污;舍内产生的猪粪一部分采取人工收集的办法运到固定的场所与舍内产生的尿液、冲洗废水等污水一起进入沼气池进行厌氧发酵,沼液和沼渣进入附近村庄的田地和果园,采取专用的排污管道进入污水处理,育成舍采用发酵床饲养,猪粪尿与垫料经发酵以后作为农肥。

### (五)防疫设施

(1)猪场四周建有围墙,并有绿化隔离带,猪场大门入口处设车辆强制性消毒设施,每栋猪舍门口设有脚踏消毒池。

(2)生产区与管理区严格隔离,在生产区入口处设人员更衣消毒室和车辆消毒池,车辆消毒池长 6.0 m、宽 4.0 m、深 0.3 m。

## 四、猪舍内环境控制



### (一)猪舍温度湿度控制

温度在环境诸因素中起主导作用。猪舍内温度的高低取决于猪舍内热量的来源和散失的程度。猪对环境温度的高低非常敏感,表现在仔猪怕冷,成年猪则不耐热。此项工作对妊娠母猪和种公猪尤为重要。猪舍空气温度和相对湿度应符合 GB/T 17824—1999《中、小型集约化养猪场环境参数及环境管理》要求(表 3-4)。

表 3-4 猪舍内空气温度和相对湿度

| 猪群类别 | 空气温度/℃ | 相对湿度/% |
|---|---|---|
| 种公猪 | 10～25 | 40～80 |
| 成年母猪 | 10～27 | 40～80 |
| 哺乳母猪 | 16～27 | 40～80 |
| 哺乳仔猪 | 28～34 | 40～80 |
| 培育仔猪 | 16～30 | 40～80 |
| 育肥猪 | 10～27 | 40～85 |

1.防寒保温

在冬季须做好猪舍的防寒保温工作,特别是对分娩哺育舍、幼猪舍,做好防寒保温工作更为重要。

冬季常采取的防寒管理措施有:入冬前做好封窗、窗外敷加透光性能好的塑料膜、门外包防寒毡等工作；通风换气时尽量降低气流速度；防止舍内潮湿等。

在做好上述防寒保温措施的同时，产房和保育舍设有地暖，产房保温箱内设有红外线灯、电热板。

2. 防暑降温

环境炎热的因素有气温高、太阳辐射强、气流速度小和空气湿度大。生产中一般采用保护猪免受太阳辐射、增强猪的传导散热(与冷物体接触)对流散热(充分利用天然气流或强制通风)和蒸发散热(水浴或向猪体喷淋水)等措施。

生产中采用风机和水帘等设备使水蒸发降温，也可向猪体或猪舍空气喷水，借助水的汽化吸热而达到降温的目的。

### (二)猪舍通风

猪舍通风换气的目的，一是在气温高时加大气流使猪感到舒适，从而缓和高温对猪的不良影响；二是在猪舍封闭的情况下，通风可排出舍内的污浊空气，引进舍外的新鲜空气，从而改善舍内的空气环境。



(1)猪舍通风量(每千克活重每小时所需空气立方米数)和风速应符合 GB/T 17824—1999 的要求(表 3-5)。

表 3-5 猪舍通风

| 猪群类别 | 通风量/[$m^3$/(h·kg)] | | | 风速/(m/s) | |
|---|---|---|---|---|---|
| | 冬季 | 春秋季 | 夏季 | 冬季 | 夏季 |
| 种公猪 | 0.45 | 0.60 | 0.70 | 0.20 | 1.00 |
| 成年母猪 | 0.35 | 0.45 | 0.60 | 0.30 | 1.00 |
| 哺乳母猪 | 0.35 | 0.45 | 0.60 | 0.15 | 0.40 |
| 哺乳仔猪 | 0.35 | 0.45 | 0.60 | 0.15 | 0.40 |
| 培育仔猪 | 0.35 | 0.45 | 0.60 | 0.20 | 0.60 |
| 育肥猪 | 0.35 | 0.45 | 0.65 | 0.30 | 1.00 |

(2)猪舍通风主要包括自然通风、负压机械通风(横向或纵向)和正压机械通风。本场猪舍的通风方式有自然通风(地窗和屋顶风帽)采用自然与机械混合通风、可考虑正压机械通风。

(3)猪舍通风须保证气流分布均匀，无通风死角；在气流组织上，冬季应使气流由猪舍上部流入，而夏季则应使气流流经猪体。

### (三)猪舍采光

光照对猪有促进新陈代谢、加速骨骼生长以及活化和增强免疫机能的作用。肥猪对光照没有过多的要求,但光照对繁育母猪和仔猪有重要的作用。猪舍的光照一般以自然光照为主,辅之以人工光照。

猪舍自然光照或人工照明应符合 GB/T 17824—1999 的要求(表 3-6)。

表 3-6 猪舍采光

| 猪群类别 | 自然光照 | | 人工照明 | |
|---|---|---|---|---|
| | 采光系数 | 辅助照明/lx | 光照强度/lx | 光照时间/h |
| 种公猪 | 1∶(10～12) | 50～75 | 50～100 | 14～18 |
| 成年母猪 | 1∶(12～15) | 50～75 | 50～100 | 14～18 |
| 哺乳母猪 | 1∶(10～12) | 50～75 | 50～100 | 14～18 |
| 哺乳仔猪 | 1∶(10～12) | 50～75 | 50～100 | 14～18 |
| 培育仔猪 | 1∶10 | 50～75 | 50～100 | 14～18 |
| 育肥猪 | 1∶(12～15) | 50～75 | 30～50 | 8～12 |

(1)自然光照　光线主要是通过窗户进入舍内的。猪舍窗户的数量、形状和布置应根据当地的气候条件、猪舍的结构特点,综合考虑防寒、防暑、通风等因素后确定。自然光照设计须保证入射角≥25°,采光角(开角)≥5°。

(2)人工光照　自然光照不足时,应考虑补充人工光照,一般选用 40～50 W 白炽灯、荧光灯等,灯距地面 2 m,按大约 3 m 灯距均匀布置。猪舍跨度大时,应装设两排以上的灯泡,并使两排灯泡交错排列,以使舍内各处光照均匀。

(3)猪舍的灯具和门窗等透光构件须经常保持清洁。

### (四)猪舍空气要求

猪舍内的主要污物为猪排泄的粪尿及生产污水等,猪每天排出的粪尿数量很大,而且日常管理所产生的污水也很多。因此,合理设置排污系统,及时排除这些污物,是防止舍内潮湿、保持良好的空气卫生状况的重要措施。

(1)猪舍空气中的氨($NH_3$)、硫化氢($H_2S$)、二氧化碳($CO_2$)细菌总数和粉尘含量不得超过 GB/T 17824—1999 的规定(表 3-7)。

表 3-7　猪舍空气卫生要求

| 猪群类别 | 氨/(mg/$m^3$) | 硫化氢/(mg/$m^3$) | 二氧化碳/% | 二氧化碳/(万个/$m^3$) | 粉尘/(mg/m) |
| --- | --- | --- | --- | --- | --- |
| 种公猪 | 26 | 10 | 0.2 | ≤6 | ≤1.5 |
| 成年母猪 | 26 | 10 | 0.2 | ≤10 | ≤1.5 |
| 哺乳母猪 | 15 | 10 | 0.2 | ≤5 | ≤1.5 |
| 哺乳仔猪 | 15 | 10 | 0.2 | ≤5 | ≤1.5 |
| 培育仔猪 | 26 | 10 | 0.2 | ≤5 | ≤1.5 |
| 育肥猪 | 26 | 10 | 0.2 | ≤5 | ≤1.5 |

(2)为保持猪舍空气卫生状况良好,必须进行合理通风,改善饲养管理,采用合理的清粪工艺和设备,及时清除和处理粪便和污水,保持猪舍清洁卫生,严格执行消毒制度。

# 第三节　投入品的控制

## 一、饲料、兽药及生物制品的使用制度

### (一)饲料使用管理制度

(1)严格按照中华人民共和国农业行业标准 NY/T 5032—2001《无公害食品—生猪饲养饲料使用准则》和河北省《无公害生猪饲养管理技术规程》的饲料和饲料添加剂使用制度进行。

(2)养殖场(区)必须从合法渠道购进合格的饲料产品。预混料、浓缩料、配合饲料应从具有饲料生产许可证的厂家购进,并索要其饲料生产许可证复印件和每批饲料产品的化验合格证。

(3)饲料中使用的饲料添加剂产品应是具有农业部颁发的饲料添加剂生产许可证的正规企业生产的、具有产品批准文号的产品。

(4)饲料添加剂产品的使用应遵守产品说明书所规定的用法、用量使用。

(5)药物饲料添加剂的使用应按照中华人民共和国农业部发布的《药物饲料添加剂使用规范》执行。生猪饲料中不应直接添加兽药,使用药物饲料添加剂应严格执行休药期制度。

(6)生猪饲料中严禁使用盐酸克伦特罗等违禁药物,不应添加氨苯砷酸、洛克沙砷等砷制剂类药物饲料添加剂。

(7)购进的每一批成品料,应做好详细记录,如数量、品牌、来源、品质、使用时间等。

(8)饲料及饲料原料应具有该品种应有的色、嗅、味和形态特征,无发霉、变质、结块及异嗅、异味。

(9)自配或购进的配合料,应留样保存一年,并记录好各种数据,以便日后查询数据或取证。

### (二)兽药及生物制品使用管理制度

(1)严格按照中华人民共和国农业行业标准 NY 5046—2001《无公害食品—生猪饲养兽药使用准则》和河北省《无公害生猪饲养管理技术规程》兽药疫苗使用要求进行,遵循兽药使用原则。

(2)购进兽药疫苗必须来自具有《兽药生产许可证》和产品批准文号的生产企业或者具有《进口兽药许可证》的供应商,必须是通过 GMP 认证的企业,所有兽药的标签应符合《兽药管理条例》的规定。实行兽药采购登记制度,如实登录购进药品的品种、数量、厂家、批准文号、生产批号、采购单位、采购日期等。

(3)最大限度地减少使用化学药品和抗生素,大力推广中草药。

(4)建设有专门的兽药室,各种药品要分类摆放整齐,尤其是激素类药品、驱虫药和毒性较大的药品,要特别注意。疫苗和其他生物制品按照储存条件存放。

(5)兽药使用前,须经兽医对猪疾患进行诊断后方可使用。

①用药必须登记,内容包括患病猪的耳号、发病时间及症状、治疗用药经过、治疗时间、疗程、所用药物的商品名称及有效成分等。

②严格遵守规定的给药途径、使用剂量、疗程和注意事项。

③严禁使用不符合国家规定和过期、失效的药品,在药品到达失效期前,兽药管理人员应及时向场(区)内负责人做出汇报,请示作废处理。

④严格执行休药期的时间规定。

⑤禁止使用未经国家畜牧兽医行政管理部门批准的、基因工程方法生产的兽药。

(6)疫苗等生物制品的使用必须在兽医指导下进行。必须按照兽用生物制品说明书及瓶签的内容及农业部发布的其他使用管理规定使用疫苗等生物制品。使用过程中,如出现产品质量及技术问题,必须及时向县级以上农业行政管理机关报告,并保存尚未用完的兽用生物制品备查。

## 二、饲料、兽药及生物制品的入场处理

### (一)消毒处理

饲料、兽药及生物制品等所有投入品在入场前应密闭装载,入场时车辆经消毒方可入场。

### (二)入场后质检

所有入场的饲料、兽药及生物制品等投入品必须达到以下标准方可使用。

1.配合饲料质量标准

水分:不高于14%;

色泽:新鲜一致;

颜色:符合本饲料配方要求;

杂质:无杂质;

气味:无异味及异臭;

霉变:无发霉变质;

粒度:不得有整粒的谷物,混合均匀。

重量:误差不允许超过5‰。

抽样要求:抽检随机取样,抽检率为总数的10%。抽检要随机取样,确保具有代表性。对抽查结果做详细记录。

2.玉米质量标准

水分:低于16%;

色泽:脐色鲜亮,新鲜一致;

颜色:黄白或白色;

气味:无异味、异臭;

霉变:无霉变,无结块;

杂质:不得含有玉米以外的物质,杂质总量不得超过1%;

形状:均匀一致,无碎粒,无虫蚀。

3.豆粕质量标准

水分:一般在14%左右;

色泽:新鲜一致;

颜色:呈浅黄褐色或淡黄色;

气味:无异味,无异臭;

杂质:不得含有豆粕以外的物质;

其他：不规则碎片状，无虫蚀，无腐变，无结块。

4. 麦麸质量标准

水分：不超过15%；

色泽：新鲜一致；

外观：呈细碎屑状；

颜色：呈浅褐色；

霉变：无发霉，无结块；

其他：不得含有麦麸以外的杂质，无异味无异臭。

5. 鱼粉质量标准

水分：含量不超过14%；

外观：呈浅黄色、棕褐色、红棕色或青褐色，形状均匀一致的粗粒状，色泽新鲜一致，无结块，不得含沙及鱼粉以外的物质；

气味：稍有鱼腥味，口味有点鱼肉松的味道，无酸腐、氨臭等异味。

6. 预混料质量标准

色泽一致，无异味异臭，无结块 ，无发霉变质，混合均匀。

7. 兽药验收标准

(1)必须注明“兽用”字样。

(2)必须注明兽药的名称、规格、生产日期、执行标准、有效期、生产厂家及联系方式等。

(3)兽药产品必须注明主要成分、含量、作用、用途及方法，用量及注意事项等。

(4)必须在保质期限内，有兽药检验合格证。

(5)封口必须严密，产品的性状必须符合规定。

8. 疫苗和其他生物制品验收标准

(1)生产企业必须是通过农业部GMP认证合格的生物制品生产企业。

(2)注明“兽用”字样，标明批准文号、执行标准、产品名称、生产企业名称及联系方式等。

(3)必须附说明书，注明主要成分及含量、接种对象、作用及用途、用法及用量、贮存方法及有效期限内。

(4)必须注明包装规格、生产批号、有效期限、生产日期等。

(5)必须经检验合格，并有检验合格证及在有限期限内。

(6)冻干苗必须是真空包装封口。

(7)油苗必须为混合均匀，不出现分层现象。

### 三、过期投入品的销毁处理

所有饲料、兽药及生物制品等投入品实行采购登记制度和使用登记制度，做到先进先出。投入品仓库专人专管，在仓库内不得堆放其他杂物，药品按计量或用途及存储要求分类存放。建立完善的投入品购入和使用记录。严禁使用过期变质的饲料、兽药和其他投入品。对于过期的兽药、用剩下的疫苗和疫苗瓶等应作销毁处理，并做好销毁记录。

## 第四节　生物安全体系建立

### 一、生物安全总体要求



健全的生物安全体系要求生物安全领导机构健全，配备有执业兽医师，统筹领导全场安全工作。生物安全管理制度健全，落实到位。全场实行封闭管理，谢绝参观。

### 二、生物安全体系控制

#### (一)人员的控制

在养殖场，人员进出频繁，造成病原传入概率很大，一种是机械性带入，另一种是生物性传播。当人员接触了患病畜禽或被病畜禽污染的设施之后再进入养殖场，就会发生机械性传播。对于既感染人又感染动物的病原，则可能通过人员造成生物性传播。感染了这种病原的人员接触畜禽之后，就可能将病原传给畜禽。因此，从某种程度上讲，人员是畜禽疫病传播中最危险、最常见、也最难以防范的传播媒介。控制养殖场人员的活动，对于防止疫病的传入和蔓延具有更重要的意义。必须靠严格的制度进行有效控制。

(1)所有职工上岗以前必须进行生物安全知识培训，经考试合格后方可上岗。

(2)对所有工作人员定期进行生物安全制度培训考核。

(3)生产人员应定期进行健康检查，防止人畜共患疾病。

(4)休假结束返回后必须在生活区集体宿舍隔离 24 h 方可进入生产区。

(5)进入生产区，淋浴、洗手消毒，穿工作服和胶靴，戴工作帽，或更换衣鞋，进入或离开每一栋舍时要养成洗手消毒、踏消毒池消毒鞋靴的习惯。尽可能减少不同功能区内工作人员交叉现象。

(6)不准对外诊疗与本场相同的动物及其他动物的疫病。

(7)技术人员在不同单元区之间来往巡视应遵循:从清洁区至污染区、从日龄小的畜群到日龄大的畜群、从健康群到发病群的顺序。

(8)远离外界畜禽病原污染源,不进屠宰场和畜禽交易市场。家中禁止饲养与养殖场相同的动物(最好不要饲养动物)。

(9)尽可能谢绝外来人员进入养殖场参观访问,经批准允许进入参观的人员必须走人员专用通道,严格遵守场内防疫制度。

### (二)车辆的控制

(1)本场车辆进入办公区按清洗、风干、再消毒的程序进入。

(2)外来小车进接待区须经场长批准按清洗、风干、消毒再经消毒池的程序进入。

(3)拉猪车辆必须在防疫负责人指定专人的监督下,按先在远离猪场的地方清洗干净、风干、消毒。

(4)送货车辆必须要有油布覆盖,否则坚决拒收;门卫进行全方位车辆消毒,其司机穿上防疫服、戴防疫帽、套鞋套后保证不下车可驾车进入,需下车按进生活区程序办理。全程要有防疫负责人或指定专人陪同以监督执行防疫规范。

### (三)进场物资控制

(1)所有生产物资必须严格消毒方可进入生产区,根据物资种类分别采取熏蒸、臭氧、消毒液擦拭等方式。

(2)员工所携带的手机,钥匙、被褥、服装等物品进行臭氧消毒。

(3)不准将猪、牛、羊肉及其制品带入场内,食堂不准采购买猪、牛、羊肉。

### (四)猪舍内外环境的控制

(1)猪场生产区舍外环境保持清洁卫生,每周消毒2次,使用专用车辆和设施对包括所有的污道净道及猪舍中间地带进行消毒,一定要全面,剂量准确,药液量充足,保证药效。生活区环境可由门卫负责执行清扫和消毒,保持清洁干净,每周消毒2次。

外环境消毒可用2%火碱,百毒杀、戊二醛、碘制剂等消毒剂,交替使用。

(2)猪舍内环境消毒

①猪舍内每周进行2次带猪喷雾消毒,包括所有地面、栏杆设施。猪舍内料槽每次喂料均须清洁干净,如有污物和剩渣应及时清理干净。猪消毒,应用刺激性小的消毒剂。如过氧乙酸、百毒杀、戊二醛、碘制剂等消毒剂,交替使用。

②猪舍门口的消毒及洗手盆的消毒液每周更换1次,保证有效性。

③配种圈舍每天用清水冲洗，保持干净。每周消毒2～3次。

④转猪后猪舍的清洗消毒　每栋的猪群转出后对地面、墙壁、顶棚、设备及排污通道等进行彻底的清扫。用高压水枪清洗干净，浸泡猪舍至少2～3 h，关闭门窗，确保浸泡效果。用2%火碱喷雾消毒猪舍。等猪舍干燥后再用清水清洗干净。2～3天后再用碘制消毒剂1∶800喷雾消毒或用高锰酸钾、福尔马林进行熏蒸消毒。空舍5～7天后方可进猪。

⑤产房消毒　待产母猪进产房前用30℃左右清水加消毒剂淋浴消毒后方可进入产房。擦洗仔猪的毛巾的消毒可用百毒杀或新洁尔灭进行洗涤消毒。当分娩母猪出现难产须助产时，助产人员须修剪指甲，手及手臂用清水清洗，打上肥皂，使手臂光滑，方可操作。对仔猪断脐、剪牙，应用碘酊严格消毒以防污染。

**(五)工具管理**

(1)养殖场的器具和设备必须经过彻底清洗和消毒之后方可带入畜禽舍使用，所有工具各栋专用。



(2)饮水、喂料器具应定期清洗、消毒。

(3)工作服应保持清洁，定期消毒。

**(六)猪群的控制**

(1)实行全进全出制。分别以场、生产区、栋舍为单位，每栋尽量做到免疫状态相同、年龄相同、来源相同、品种相同。

(2)确保引种安全。严格种猪引进制度，坚持自繁自养。必须引进种猪时，引种前应调查产地是否非疫区，确定非疫区后需在具有《种畜禽生产经营许可证》资质的场选购。所引进种猪入场前应全部进行采血检测，猪瘟、口蹄疫、伪狂犬病免疫抗体水平合格，无猪瘟、口蹄疫、伪狂犬病野毒感染猪只才能入场。严格按照GB 16567规定进行检疫，并取得检疫合格证明，场方需提供免疫情况的系谱、繁殖生产性能、引种证明等相关资料。猪只在装运及运输过程严禁接触其他偶蹄动物，运输车辆在装猪前卸车后要进行彻底清洗消毒。引进的种猪隔离观察30天以上，经兽医检验确定为健康合格后，方可投入生产。

(3)转群管理　转群是生猪养殖过程中的重要工作，当猪生长到一定阶段要转移到相应的圈舍进行饲养，这样分群饲养有利于日常的生产管理以及猪群的生长发育。在转群过程中，由于多种原因会发生转群应激，方法不当会影响猪群健康和以后的饲养管理，因此做好转群前后的管理工作至关重要。

①断奶仔猪转保育　断奶仔猪转保育要实行“全进全出”的原则。在转群前要将保育舍进行全面的清理以及消毒，以达到彻底消灭病原微生物的目的，避免转群

后断奶仔猪由于抵抗力差而患病，在转群前，对断奶仔猪进行分群，尽量让个体大小、体质、以及健康度保持均匀，这样方便转群后的管理。

为断奶仔猪转群后提供适宜的环境。在断奶仔猪转群时，尽量使保育舍的生活环境与产房相似，维持产房的光照程序，先保持全天的光照，以免晚上仔猪不采食。转群后，饲料仍然用转群前的饲料饲喂，以避免突然换料而使仔猪产生应激，饮水的温度也要控制与舍温相接近，可以在水中添加抗应激类药物，可以减轻断奶仔猪在转群过程中的各种应激反应。

②保育转育成　保育转育成时要注意猪群质量，尽量做到“全进全出”。在分群时，要让体重、大小、健康程度一致的猪分为一群，避免以大欺小、以强欺弱的现象，减少育肥过程中个别体弱猪抢不到料的现象。

注意育成舍的温度控制，采取一定措施提高舍内温度。注意训练猪群，养成三点定位的好习惯。

③配种后转群　母猪配种后的前 3 天、配种后 9～13 天、22～30 天，这三个时期是受精卵较为脆弱的时期，应避免转群。可以在母猪发情配种后马上转走，也可以配种后一个月再转群，这样可以提高胚胎的成活率，一定不要在配种后一个月内转群，否则会造成胚胎死亡。



④妊娠母猪转产房　妊娠母猪转入产房时如果操作不当，会造成生产时死胎数量增加或早产，在母猪转群上产床时要特别注意，动作要温和，减少不必要的损伤。

（4）出售与淘汰　猪场各类型猪（包括淘汰猪、去势猪、肥猪、种猪等）出场，统一由猪场专车运送到 3 km 以外规定场所进行装猪出售，一经出场不得返回。车辆在指定场所清洗消毒后方可返回，进入场区前再次清洗消毒后可进入场区内。展厅每次接待客户后严格进行喷雾消毒。

场内所有病死猪由场内指定车辆统一运送到 1 km 以外指定地点，由无害化处理厂收集车辆运走。

种猪出售做好完善的销售记录与客户档案，其他类型的猪出售做好详细记录。

**（七）生物媒介控制**

（1）养殖场内不允许饲养其他动物（如犬、猫等）。

（2）防鸟。在栋舍、料库窗户安装防鸟网。

（3）防鼠。定期开展防鼠灭鼠工作，将饵料放在老鼠经常出没的地方捕杀老鼠，注意及时清理死鼠并进行无害化处理。

（4）灭蚊、蝇、蜱。猪舍走廊及舍外环境喷洒消杀剂，以杀灭蚊、蝇、蜱等昆虫，防止疾病的传播。

### (八)无害化处理

(1)病死猪由场内指定车辆统一运送到 1 km 以外指定地点,由无害化处理厂收集车辆运走,按要求进行无害化处理。

(2)胎衣和死胎做深埋无害化处理。

(3)粪污经沼气厌氧发酵后资源化利用。

(4)疫苗瓶等废弃物深埋无害化处理。

## 三、生物安全体系相关制度

### (一)原种猪场生物安全管理制度

(1)门卫管理

①一切外来人员不得进入场内。

②负责职工、运送物料人员、车辆出入的记录、消毒、监管工作,保证消毒池、消毒通道消毒液有效浓度。



③负责监督职工是否按规定程序出入(职工出入要求:换衣服、鞋,按规定路线,经过紫外线照射,洗手消毒)。

(2)隔离管理　所有职工进入生产区必须在隔离区隔离 48 h,由专人监督,经过严格洗澡消毒,换工作服后(内、外衣服)可进入生产区。

(3)装猪台车辆管理　猪场各类型猪(包括淘汰猪、去势猪、肥猪、种猪等)出场,统一由猪场专车运送到 3 km 以外规定场所进行装猪出售,一经出场不得返回。车辆在指定场所清洗消毒后方可返回,进入场区前再次清洗消毒后可进入场区内。

(4)展厅管理　展厅每次接待客户后严格进行喷雾消毒。

(5)病死猪管理　场内所有病死猪由场内指定车辆统一运送到 1 km 以外指定地点,由无害化处理厂收集车辆运走。

(6)外来车辆人员管理　除去运送物料车辆,其他车辆严禁进入场内办公区,运送物料人员不得离开驾驶室,不得下车走动。

严禁一切外来人员进入场内。

(7)预防免疫管理　严格按照预防免疫程度进行接种、用药,不得漏种、错种疫苗。

(8)具体卫生消毒管理

①车辆及人员消毒　严格按照人员及车辆出入场区消毒管理制度和人员出入生产区消毒管理制度执行。

②物品的消毒

A.所有生产用品在放入生产区之前应先用消毒液(百毒杀)冲洗后放入生产区,在猪舍熏蒸消毒时一同消毒。

B.严禁猪舍之间互相借用生产用具。如必须借用,需用消毒液冲洗方可使用。

C.购入的工作服熏蒸消毒后才能发放。

D.饲养员工作服应每周消毒1～2次,保证干净。

E.更衣室内的工作服及胶鞋每天晚上用紫外线消毒。

F.饲养员进入生产区所用的床上用品,须进行熏蒸消毒后方可带入。

熏蒸方法每立方米用高锰酸钾14 g,福尔马林28 mL计算进行消毒,熏蒸24 h。

③猪舍外环境消毒

A.猪场生产区舍外环境保持清洁卫生,每周消毒1次。使用专用车辆和设施对包括所有的污道净道及猪舍中间地带进行消毒,一定要全面,剂量准确,药液量充足,保证药效。

B.生活区环境可由门卫负责执行清扫和消毒,保持清洁干净,每周消毒2次。

C.外环境消毒可用2%火碱,1∶1 500的二氯异氰尿酸钠及1∶400的碘制消毒剂,交替使用,环境喷雾消毒时要斜向上成45°进行消毒。



④猪舍内环境消毒

A.猪舍内每周进行2次喷雾消毒。包括所有地面、栏杆设施。带猪消毒,应用刺激性小的消毒剂。如过氧乙酸1∶2 000或1∶800的碘制消毒剂交替使用。

B.猪舍内料槽每次喂料均须清洁干净,如有污物和剩渣应及时清理干净。

C.猪舍门口的消毒及洗手盆的消毒液每周更换1次,保证有效性。

D.配种圈舍每天用清水冲洗,保持干净。每周消毒2～3次。

⑤转猪后猪舍的清洗消毒

A.每栋的猪群转出后对地面墙壁顶棚设备等进行彻底的清扫。用高压水枪清洗干净,浸泡猪舍至少2～3 h,关闭门窗,确保浸泡效果。

B.用水枪冲洗房舍及排污通道。

C.用2%火碱喷雾消毒猪舍。

D.等猪舍干燥后再用清水清洗干净。

E.2～3天后再用碘制消毒剂1∶800喷雾消毒或用高锰酸钾、福尔马林进行熏蒸消毒。空舍5～7天后方可进猪。

⑥产房消毒

A.产房房舍及设施消毒同以上猪舍消毒。

B.待产母猪进产房前用30°C左右轻水加消毒剂淋浴消毒后方可进入产房。可用1∶800碘制消毒剂。

C. 擦洗仔猪的毛巾的消毒可用百毒杀或新洁尔灭进行洗涤消毒，对仔猪断脐，应用碘酊严格消毒以防污染。

D. 当分娩母猪出现难产须助产时，助产人员须修剪指甲，手及手臂用清水清洗，打上肥皂，使手臂光滑，方可操作。所有环节的消毒所用消毒液交替使用，稀释浓度有效充足，保证全方位消毒。

**(二)原种猪场卫生防疫制度**

(1)门卫负责来往人员、出入车辆的消毒工作，保持消毒池内的消毒液的有效浓度；负责监督外来人员，外来人员未经批准严禁进入场区门。不准在传达室逗留。

(2)猪场工作人员进入猪舍间必须更换胶鞋并通过消毒液，严禁跨越消毒池，严禁将场外的鞋穿进场内。

(3)饲养员应及时更换内、外更衣室消毒池内的消毒液并保持有效浓度。

(4)猪舍内每周消毒 2～3 次，环境每周消毒 1～2 次。



(5)经常开展灭鼠、灭蚊 、灭蝇工作，除猪以外场内禁止饲养任何偶蹄目动物。

(6)禁止饲喂任何冻结、腐败、变质饲料，出现上述情况及时向场长报告。

(7)饲养员一般不许离场离岗外出，外出归来进场上岗必须洗澡更衣并进行相应消毒后方可进场上班。

(8)对请假归来的员工必须在办公区隔离 48 h 后方可进入生产区，在隔离期间听从办公室领导的统一安排，保证隔离消毒的效果。

(9)非饲养人员严禁进入场区。

(10)所有场内职工不准将猪、牛、羊肉及其制品带入场内，食堂不准购买猪、牛、羊肉入场。

**(三)原种猪场引种管理制度**

(1)坚持自繁自养原则。

(2)必须引进种猪时，引种前做好供种场疫病流行情况调查，只能从伪狂犬病阴性场引种。

(3)严格按照 GB 16567 规定进行检疫，并取得检疫合格证明，场方需提供免疫情况的系谱、繁殖生产性能、引种证明等相关资料。

(4)所引进种猪入场前应全部进行抗体水平检测，全部为伪狂犬 gE 抗体阴性才可入场。

(5)猪只在装运及运输过程严禁接触其他偶蹄动物，运输车辆在装猪前卸车后要进行彻底清洗消毒。

(6)新引进种猪进场前对隔离场的猪舍、职工宿舍、更衣室、食堂、道路、装猪台等集中进行全面的卫生清理，不留任何死角，做到干净整洁。卫生清理完以后用不低于5%的火碱对全场进行喷雾消毒。

(7)卸车时应防止损伤种猪，卸完后不要急于哄入圈舍，应在原地休息30 min再缓慢哄入猪舍。分栏完成后，应对猪只进行消毒，喷一些有气味的药物(如来苏儿、空气清洁剂)，并有专人看护12 h以上，防止猪只打斗。

(8)进猪前确保饮水器及主管道的存水放干净。到场后12 h内不给种猪饲喂饲料，保证清洁充足的饮水，饮水中最好加一些电解质、多维或饲喂青绿饲料。饲喂饲料要逐渐加量，3～5天后恢复正常喂量，并且在饲料中加一些抗生素(如支原净、阿莫西林)，个别生病猪要及时进行治疗。

(9)引进种猪入场后做好隔离和检测工作。外引种猪必须隔离45天，隔离期间加强饲养管理和猪群健康状况的观察，并全群逐头采样进行伪狂犬gE、gB抗体检测，gE抗体阴性且gB抗体合格猪只方可进入种猪群，不合格猪只淘汰处理。



### (四)原种猪场猪舍清洗消毒操作规程

为保证猪群正常生长所需的适应环境，对猪舍的清洗消毒作如下规定：

(1)猪舍空圈后，对猪舍彻底的清扫，清除料槽中的剩料、药品及操作间的饲料，打扫干净，清除漏粪地板下的粪便，保持干净。

(2)冲洗：猪舍打扫干净后，用清水对猪舍彻底清洗，包括地面、栏杆、料槽、暖气板、暖气管、天花板、漏粪地板下面、污道、下水道等保持干净。

(3)消毒：猪舍清洗后，可用1∶500的氯制剂、碘制剂等消毒液进行喷雾消毒，间隔24 h后用2%的火碱进行喷雾消毒，湿度保持70%～80%，间隔2～3天用清水冲净，空舍一周后方可使用。

(4)消毒药消毒后，可用高锰酸钾、福尔马林进行密闭熏蒸消毒。2天后打开猪舍通风，无味后即可使用。

(5)对急需使用的猪舍，在打扫、清洗干净后，可用消毒液按一定浓度进行消毒，间隔24 h，再用火焰消毒器进行火焰消毒后即可使用。

### (五)原种猪场卫生标准

1.猪舍卫生

(1)地面、料槽、漏粪板上面无粪饼、粪渣；无积尿；清除12 h以上的陈旧性饲料；没有明显的其他杂物。

(2)空栋冲洗时，漏粪板扣面、边内侧面、地面等处夹缝没有粪、料残渣。

(3)舍内墙壁没有粪渣；没有其他污迹；没有蜘蛛网；没有人为损坏痕迹。

(4)舍内污道要保持干净,不能有粪堆;污道面不能有撒落的粪渣、粪粒;用扫帚清理干净。没有明显的积尿;在清粪时必须清理漏粪板下的积粪,保持干净,没有明显的陈旧性粪。

(5)栏杆、暖气管、暖气片没有明显的灰尘;没有蜘蛛网;没有粪迹、料渣;没有粘性湿物(如猪口液、苍蝇屎等)。

(6)门、窗及其玻璃没有明显的灰尘;没有明显的污迹;窗台没有明显的灰尘。

(7)操作间饲料要摆放整齐,地面上没有撒料,垫板下面不能有散料,饲料袋要叠好摆放整齐,不能沾水,地面要保持清洁,不能有蜘蛛网;袋口绳要做匝挂于墙上,不能乱放;药品、注射器、针头全部摆放整齐放于药箱内,不得放在地上;药瓶、药盒等废弃物放在固定的箱子,每天清理一次。火碱放在远离有水的地方,并且下面有垫板。

(8)饮水桶外表无明显的灰尘;里面无积水、无异味。没有蜘蛛网。每次饮水之前必须刷洗后方可使用。



(9)温、湿度计干净无苍蝇屎,湿度计加水要充足。吊在栋舍中间距地面1.5 m。完整无损坏。

(10)栋舍消毒池用2%火碱,或按规定用药的配比浓度,消毒水要保持干净清澈,消毒池内无其他杂物,消毒水深4～5 cm,始终有有效的消毒水。

(11)料车中的剩料没有超过10 kg的料,用料袋将料车盖住,严禁将料暴露在外;轮胎正常,附件正常,严禁带病使用;严禁装载其他物品;日常消毒时同时进行雾化喷淋;料铲不得用作他用,喂料完毕应放在料车里用料袋盖住;喂料前,净道、料槽、圈面干净,无污物、杂物;净道等圈外没有人为洒落的干净料;漏粪板下面没有新鲜的料;空气中没有明显的粉尘感觉;每头猪均能吃上,保证最弱的采食不低于最强采食量的2/3;喂料1 h后净道、圈面外没有鲜料;喂料1.5 h后非自由采食的圈舍所有地面、料槽没有该次喂料的剩料;自由采食的圈舍,每个料槽下掉下来的料不得超过0.1 kg;特殊病猪,料不得超过半天时间。

(12)粪车附件齐全、不带病,能正常工作;粪车没有1天以上的陈旧性粪便;粪便清理要彻底,无洒落,避免溅到墙上。装粪时粪的最高线距粪车上边缘10 cm,运输粪的途中没有洒落在路上的粪渣;当天用完后彻底消毒。

(13)风机、配电箱、湿帘干净完整,无明显的灰尘、杂物、苍蝇屎、蜘蛛网等,没有裸露的电线。

(14)空栋2天内清干净栋内杂物。潮湿状态下栏杆、料槽、地面、漏粪板上下面,侧内、沟盖板正反、四周面;污沟、墙壁、门、玻璃、水管、料车、料铲、粪车、屋顶等工具用手摸没有黏性物。玻璃用消毒药擦干净。

2.出猪台、展厅、转猪道卫生

没有粪渣,没有塑料袋、料袋、砖等杂物。玻璃、窗台干净;水管放在固定位置。卖猪后立即消毒。

3.工作服卫生

(1)干净整洁,没有陈旧性污迹,没有明显的破损。

(2)每周消毒一次。

(3)车间外不穿车间内工作服。

4.料库卫生

(1)停机期间地面没有料尘;

(2)不拉料期间地面没有散料;

(3)不加工期间,袋装料堆附近没有明显的散料;散装料堆没有零碎的散料;

(4)窗台没有明显的陈旧性尘土;

(5)没有老鼠、猫;

(6)没有霉变颗粒,没有鸟粪;

(7)没有蜘蛛网;

(8)未允许的其他物品不得带入料库;

(9)原料、成品料色质正常,没有异味。

5.环境卫生

(1)粪车、拖拉机、三马车、消毒机、有必要物品放在规定地方。

(2)路面干净,没有料袋、塑料袋、瓶、壶、纸、电线、铁器、泡沫等未允许物品;路沿整齐,路沿以内没有杂草。

(3)未经允许,没有粪堆。

(4)栋舍之间及路两边卫生没有料袋、纸片、泡沫、粪堆、没有建筑垃圾;水管、电线等杂物。

(5)没有未盖的下水井。

(6)杂草不超过 10 cm。

6.职工宿舍卫生

(1)被子折好摆放整齐,日常用品摆放整齐。

(2)地面、窗台、玻璃要保持干净;墙壁不能乱写乱画。

(3)各种物品摆放整齐。没有禁放物品。没有异味。

(4)每周消毒一次。

### (六)无害化处理制度

(1)每栋猪舍的粪便每天由专人定时清理,送往沼气池进行无害化处理。运送病猪和猪粪的车辆,须经污道运送,不得走净道,严禁造成交叉污染。粪污装运严禁洒落。运送车辆保持清洁干净,不得有漏积粪污在车辆死角发酵。

(2)对病猪进行严格检查,尽快确诊,及时隔离、观察、治疗。

对病死猪在解剖台解剖后无菌区病料送化验室做生物学检查,尸体进化尸井焚烧深埋无害化处理。建立病死猪无害化处理档案,保存 3 年以上。

接触病猪和解剖化验人员,不得随便进入生产区,如需进入必须经场长批准后,严格履行消毒净化程序后方可进入生产场区,接触健康生产猪群。

(3)疫苗瓶、兽药瓶及废弃疫苗兽药等废弃物做焚烧深埋无害化处理。

# 第五节　免疫接种与监测



## 一、免疫

免疫接种是给动物机体接种抗原(疫苗、菌苗)或免疫血清等生物制品,激发机体产生对相应病原体的特异性抵抗力,从而达到保护个体乃至群体,预防和控制传染病的目的。在预防传染病中是最经济、有效方便的手段。

### (一)免疫计划

制定合理的免疫程序。根据本地区疫病流行情况,结合本场实际,制订合理的免疫程序,做到及时免疫,防止免疫空白,要保证全场猪群常年处于有效免疫期内,避免疫苗注射的盲目性。石家庄市牧工商开发总公司原种猪场免疫程序见表 3-8。

**表 3-8　免疫程序**

| 阶段 | 日龄 | 疫苗名称 | 剂量 | 方法 | 备注 |
|---|---|---|---|---|---|
| 仔猪 | 7 | 喘气 | 1 头份 | 肌肉注射 | |
| | 15 | 圆环病毒 | 1 头份 | 肌肉注射 | |
| | 20 | 喘气 | 1 头份 | 肌肉注射 | |
| | 25 | 猪瘟 | 1.5 头份 | 肌肉注射 | |
| | 35 | 伪狂犬 | 1 头份 | 肌肉注射 | 勃林格 |
| | 50 | 口蹄疫 | 2 mL | 肌肉注射 | 合成肽 |

续表 3-8

| 阶段 | 日龄 | 疫苗名称 | 剂量 | 方法 | 备注 |
|---|---|---|---|---|---|
| 仔猪 | 60 | 猪瘟 | 1 头份 | 肌肉注射 | |
| | 80 | 口蹄疫 | 2 mL | 肌肉注射 | 合成肽 |
| 后备猪 | 167 天 | 细小病毒 | 2 头份 | 肌肉注射 | 间隔 4 周强化一次(195 天) |
| | 174 天 | 猪瘟 | 2 头份 | 肌肉注射 | |
| | 180 天 | 口蹄疫 | 3 mL | 肌肉注射 | |
| | 187 天 | 乙脑 | 1 头份 | 肌肉注射 | |
| | 210 天 | 伪狂犬 | 1 头份 | 肌肉注射 | |
| 经产母猪 | 产前 35 天 | 圆环病毒 | 1 头份 | 肌肉注射 | |
| | 产前 28 天 | 副猪 | 1 头份 | 肌肉注射 | |
| | 产前 28 天 | 伪狂犬 | 2 头份 | 肌肉注射 | |
| | 产后 25 天 | 猪瘟活疫苗 | 2 头份 | 肌肉注射 | |
| | 断奶时 | 口蹄疫 | 3 mL | 肌肉注射 | 与空怀母猪同时 |
| | 4 月上旬 | 乙脑 | 1 头份 | 肌肉注射 | 普免 |
| | 3 月、9 月 | 细小病毒 | 1 头份 | 肌肉注射 | 普免 |
| 公猪 | 4 月上旬 | 乙脑 | 1 头份 | 肌肉注射 | 普免 |
| | 3 月、9 月 | 猪瘟 | 2 头份 | 肌肉注射 | 普免 |
| | 3 月、9 月 | 口蹄疫 | 3 mL | 肌肉注射 | 普免 |
| | 3 月、9 月 | 伪狂犬 | 2 头份 | 肌肉注射 | 普免 |
| | 3 月、9 月 | 细小病毒 | 1 头份 | 肌肉注射 | 普免 |



**(二)免疫接种前的准备工作**

(1)检查疫苗和器械的安全性。实施疫苗免疫接种前认真检查所购疫苗是否为正规生物制品厂家生产、是否有正规批号、是否在有效期内、是否在规定的温度中保存,接种疫苗的器械是否消毒,数量是否够用。

(2)了解猪群健康状况。如近期精神、食欲、饮水、疾病等状况;饲养管理、饲喂饲料、饲养密度等情况;接种动物临床检查确认健康后方可进行免疫。

(3)根据动物种类、日龄、用途等合理选择器械。注射器、针头、疫苗稀释瓶等器械应洁净,使用前用高压灭菌法、加热煮沸消毒法等消毒。灭菌后器械应无菌保存备用。

### (三)免疫接种过程中的注意事项

(1)免疫接种过程中要做好各项消毒工作,尤其接种疫苗的用具要严格消毒;

(2)做到"一畜一针头",防止交叉感染;

(3)疫苗应现配现用,用专用稀释液进行稀释(冷开水或纯净水),严禁用温开水或自来水;疫苗的稀释倍数、剂量都要严格按照说明书规定进行;

(4)疫苗稀释后应放在阴凉干燥处,2 h 内用完,弱毒苗 6 h 内用完,未用完的应做废弃无害化处理;

(5)准备好抗应激药物,防止应激发生。

### (四)做好免疫接种后续工作

(1)免疫接种后 30 min 内,应注意观察动物精神、食欲、行为状况等有无异常。判断是否出现接种不良反应,并做好不良反应处理。



(2)做好免疫档案和标识的管理,建立完整的免疫档案。做好免疫接种记录,包括接种日期,畜禽群的品种、日龄、数目,所用疫苗的名称、厂家、生产批号、有效期、使用方法及操作人员等,以备日后查寻。

(3)按规定做好接种器械及废弃物的处理。对使用过的疫苗空瓶、酒精棉、一次性注射器以及废弃疫苗,应进行无害化处理。疫苗接种后所有使用过的容器、用具必须进行彻底的消毒。

(4)接种弱毒活疫苗前后 5 天避免使用药物和使用消毒剂饮水。

### (五)紧急免疫接种

当周围地区发生疫情时,要按照当时兽医部门的要求进行紧急免疫。

## 二、监测

### (一)免疫监测

(1)免疫后 30 天进行免疫抗体监测,确保免疫效果。

(2)免疫抗体未达到规定要求时,尽快实施一次加强免疫,确保免疫效果。

### (二)监测计划

为了掌握我场主要疫病的免疫效果,确保不发生重大动物疫病,根据《中华人民共和国动物防疫法》《重大动物疫情应急条例》结合我场实际,制订该监测计划。

1.主要监测病种及项目

猪瘟、伪狂犬、口蹄疫及猪繁殖与呼吸综合征等四种疫病的免疫监测及病原监测。

2.采样检测时间

(1)仔猪、保育阶段　每季度一次进行随机抽检,每次不低于20头,检测猪瘟、猪伪狂犬、口蹄疫、猪繁殖与呼吸综合征的免疫抗体,检测猪伪狂犬感染抗体。

(2)待售种猪　50 kg体重时进行随机抽检,每两个月一次,每次不低于20头,检测猪瘟、猪伪狂犬、口蹄疫、猪繁殖与呼吸综合征的免疫抗体,检测猪伪狂犬感染抗体。

(3)后备猪　全部采集血清和扁桃体,检测猪瘟、猪伪狂犬、口蹄疫、猪繁殖与呼吸综合征的免疫抗体,检测猪瘟、猪伪狂犬、口蹄疫、猪繁殖与呼吸综合征的病原。

(4)种猪群　每年随机抽检两次,抽检比例不低于10%,结合疫病净化实施方案进行,检测猪瘟、猪伪狂犬、口蹄疫抗体、猪繁殖与呼吸综合征的免疫抗体,检测猪瘟、猪伪狂犬、口蹄疫、猪繁殖与呼吸综合征的病原。

(5)其他

①在春、秋季集中免疫之后,配合当地畜牧兽医主管部门的春防和秋防工作于6、12月分别开展一次集中监测。

②在周边地区发生主要动物疫病和新发动物疫病时,及时组织进行应急监测。

3.样品的采集

采样应按农业部《无规定动物疫病区管理技术规范(试行)》中“样品采集、保存及运输技术规范”要求进行。抽样比例不低于1%,样品数量不低于20份。

4.监测实施及结果运用

(1)监测实施　本场采样,委托石家庄市动物疫病预防与控制中心进行相关检测。

(2)结果运用　根据检测结果进行分析,若为群体免疫效价不合格时,及时分析原因进行补免;检出病原学阳性结果的,及时进行淘汰处理。

## 三、猪群保健

### (一)药物预防与驱虫

群体进行药物预防也是重要的防疫措施之一。在某些疫病流行季节之前或流行初期,应将安全有效的药物加入饲料、饮水中,进行群体预防,可收到明显的效果。根据季节和日龄定期进行预防投药。具体药物预防保健方案如下:

1.母猪群

配方一、80%支原净 200 g+10%多西环素 1 000 g+黄芪多糖 200 g+板蓝根 1 000 g(冬春秋季);

配方二、澳力壮(富乳素)1 000 g(后备猪、断奶猪添加);

配方三、10%磷酸泰乐菌素 10%磺胺二甲嘧啶 1 000 g+10%多西环素(阿莫西林)1 000 g(夏季);

配方四、阿苯达唑伊维菌素预混剂(3~4 月、9~10 月各 1 次,每次 7 天,隔 20 天再加 7 天)。

2.产房母猪产前产后

配方一、80%支原净 200 g+康舒秘 300 g+10%多西环素 800 g+电解多维 500 g;

配方二、林可大观霉素 1 000 g+阿莫西林 200 g+电解多维 500 g+黄芪多糖 200 g。



3.小猪

出生时:3 天注射易速达 0.2 mL+生血宝 2 mL;

断奶时:瑞可新 0.3 mL;

转保育后:80%支原净 200 g+康舒秘 300 g+10%多西环素 1 000 g+黄芪多糖 200 g。

4.育成猪

配房一、黄芪多糖 200 g+电解多维 500 g(转猪时);

配方二、80%支原净 200 g+10%氟苯尼考 1 000 g+黄芪多糖 200 g;

配方三、20%替米考星 800 g+10%氟苯尼考 1 000 g+10%多西环素 1 000 g(磺胺六钾)+黄芪多糖 200 g。

5.产房母猪

产猪前 2~8 h:注射长效土霉素 15 mL;

产完胎衣排净后:输宫炎丸一粒;

对子宫炎的:用 2%~3%环丙沙星生理盐水 500 mL 冲洗,隔 4~6 h 再用 300~600 IU 青霉素配成 100 mL 的生理盐水输入子宫内;

产猪时输液:(1)0.9%生理盐水 500 mL+阿莫仙 6 支+地米 10 mL+鱼腥草 50 mL;(2)10%葡萄糖 500 mL+VC 20 mL+COVB 30 mL+催产素 3 支;(3)甲硝唑 200 mL。

### (二)诊断与治疗

(1)每天巡视观察猪群的精神状态、采食情况、粪便、眼结膜、是否有眼屎、体表变化、死亡等情况,及时发现异常情况。

(2)发现异常情况,及时根据临床症状、病理变化进行初步诊断,及时采取措施进行治疗。

(3)治疗过程中严禁使用禁用药物,严格执行休药期。

(4)如怀疑为传染病,采集血清和病料送化验机构进行确诊,如是口蹄疫、非洲猪瘟等重大疫病应及时逐级上报,启动应急预案。

(5)应急预案

①制定完善的疫情应急预案,根据疫情情况及时采取措施。

②实施预警机制,养殖场应该时刻保持高度的警惕性,关注周边地区的疫情;周边发生疫情时,要及时采取封场措施,加强人员和车辆的封闭管理,强化各项消毒措施,绝疫病的侵袭。



③当发生疫病时,应执行“早、快、严、小”的原则,及时发现、诊断,及时采取综合措施,有效控制疫情的传播。当发生烈性传染病如:非洲猪瘟、口蹄疫、猪瘟等疫病时,快速隔离患病动物,上报疫情;应严格封锁疫区;通知临近受威胁单位做好预防工作,对其他受威胁动物进行紧急免疫接种;加强消毒,严格无害化处理死亡动物尸体与淘汰患病动物。定期驱除体内外寄生虫。

# 第六节　科学饲养管理

## 一、科学饲养管理

### (一)猪群管理原则

(1)按品种、性别、年龄、体重及不同生理生产阶段,对猪只进行分群管理、分段饲养,喂给各种配比适宜,营养均衡,满足各生产阶段营养需要的配合饲料,保证各类猪充分发挥其生产潜力。

(2)公猪年更新比例达30%;母猪年更新比例25%～30%。

(3)配种和妊娠前期母猪,重点做好母猪发情配种,提高受胎率和分娩率。母猪产仔期抓好母猪泌乳,使仔猪吃好初乳,过好出生、补料、断奶关。保育期重点做好仔猪旺食期的饲养,促进生长发育,提高仔猪体重。

(4)初生仔猪打耳标、称出生体重、断尾、防疫注射、补铁、补硒等工作。断奶前做好驱虫、公猪去势、称重等工作。

(5)猪只转群时,应按体重大小强弱分群,分别进行科学的饲养管理,注意防暑降温和防寒保暖。

### (二)无公害生产操作规程

1.种公猪

(1)种公猪的使用　种公猪年龄达到7月龄以上,体重100 kg以上方可参加配种;使用年限。2～3年;1.5岁公猪每周采精2～3次,2～5岁公猪每周采精4～5次。

(2)饲喂标准　日喂次数2～3次,日喂量2～2.5 kg,青年公猪3 kg。

(3)日常管理　每季度称重一次,幼龄公猪体重应逐渐增加,成年公猪体重几乎无变化,保持七八成膘情;定期检查精液品质,据此及时调整饲料营养及采精次数;每日驱赶公猪运动30 min,冬季中午,夏季早晚进行;每周用温水刷试猪体1次,每半年修蹄1次;配种前应将公母猪外阴部擦洗干净。



2.后备、空怀母猪

(1)后备母猪年龄达到7月龄,体重100 kg以上可进行人工授精配种。母猪使用年限6～8胎。

(2)后备、空怀母猪日喂2～3次,每日喂量2～3 kg。

(3)后备、空怀母猪在一个情期可交配2～3次,配种方式人工授精。后备母猪最好在第三个情期配种。

(4)配种后28天不再发情即确认妊娠,转入妊娠猪舍。

(5)技术员和饲养员每天应通过压背、观察外阴和行为变化,用公猪试情检查母猪是否发情。

(6)配种时必须按配种计划进行,注意保持环境安静,必要时给以辅助。

(7)配种后用手轻压母猪腰部,防止精液外流。并及时填写配种记录。

(8)对长期不发情的母猪可通过公猪诱情、运动、注射激素等促使其发情。

(9)每天上下午各清粪、打扫卫生1次,保持栏舍干净整洁。

3.妊娠母猪

(1)保持环境安静,圈舍干燥清洁,减少母猪应激,防止流产。检查重发情母猪。

(2)日喂2～3次。妊娠前期日喂2～2.5 kg,后期85～110天日喂2.5～3 kg。

(3)预产前15天进行体内外驱虫。

(4)每天上午、下午各清粪、打扫卫生1次，保持栏舍干净整洁。

4.哺乳母猪和仔猪

(1)哺乳母猪分娩当日不喂料，产后逐步增加饲料量。日喂4次，第5～7天起按2 kg+仔猪数×0.25 kg的标准饲喂。断奶前1周逐渐减少喂料量。断奶当天不喂料。

(2)产前应备好红外线灯或电热板、碘酒、剪刀、结扎线、纱布、盆以及垫草等。

(3)分娩前用温肥皂水清洗乳房及外阴部，仔猪出生后立即用纱布擦去口、鼻中及全身黏液，在离脐孔4 cm处掐断或剪断脐带，断处用碘酒消毒，然后放在保温箱中保暖。

(4)注意保持产房的干燥与温暖(以20～24℃为宜)，生后3天内保温箱温度以32～33℃为宜。

(5)仔猪出生后应让其尽早吃上吃足初乳，做好固定奶头及无乳仔猪的寄养工作。

(6)产后24 h内称重、打耳号、填写产仔记录。

(7)产后3天内给仔猪补铁、补铜、补硒，给予预防黄白痢药物。

(8)7日龄开始给仔猪补料。应少给勤添，随仔猪日龄的增长逐渐增加补料次数和数量。注意保持料槽清洁。

(9)10～15天进行公仔猪去势。

(10)21日龄断奶，母猪转入配种舍，仔猪留在原栏继续饲养1周。

(11)31～35日龄时仔猪转入保育舍。

(12)随时清理粪、尿、污物，用水冲洗，保持栏舍干净整洁。

5.保育仔猪

(1)根据仔猪大小、强弱、性别、品种分栏，每栏8～10头。

(2)转入后继续饲喂乳猪料，前3天应适当限食，以后逐渐增加，7天后采用自由采食。更换饲料要经过5～7天的过渡期后才能完全变过来。

(3)对刚转群的仔猪要精心护理，防止受冷，保持舍内温度26～30℃。

(4)体重20～30 kg转入育成育肥舍。

(5)每天上午、下午各清粪、打扫卫生1次，保持栏舍干净整洁。

6.育成育肥猪

(1)原则上原群为一栏，个别弱小者挑出来集中饲养。换喂育成料，50 kg换喂育肥料。

(2)每天上午、下午各清粪、打扫卫生1次，保持猪舍干净整洁。

(3) 90～100 kg 出栏上市。

### (三)档案记录

(1)生产记录　内容有转群、生长发育、饲料消耗记录等。

(2)种猪系谱记录　内容包括种猪来源、血统、品种、特征、主要生产性能等记录。

(3)饲料记录　内容包括饲料和饲料添加剂来源、品质、配方、加工及使用情况等记录。

(4)卫生防疫记录　内容包括免疫、消毒、用药、发病和治疗情况等记录。

(5)销售记录　内容包括每批出场猪的耳号、数量、销售地等记录,以备查询。

(6)档案记录保存期二年。

## 二、发情鉴定



每天鉴定两次,喂料后 0.5～1 h 开始进行,上午 8:00～9:00,下午 5:00～6:00,先将公猪赶到母猪栏内,让其自由拱或爬跨母猪,对发情不明显的母猪检出率高,用公猪试情比普通发情检出率高 20%～25%。听到公猪的叫声,闻到公猪的气味,母猪两耳直立,多数抬头静立,精神高度集中,两眼发直发呆,部分猪还有交配行为表现,当鉴定员接近压背时母猪静立不动,检查阴户内壁有透明的黏液,可拉成丝,阴道壁淡红的基本上是发情时间较短,潮红的是发情中期,由红变白的是发情后期,对于经产猪一般在发情中后期配种效果较好。通常情况一天鉴定两次,上午鉴定出发情的,下午或第二天上午配种,间隔 12～24 h 配种较好;如果一天鉴定一次的,鉴定出发情的当天就配种,不致错过最佳配种时期。

## 三、人工授精

### (一)公猪精液的采集

(1)将公猪带入采精圈,使其适应环境,在采精圈的假畜台上洒有母猪的尿液,能够受到母猪气味的刺激,使其爬跨,然后开始采精。

(2)要手握公猪螺旋状的阴茎头以使公猪射精,公猪以为阴茎头插到了母猪的子宫颈中。

(3)在采精时进行过滤,防止脏东西进入集精杯,胶体可直接从精液中分离。

(4)防止光直射,特别是日光,采精时,让阴茎朝下,拇指向上,这样保证最少的精液和手或手套接触,第一部分精液,即开始的约 10 mL 不要收集;因为已经被细菌或蛋白质严重污染;收集精子密度大的部分。

**（二）精子质量检查**

(1)检查前的准备工作　恒温载物台、载波片要加热到 35～37℃，以便使精子活动正常；

(2)精子活力的检查　可在放大 100～200 倍的视野里进行观察，重点观察两个数值，视野中活动的精子占总精子数的比例，呈直线运动的精子占总精子数的比例。

主要检查一个显微镜视野中做直线运动的精子占精子总数的百分比，因为只有做直线运动的精子才能到达授精部位与卵子结合完成授精过程。注意视野中的精子有以下几种运动状态：直线运动、圆圈运动、几个精子附着胶体或污染颗粒尾部摆动、不动。只有做直线运动的精子才有受精能力。

要观察多个视野，这项工作一般完全靠经验。做直线运动的精子占总数的比例为 80%，记作 8。其他以此类推这就是所谓的“十级评分法”。

如保存一天后，用之前，也要对稀释后的精子活力进行检查。

(3)精子密度检查　测量精子密度是为了确定原精的最大稀释份数，以便使人工授精经济、结果可靠。精子密度指 1 mL 精液中的精子数，一般以“亿/mL”为单位。测定原精的密度时，有时为了操作方便，以每含 30 亿或 40 亿精子所需要的毫升数或克数来计算。可利用精虫密度计进行检查。



**（三）精液的稀释**

(1)稀释剂　一般含有 3 种成分：精子的营养物质，保持精子所处环境渗透压和 pH 平衡的成分和抑制细菌繁殖的抗生素。稀释剂要保证质量，才能保证精液的质量。

(2)稀释份数的确定　猪一次射出的精液中含有 100 亿～1 000 亿精子，因此可供几头母猪使用。通常情况下，一次输入 80 mL，精液中含有 15 亿做直线运动的精子就足够了。在实际生产中，通常配制成 80～100 mL 的稀释剂量，最少含有 30 亿精子，假设活力为 6，则作直线运动的精子约有 18 亿，能够进行一次输精用。

稀释份数＝原精毫升数/含 30 亿精子所需要毫升(克)数

(3)稀释与保存

①用吸管把原精等量放入输精瓶中，然后倒入稀释液，或者所有原精一起稀释，然后等量分装。

②一般在 35℃等温条件下，把稀释液倒入。注意要缓慢倒入，且用玻棒轻轻搅拌。

③稀释后的精液在实验室温条件下，4～5 min 降低 1℃，直到室温。贮存于 17℃的恒温箱中。

(4)稀释时一般把稀释液倒入精液中,也可以反过来,但保证两者之间的温度相差不能差别太大。

(5)精液稀释后,在输精瓶上贴上标签或直接标记公猪号和采精日期,以便确定哪头公猪的精液,以及贮存的时间。

(6)长时间保存必须放在17℃恒温箱或装有控温空调的17℃恒温贮藏室中。

**(四)子宫深部输精**

猪子宫深部输精,是利用特制的输精导管将精子驻留于距子宫颈15～20 cm子宫腔内一种输精技术。输精时,将泡沫头型输精管插入到位并锁紧后,将一硬度适中的细管插入输精管(一般经产猪长度为16 cm,后备母猪长度为10 cm),再将细管头部捻入到子宫颈与子宫的结合部位。细管尾部插接精液或精精液袋后,即可将精液用力挤入,精液沿细管并通过细管头部的两侧也射入双侧子宫角,完成输精操作。

深部输精时应注意,在回抽细管时,查看细管白色头部有无血迹。如果插入细管时感觉到阻力,必须抽回细管再重新插入。插入子宫内输精管的时间不超过1 min,整个输精操作平均不超过5 min。



## 四、性能测定

**(一)繁殖性能测定**

包括下列性状:窝均总产仔数、窝均活产仔数、初生重、出生窝重、断奶个体重、配种受胎率、哺乳期成活率、泌乳力、断奶间隔、母猪年均分娩窝数。

**(二)生长性能测定**

包括始重、末重、日增重、校正达100 kg日龄/天、背膘厚、料肉比6个性状。

测定时要求选择日龄相同、体重相近、健康、无遗传疾患的猪只。其中对断奶仔猪测定,要求断奶猪转仔培进行保育饲养管理,达20～25 kg时,按照要求数量的转入测定舍,预试期7天,期间完成驱虫、免疫,饲料、营养、环境、饮水等保持相对稳定,专人饲养,早晨空腹,上午称重,用B超测量背膘厚。

# 第七节　效益分析

伪狂犬病净化从2011年底开始,2015年12月净化完成,进入阴性场的维持阶段,生产技术指标有了明显提高,经济效益显著。

## 一、净化前后生产技术指标对比情况

净化前后（2011 年与 2015 年）窝产仔数、断奶成活率、育成成活率、年产窝数等生产技术指标对比情况见表 3-9。

**表 3-9　净化前后生产技术指标对比情况**

| 年份 | 窝产仔数/头 | 窝产活仔数/头 | 窝产健仔数/头 | 断奶成活率/% | 年产胎数/胎 | 育成成活率/% |
|---|---|---|---|---|---|---|
| 2011 年 | 10.62 | 10.01 | 9.23 | 93.12 | 2.09 | 94.8 |
| 2015 年 | 12.25 | 11.81 | 10.92 | 96.52 | 2.23 | 97.62 |
| 对比 | +1.63 | +1.8 | +1.69 | +3.4 | +0.14 | +2.82 |

## 二、新增经济收入情况

按每头育成猪销售价格 1 500 元计算，每头母猪增加经济收入 9 270 元，净化完成后，试验场伪狂犬病野毒抗体阴性种猪群 619 头，则增加经济收入 573.8 万元。

每头母猪年提供育成猪数＝窝产活仔数×年产胎数×断奶成活率×育成成活率

净化前：每头母猪年提供育成猪数＝10.1 头/窝×2.09 窝/年×93.12%×94.8% ＝18.63 头

净化后：每头母猪年提供育成猪数＝11.81 头/窝×2.23 窝/年×96.52%×97.62%＝24.81 头

增加经济收入＝(24.81 头－18.63 头)×1 500 元/头＝9 270 元

9 270 元×619 头＝573.8 万元

## 三、社会和生态效益

净化完成后，在试验场伪狂犬病野毒抗体阴性种猪群规模达到 619 头，年可为社会提供阴性健康商品猪 14 000 头，其中包括阴性优质种猪及二元母猪 3 000 余头，加快了全社会伪狂犬病净化的进程。开展疫病净化与防控，符合畜牧业从“小规模饲养、粗放型经营”向“规模化养殖、产业化经营”转变，从“低收入、低成本”向“高收入、高成本”转变的需求；开展疫病净化，符合公众对安全放心的动物产品和良好的公共卫生安全服务的需求。净化有利于增强消费者信心，提高企业知名度、促进企业品牌化形成，有利于维护良好的公共卫生安全。

# 第四章　河北美神种猪育种有限公司净化案例

河北美神种猪育种有限公司是唐人神集团大华北战略的重点工程。公司位于衡水市武邑县，占地 18 $hm^2$，总投资 2.1 亿元，包括一个 1 200 头基础母猪的原种猪场以及一个 1 200 头母猪的扩繁场。场区及配套设备均由美国最大的育种公司 Whiteshire 设计和提供。2013 年 10 月，公司从 Whiteshire SPF 核心场引种 1 200 头核心群级和曾祖代级原种猪投入生产。现有员工 62 人，大专学历 20 人，本科 5 人、硕士 2 人。同时与中国农大、河北农大、湖南农大等高校建立了合作关系，得到科研院所、专家、教授的大力支持。

2014 年，美神种猪育种有限公司结合本场情况，制定了完善的伪狂犬病净化方案，并按照方案分步开展净化工作。经过 4 年的努力，2017 年达到了伪狂犬病净化创建场要求，同年提出了验收申请；2018 年 7 月 7 日至 9 日，何启盖教授带领中国动物疫病预防控制中心组织专家团队到场进行现场审核。经过材料审核、现场审查、采样检测几个环节的评定，河北美神种猪育种有限公司以 92.5 分通过了现场评估，成功通过农业农村部验收。同年 11 月，中国动物疫病预防控制中心对本公司“动物疫病净化创建场”进行授牌。

## 第一节　猪伪狂犬病净化技术方案

### 一、工作内容和目标

#### (一) 工作内容

通过以基因缺失疫苗全面免疫并配合血样检测淘汰野毒抗体阳性猪。

#### (二)净化目标

猪场不存在猪伪狂犬病临床病例，且免疫抗体阳性率达 100%，连续对种猪群进行猪伪狂犬病野毒抗体监测，且全部为阴性，没有猪伪狂犬病野毒感染抗体检出，视为达到净化标准。

## 二、净化路线及步骤

### (一)净化路线图(图 4-1)

图 4-1　净化路线图

### (二)净化步骤

1.本底调查阶段

2014 年 11 月 10 日，开展本底调查，按照种母猪群数量的 10%、种公猪全群采样，gE-ELISA 抗体检测。

2.全群免疫阶段

种公猪每年普免 3～4 次，母猪产前 4 周免疫。

3.“检测-淘汰”阶段

2014 年 11 月 20 日，完成全场所有经产母猪、生产公猪、已经入群的后备母猪检测。同时，自 2014 年 11 月 20 日开始至 2017 年 6 月 20 日止，历时 22 个月对测定选留的后备母猪进行检测。

4.稳定控制阶段

2015 年 12 月开始，设立非免疫母猪哨兵猪占母猪数量 2%～3%，或最低为 10 头母猪。不免疫哨兵母猪分别在猪群的配种前，怀孕后 40～50 天，80～90 天，产后 2 周分别检测 gE-ELISA 抗体，其后代于 3～4 周龄检测。

5.维持净化阶段

2016 年 1 月～2017 年 12 月陆续对全场不同阶段猪只随机抽样进行 gE 抗体检测，如均为阴性，达到净化标准。

## 三、实施方案

### (一) 成立净化小组

净化小组以场长任组长，负责总体调度工作；场内 2 名技术主管为副组长，负责具体事务安排；驻场兽医及各栋舍管理员等6人为组员，全面负责全场伪狂犬净化的免疫、采样、检测工作。

**（二）疫苗与检测试剂的准备**

1.疫苗及免疫

选择伪狂犬病毒 gE 基因缺失疫苗。种公猪每年普免3～4次，母猪产前4周免疫。

2.抗体检测试剂盒

使用 gE-ELISA 试剂盒检测野毒抗体，使用 gB-ELISA 试剂盒检测免疫抗体，试剂盒均选用业内评价良好的试剂公司产品，以保证检测结果的准确可靠。

**（三）种猪群伪狂犬病野毒感染状况的调查**

自2014年11月10日开始，对饲养生猪开展本底调查，按照种母猪群数量的10%、种公猪全群采样。经 gE-ELISA 检测，血清样品的 gE 抗体阳性率低于10%，确定实行“检测-淘汰”的净化方案。



**（四）检测淘汰**

1.种猪群检测

对种母（公）猪逐头进行 gE 抗体检测。种母猪 gE 抗体阳性，3天后再复查，如仍为阳性，直接淘汰；对可疑样品，可重新检测，以排除操作误差，如仍为可疑，则在3天后再采血，重新检测，判定结果。

妊娠母猪和空怀母猪如为 gE 抗体阳性，不作种用；gE 抗体阳性的公猪直接淘汰。

2.后备种猪的检测

对仔猪分周龄以10%的比例抽样检测。gB 抗体阳性率达95%以上，视为免疫合格；合格率低于70%，分析是疫苗原因还是生猪自身原因，若是疫苗质量问题可更换疫苗加强免疫一次，若是生猪自身原因，可加强免疫一次，仍不合格，淘汰免疫抗体阴性猪；gE 抗体监测如为阴性即可作为种猪使用；如为阳性，淘汰处理。

后备猪达到65 kg 开始选留，选留下来的后备猪在100～110 kg 时采集血清及扁桃体进行检测，gB 抗体合格且 gE 抗体为阴性、伪狂犬核酸阴性的留作后备猪，其他的淘汰处理。

**（五）维持监测**

1.哨兵猪监测

监测淘汰1年后，设立非免疫母猪哨兵猪（野毒抗体和免疫抗体均阴性），占母猪数量 2%～3%，最低为 10 头母猪。不免疫哨兵母猪分别在猪群的配种前，怀孕后 40～50 天，80～90 天，产后 2 周分别检测野毒抗体，其后代于 3～4 周龄检测，gE 抗体阳性做淘汰处理。gB 抗体不合格的进行补免，仍不合格的做淘汰处理。

2. 种猪群监测

对阴性猪群，种公猪每半年全检一次；经产母猪分胎次以 20% 的比例抽样监测，每年 2 次；其他母猪与仔猪按 10% 比例抽样监测，每季度 1 次，每年 4 次监测猪群的维持的状况，保证所有母猪每年全部监测一次。

# 第二节　场区布局研究应用方案

## 一、选址

公司位于河北省武邑县赵桥镇，占地 18 $hm^2$，地处华北平原中部，地势平坦，四季分明，为典型温带季风气候。场区周边 3 km 为传统农作物，5 km 内无畜禽养殖及加工企业，场址选择符合《中华人民共和国畜牧法》（第四十、四十一条）和《中华人民共和国动物防疫法》（第十九条）。场区外道路完全硬化，向西距离 S40 省道 2.4 km，向东距离 106 国道 2.2 km，交通便利。场区用水来自自打深井，经省水环境检测中心及专业水质监测机构出具的谱尼水质检测报告，场区用水符合国家标准。场内建有污水处理厂，每月可处理污水 500 t。场区环境相对独立，采取封闭管理模式，人、车、物进出场区均要进行严格消毒。



## 二、场区布局设计

### （一）总体布局

1. 分区管理

场区外设置中转站，场内划分内场与外场，外场包括门岗、办公/生活区共 3 个分区；内场包括生产区、生活区、无害化处理区、污水处理区共 4 个小分区，实施严格的分区管理制度，保证各分区环境独立。内、外场门禁处设置消毒池、消毒通道、熏蒸房等防疫消毒设施；各分区配备消毒地垫、消毒桶、消毒药，执行严格消毒制度。

(1) 中转站

①位置：中转站设置在场区外 2 km 处，周边为种植区。

②用途：中转站作为场内外物资的转运场所，包括生猪、垃圾、生活物资及其他场内用品。外来货运车辆不进入场区，在此处进行货物转运、消毒，再由本场车辆运输至场内。

③设施设备：中转站地面全部硬化，配备有车辆洗消设施，包括高压水枪、全自动车辆消毒设备、背负式喷雾器等，来往车辆在此处进行彻底冲洗、消毒。配备生石灰等消毒药，每次车辆在转运完毕后，场地均要进行消毒。

(2)外场

①门岗

A. 位置：设置在场区大门处。

B. 用途：包括门卫办公室、人员消毒通道、浴室、车辆消毒通道、车辆熏蒸棚、物品熏蒸房。门卫办公室为门卫工作场所，负责来客接待及入场登记，包括人员消毒登记、物品消毒登记、车辆消毒登记等；消毒通道与浴室为进场人员及随身物品消毒、人员洗浴场所。车辆消毒通道为进场车辆清洗消毒处；熏蒸消毒间用于对需进场的，如车辆、饲料、兽药等物品的熏蒸消毒。



②办公/生活区

A. 位置：由门岗经消毒通道即为外场办公/生活区。

B. 用途：此区域分设办公区、生活区，建有办公室、检测室、食堂、宿舍、澡堂、员工娱乐室等设施，为员工日常工作生活场所；检测室相对独立，可进行生猪抗体检测、病原检测等。

(3)内场

①门岗

A. 位置：设置在外场与内场相接的唯一出入口处。

B. 用途：包括人员消毒通道、浴室、车辆消毒通道、物品熏蒸室；主要用于人员、车辆、物资进入内场的清洗、消毒。

②生产区

A. 位置：处于整个场区中部。

B. 用途：此处为生产核心区域，生猪繁殖、育种、饲养均在此区进行。

③无害化处理区

A. 位置：无害化处理区位于整个场区的最北端。

B. 用途：无害化处理区内建有降解池及解剖室，降解池用于病死猪的无害化处理；解剖室用于病死猪的剖检诊断。

C. 设施设备：场区采用堆积发酵法对病死猪进行无害化处理。堆积发酵处为混凝土开放式隔间，隔间上建有雨棚，周边树立围挡，防水、防风，地面硬化，并做防渗处理。解剖室内配备解剖台、解剖器械、个人防护用品、消毒药、酒精棉、消毒机、紫外线消毒灯、消毒桶等用具。病死猪使用专用车辆进行运输。

④生活区

A. 位置：内场生活区处于场区西南侧，与外场办公/生活区处于平行位置。

B. 用途：此区域建有宿舍、兽医室，为内场员工生活场所。

⑤污水处理区

A. 位置：污水处理区位于整个场区的西边，距离生产区 100 m，有人工池塘相隔。

B. 用途：全场粪污在此区域进行无害化处理。建有沼气池、沉淀池、曝气池、氧化塘等处理区。产生的沼气用于发电和生活用燃气，净化后水源可用于灌溉，沼渣及有机污泥可作为有机肥直接还田。

C. 设施设备：配有沼气发电设备及沼气管道，供应场区电力及燃气配备专用粪罐车，用于沼渣、污泥的运输。

⑥ 中转料塔

A. 位置：处于场区南侧，紧邻场区外墙。

B. 用途：用于饲料转运、储存。运输车辆在清洗消毒后，不进场区，直接将饲料隔墙打入中转料塔。饲料在料塔存放 48 h 后，由内场车辆运至各栋舍料塔。

2. 道路设计

场区道路完全硬化，净道、污道分开。

3. 排水设计

按照雨污分流的设计理念，地面上设置排水渠，地下铺设直通污水处理区的排水管网。

4. 隔离设施

(1)场区周围建有围墙，场区内设置有防鼠、防鸟设施。通过在栋舍周边铺设石子，在通风口处设置防鸟网，防止鼠鸟等生物侵入。

(2)场区外主要进出道路上设置消毒池，同时在距场区大门 1 km 处设置生物安全警示标志。

## 三、栋舍布局与设计

### (一) 栋舍布局

为满足全进全出的生产模式要求，按照生猪不同生长时期，设置有公猪站、后备舍、配怀舍、保育舍、育肥舍、隔离舍，另建有出猪台。各栋舍之间相距 50 m 以上，各自独立，由封闭式的赶猪道相连接。

### (二)养殖栋舍设计

1.栋舍结构

栋舍采用双坡式设计,全封闭式结构。中间为封闭式走廊,两侧设置独立带门隔间,每栋共有20个隔间,隔间内为养猪栏舍。栋舍内另设兽医室、休息室、隔离舍。

2.栋舍设施

(1)地面设计　栋舍地面采用漏缝地板设计,漏缝地板宽1.22 m,长3.03 m,板缝比例6∶1,缝宽为2.5 cm,缝与缝之间相隔15 cm。既保证猪的舒适度,又保证粪便可以漏到下方集污池中。产房小猪地板为浸塑地板,同时在地板上采用循环热水进行保温。

(2)饮水加料设备　采用全自动饮水加料设备,且在每个猪栏上设置流量调节器,在自动饮水加料的同时,可手动调节,实现精细化管理。全场采用干湿料槽,在减少粉尘的同时,提高饲料利用率。



(3)加药设备　加药设备设置于栋舍的供水主管道上,具有定量、调节功能,药物随饮水系统供与生猪。

(4)环境控制设备

①通风调节系统　各栋舍采用美国AirWorks通风调节设备,实现了栋舍环境的全自动调节,此系统可以自动检测栋舍温度、湿度,自动对舍内风机进行控制,净化舍内空气,确保舍内环境适宜。

②降温设备　除了AirWork系统外,各栋舍内设有喷雾降温系统及针对母猪的滴水降温系统。公猪站内还增设湿帘风机及空调设备。

③保暖设备　栋舍内建有冬季采暖设备。另外,场区在保育舍及分娩舍配备了保温板、保温灯,保证新生仔猪生长环境,提高仔猪成活率。

(5)消毒设施　栋舍门口配备消毒桶、消毒垫、高压水枪,用于进出人员消毒;配备干粉消毒机用于栋舍内消毒。储备常用消毒药,定期对栋舍进行消毒、清理。

(6)人员防护设备　各栋舍内常备人员防护设备,包括工作服、手套、胶鞋、口罩等。以上设备只能在本栋舍内使用,其中可以重复使用的必须定期消毒;一次性的要集中回收,再做处理。

## 第三节　投入品控制研究应用方案

场区按照自身实际,制定了《投入品管理使用制度》,并严格遵照执行,对场区内涉及的投入品，主要包括饲料、兽药、疫苗等，自采购环节到使用环节进行全流程监管。

## 一、饲料

### （一）饲料的运输

场区配备有 2 台专用料车，一车负责场外饲料运输，一车负责场内取料投放。临近场区围墙，设置了 9 座中转料塔，饲料运回后，外场料车隔墙将饲料打入中转料塔，内场料车由中转料塔取料，打入各栋舍料塔。上料前后，均会对车辆进行彻底清洗、消毒，避免饲料残留变质、杀灭病原。

### （二）饲料的接收

1. 核查验收

料车在起运前，需对饲料品质进行查验，检查饲料产品是否存在霉变、结块现象。采集饲料样品进行备份留存。

2. 消毒入库

料车在中转站进行洗涤消毒，并在场区大门处进行车辆及饲料的熏蒸。以上工作完成后，进行登记入库。登记内容包括饲料名称、生产厂家、数量、生产批号、入场日期、保质期等信息。入库资料单独存放，长期保存，专人管理。登记完成后，将运送来的饲料打入中转料塔。

### （三）饲料的储存

场区现有封闭式中转料塔 9 个，可储存饲料约 39 t。栋舍料塔容量分为 3.5 t 和 5.5 t 两种规格。根据饲养阶段的不同，以至少保证 5～7 天饲喂量为标准，为各个栋舍配备料塔。

### （四）变质饲料的处置

1. 定期巡查

仓管人员每日对饲料用量、存量进行测算，并做好登记。对每日投放饲料进行检查，查看是否有结块、发霉情况。对发现的问题饲料进行统一收集，统一堆放，统一处理，禁止饲喂动物。

2. 处理方法

问题饲料不可私自进行焚烧，须集中运送至场区北边降解池进行堆肥发酵，用于土壤改良剂或制造有机肥。处理饲料时要做好信息登记，填写无害化处理记录表，内容包括饲料种类、来源厂家、处理数量、方式、日期、处理人等。

## 二、兽药

### (一)兽药的进场管理

1.进场核查

在进场前,要对兽药产品进行视检,查看外包装是否完整,包装内是否存在结块,针剂查看液体色泽的均一程度等。

2.消毒入库

兽药进场需进行消毒处理。小批量兽药进场须经消毒通道,经过喷雾及紫外线灯照射进行消毒;大批量的兽药进场需要在熏蒸房进行熏蒸。兽药入库时,对照实物登记药品名称、批号、生产日期、保质期、托运人员等信息。入库登记档案要单独存放,专人负责,长期保存。

### (二)兽药的储存



1.分类储存

兽药储存库要保持通风、干燥。兽药入库后,根据其说明书的存放条件、种类、批号对兽药分类储存。处方药与非处方药分开,内用药与外用药分开,具有危险性的药物与普通药物分开。兽药堆放时需与墙壁、地面、屋顶保持一定距离,避免受潮失效。

2.定期巡查

仓管人员每周对兽药储存仓库进行清点、整理,清除地面杂物及无用的外包装,检查兽药包装是否破损,是否存在泄漏。及时淘汰过期、霉变、包装破损,以及标签不全的兽药,做好报废处理。对于冷藏保存的,要每日检查冷藏柜的工作状态,防止因机械故障造成兽药失效。

### (三)兽药的使用

在使用兽药时应注意以下原则:

(1)坚持治疗为辅原则,对症下药,切勿滥用药物,使用时注意配伍禁忌。按照兽药说明书使用,不可随意加大剂量或扩大用药范围。

(2)建立完整的兽药使用记录,对用药情况进行详细登记,内容包括药物名称、使用期限、停药期限、剂量等信息。遵守用药规定,用药处方要进行保留。

(3)严格执行国家有关兽药管理使用规定。严禁使用国家明令禁止的药物;禁止在饲料和饮水中添加激素类药物和国家规定的其他禁用药品;禁止将原料药直接在饲料饮水中或直接饲喂;禁止将人用药品当作兽药使用。

(4)在兽药的使用上严格执行休药期规定;在猪出栏或屠宰前及时停药,避免药物残留,影响人体健康。

## 三、疫苗

### (一)疫苗的选择

(1)所选择疫苗厂家具有疫苗生产资质,且产品具有国家生产批号,并可在药监局网站进行查证。疫苗的来源要合法、可靠,尽量选择有资质的大型厂家生产的疫苗,不可自配疫苗,以免产生风险。

(2)制订符合自身实际的采购计划。结合所在地流行毒株,疫情流行情况,场区养殖规模、免疫程序、特殊情况下紧急接种用量,在驻场兽医的指导下确定采购品种、数量。

### (二)疫苗的进场管理

1.进场核查

对照实物核对疫苗名称、生产企业、规格、数量等信息,查看疫苗包装是否有破损。由于疫苗施行冷链运输,所以在疫苗接收时还要查验疫苗运输温度记录表、设备温度记录表、异常情况登记表等相关登记。

2.消毒入库

使用消毒剂对疫苗的外包装进行擦拭后,进行入库登记,登记内容包括疫苗类型、生产厂家、批号、规格、数量、入库时间等。

### (三)疫苗的使用

(1)严格按照制定的免疫程序进行免疫,不可盲目乱用。

(2)使用前要将疫苗回复至室温,避免造成应激。同时检查疫苗瓶身是否有破损、漏气,疫苗色泽与物理性状是否发生改变等,如发现上述异常情况,不可使用。

(3)使用时严格按照疫苗说明书规定进行稀释,稀释后要充分摇匀在使用。按照规定用量使用,剂量过大或过小均可能造成免疫失效。

(4)疫苗一旦进行稀释后要在尽量短的时间内用完。环境温度在 25℃以上,1 h 之内用完;15～25℃,2 h 之内用完;15℃以下,4 h 之内用完。

(5)不同病种的疫苗接种时间要间隔 7～10 天。

(6)疫苗接种时,一头猪换一个针头。完毕后,注射时用具要进行消毒处理,每个疫苗批次留存 1～2 瓶疫苗,如出现问题,作为查找依据。

(7)疫苗接种后,观察免疫后生猪是否存在应激反应,注射部位是否存在红肿、隆起等现象，如出现异常情况，及时联系驻场兽医，同时详细记录疫苗种类、批号。

(8)做好免疫登记，认真登记疫苗批号、生产厂家、免疫时间、耳标号、稀释浓度、注射剂量等信息。

**(四)疫苗的储存**

(1)场区内设冷库，购置有冰柜、冰箱等设备。依照疫苗的不同储存条件进行分类储存，做到储存得当、排列有序、先进先出。

(2)定期对疫苗存放地的设备运行情况进行检查，每日填写设备运行记录，防止因停电、机械故障造成疫苗失效。巡查中对疫苗存量进行清点，定期对疫苗存放地点进行清理、消毒。

**(五)过期失效疫苗及废弃瓶的处置**

过期失效疫苗及废弃瓶等物品不可随意丢弃。场区设置了指定位置，用于过期疫苗的摆放。使用完的疫苗废弃瓶须统一进行收集，与仓库管理人员进行数量核对及登记后，连同过期失效疫苗统一交予专业的废弃物处理公司进行处理。



# 第四节　消毒设计研究应用方案

## 一、消毒方法

常用消毒方法包括：物理消毒法、化学消毒法、生物消毒法。在生产中，可根据不同场景的实际需求进行选择。

**(一)物理消毒法**

一般包括清洗消毒、煮沸消毒、焚烧消毒、火焰消毒、紫外线照射消毒等。

**(二)化学消毒法**

根据消毒对象的特性，选择合适的化学消毒剂，通过浸泡、刷洗、喷洒、熏蒸等方式进行消毒。

**(三)生物消毒法**

一般使用堆积发酵的方式，利用微生物繁殖产生的热量进行消毒。

## 二、消毒剂种类及选择

充分了解消毒剂的特性和适用范围。应考虑：能否迅速高效杀灭常见病原；能否与清洁剂共同使用,或自身是否具有清洁能力;最适温度范围,有效作用时间;不同用途的稀释比例;能否适应较硬的水质;是否刺激性小,无毒性、染色性及腐蚀性等。猪场定期更换消毒剂。常见消毒剂见表 4-1。

表 4-1 常用消毒剂的特性和适用范围

| 消毒剂种类 | 优点 | 缺点 | 适用范围 |
|---|---|---|---|
| 过氧化物 | —作用速度快<br>—适用于病毒和细菌 | —具有刺激性 | —预防病毒性疫病<br>—水线消毒<br>—栏舍熏蒸 |
| 氯化物 | —起效速度快<br>—对病毒、细菌均有效<br>—价格低廉 | —具有腐蚀性<br>—遇有机物和硬水失活<br>—持续效果短<br>—具有刺激性 | —栏舍熏蒸<br>—环境消毒 |
| 苯酚 | —活性维持时间长<br>—对金属无腐蚀性<br>—对细菌消毒效果好<br>—价格低廉 | —具有毒性<br>—腐蚀橡胶塑料<br>—可能的环境污染 | —水泥地面 |
| 碘制剂 | —安全性高,无毒无味<br>—起效速度快<br>—适用于病毒和细菌 | —价格较贵<br>—某些碘制剂具有毒性 | —适合足浴盆<br>—预防病毒性疫病 |
| 季铵盐类 | —适用于水线消毒<br>—细菌消毒效果好<br>—安全性高 | —有机物存在失效<br>—对真菌和芽孢效果不佳<br>—不能和清洁剂混用 | —洗手<br>—水线消毒 |
| 醛类 | —对病毒和细菌均有效 | —可能具有毒性 | —水泥地面<br>—车轮浸泡 |
| 碱类 | —起效速度快<br>—对病毒、细菌均有效<br>—价格低廉 | —可能具有毒性 | —水泥地面<br>—车轮浸泡 |

## 三、场区消毒

根据不同区域生物安全等级,制定相应的消毒管理制度,进行人员物品的消毒管理,人员及物品进入生物安全更高级别区域,须执行相应的消毒措施。

### (一)外场区消毒

1.人员控制及消毒

原则上禁止一切无关人员进入场区。确需入场的外部人员及猪场休假人员,要提前 24 h 向猪场相关负责人提出申请，并进行近期活动背景审查。活动背景审查内容包括：进场前 3 天是否去过其他猪场、屠宰场、无害化处理场及动物产品交易场所等生物安全高风险场所。审查合格后进入办公/生活区入口处洗涤消毒间进行全身冲洗。

操作流程：个人衣物一律暂存场外，包括内衣、袜子等，应使用本场提供的洗护用品彻底清洗头发及体表，特别注意清洗鼻孔、耳朵及指甲；洗澡时间不低于 30 min，洗涤完毕后更换办公/生活区专用工作服。换胶鞋后通过脚踏消毒池方可进入办公/生活区。

2. 物品控制与消毒

禁止携带火种以及任何食品进入。所有个人的衣服、鞋子、皮包、箱包均不允许进场，确需带入场区的，应征得猪场相关负责人允许，熏蒸 24 h 后带入。需要随身携带的贵重物品，如手机、钱包、眼镜等，使用酒精棉球完全擦拭后，在洗澡前放入臭氧消毒柜中消毒 60 min 方可带入。



3. 车辆控制与消毒

(1)禁止一切车辆进入场区。确需入场的车辆(如建筑用工程车)，要提前向猪场相关负责人提出申请。同意后先于场区 2 km 外中转站进行整车彻底清洗消毒，洗净沥干后方可到场区门口进行熏蒸消毒。

(2)外部运猪车仅可停靠于场区 2 km 外的中转站，禁止靠近场区。生猪由自有车辆转运至中转站，再由中转站装入外部运猪车。外部运猪车装猪前应进行彻底的清洗消毒。自有车辆司乘人员严禁进入中转站。卸猪后回场须进行人员及车辆的消毒。

(3)料车消毒

清洗消毒：外部料车于场区 2 km 外的中转站进行彻底的清洗消毒，沥干后方可向场区大门行驶。内部料车的消毒于场内进行。

熏蒸消毒：外部料车在场区门口的密闭熏蒸房进行臭氧熏蒸，要求敞开所有车门，以保证对饲料及车辆所有角落进行有效熏蒸。熏蒸时间不得少于 2 h。

(4)车辆清洗消毒操作流程：首先将消毒机调整为冲洗状态以从上到下、由内及外的顺序，对车体、驾驶室、车轮进行彻底冲洗，注意车辆隐蔽部位；冲洗干净后将消毒机调整为喷雾模式，使用 1%戊二醛或者 5%次氯酸钠等溶液整车喷雾，眼观有液滴从车体流下即可，静置 30 min，后用清水冲净，沥干。

4. 记录

建立进出办公/生活区消毒制度，逐日、逐次进行消毒记录。

(1)人员记录　在门卫处进行入场登记,包括日期、姓名、单位、进场原因、最后一次接触生猪日期、离开时间及是否携带物品等,并签署相关生物安全承诺书;洗澡前需准确登记日期、姓名、时间,洗完澡之后再进行登记日期、姓名、时间。

(2)车辆记录　在清洗消毒及熏蒸时,均需进行记录,内容包括:车牌号、车辆用途、司乘人员姓名、所属单位、开始消毒时间、结束消毒时间、消毒剂种类浓度、消毒方式。

### (二)内场区消毒

1.人员控制及消毒

人员休假回场后须在办公/生活区隔离 48 h 以上,才可以进入内场。其他人员,须在办公/生活区隔离 72 h 后,方可进入内场。有效隔离后,进入内场入口处洗涤消毒间进行全身冲洗,更换衣物。

操作流程:衣服物品一律暂存洗澡间,使用洗护用品彻底清洗头发及体表,特别注意清洗鼻孔、耳朵及指甲;洗澡时间不低于 30 min,洗涤完毕后更换生产区专用工作服。换胶鞋后通过脚踏消毒池方可进入内场。



2.物品控制与消毒

所有个人物品均不允许进场,确需随身携带的物品,如手机、眼镜等,需用酒精棉球完全擦拭后,在洗澡前放入臭氧消毒柜中消毒 60 min 方可带入。应急预案启动时,严禁携带手机进入内场。

3.进出圈舍控制与消毒

人员按照规定路线进入各自工作区,禁止进入未被授权的工作区。进出圈舍均清洗、消毒工作靴、洗手。应急预案启动时,人员应避免进入不同圈舍。如确需进入,应在生产区宿舍洗澡消毒并更换工作服和工作靴。

操作流程:先用水枪冲刷鞋底鞋面粪污,后在脚踏消毒盆(0.2%新洁尔灭,消毒液每日更换以保证浓度)浸泡消毒,每只脚消毒时间不得低于 10 s。进出栋舍都要使用硫酸氢钾(卫可)清洗手部。不同圈舍间不得混用器械物品。

4.记录

建立进出内场消毒制度,逐日、逐次进行消毒记录。洗澡前需准确登记日期、姓名、时间,洗完澡之后再次登记日期、姓名、时间。

### (三)圈舍消毒

1.带猪消毒

带猪消毒不但可直接杀灭空气中、猪体表面及呼吸道浅表的病原微生物,同时兼具净化粉尘、除臭与防暑降温的功效，是生产中最常用的消毒方式。

(1)操作流程

消毒前准备：消毒前，应首先将圈舍围栏、墙壁、地面及猪体表面的污物清洗干净，以免影响消毒效果。

喷雾消毒：消毒时从栏舍的一端开始，距猪体50～80 cm，由内向外逐步喷洒，喷洒时将喷头高举于空中，喷嘴向上喷出雾粒，喷雾量以猪体表稍湿为宜。为减少应激，消毒应在傍晚或暗光下进行，夏天可将消毒时间选在最热的时候。

水线消毒：带猪水线消毒可以使用过硫酸氢钾1:500或者用柠檬酸消毒。

(2)消毒频次　一般情况下每周消毒1～2次，春、秋疫情常发季节每周消毒3次。在有疫情发生时每天消毒1～2次。

(3)注意事项　根据猪群日龄、体况、季节和传染病流行特点等因素，有针对性地选择消毒药并适时进行轮换；免疫接种弱毒疫苗前后3天内不要进行带猪消毒，消毒后应加强通风换气，便于猪体表和圈舍干燥。湿度过高时可喷洒密斯陀粉干燥消毒。



2.空栏消毒

全进全出模式一般设置7天空栏期，空栏期间需要对圈舍、栏舍进行彻底的清洗及消毒。

(1)操作流程

消毒前准备：准备高压冲洗机、清洁剂、消毒剂、抹布及钢丝球等设备和物品，生猪转出后立即进行栏舍的清洗、消毒。

物品消毒：对可移出栏舍的物品，移出后进行清洗、消毒。注意栏舍熏蒸消毒前，要将移出物品放置舍内并安装。

水线消毒：采用浸泡消毒的方法，放空水线，在水箱内加入过硫酸氢钾1:200浓度，充满整条水线并作用20 min。

栏舍除杂：清除粪便、饲料等固体污物。热水打湿栏舍浸润1 h，高压水枪冲洗，确保无粪渣、料块和可见污物。

栏舍清洁：低压喷洒清洁剂，确保覆盖所有区域，浸润30 min，高压冲洗。必要时使用钢丝球或刷子擦洗，确保祛除表面生物膜。

栏舍消毒：清洁后，使用不同消毒剂间隔12 h以上分别进行2次消毒，确保覆盖所有区域并作用有效时间，完成后通风干燥。

栏舍“白化”：必要时使用石灰浆“白化”消毒，避免遗漏角落、缝隙。

熏蒸和干燥：消毒干燥后，进行栏舍熏蒸。密闭门窗，加热消毒剂熏蒸1～2 h。熏蒸时室内空气相对湿度要保持在60%～80%，熏蒸后空栏通风36 h以上。

(2)注意事项：消毒前，务必将圈舍、栏舍的污物清理干净，保证不留死角，确保消毒效果。

3. 日常清洁

按照场区内的卫生制度，每周进行一次卫生整理，对栋舍药房、数据室、栋舍外部进行垃圾整理，归置。

**(四)场区环境消毒**

1. 场区外部消毒

(1)每周对大门前广场、门卫室、更衣室用 0.5%的过氧乙酸喷洒消毒 2 次。

(2)人员消毒通道内的消毒垫常年保持湿润，每天喷洒消毒剂，与超声波喷雾器中的消毒剂溶液一致。

(3)办公室、宿舍、厨房及周围环境等每周大消毒 2 次。疫情暴发期间每天消毒 1～2 次。

(4)生产区入口消毒池每周至少更换池水、消毒药 2 次，保持有效浓度。

2. 场区内道路消毒

生产区道路及 5 m 范围以内和栋舍间空地每周至少消毒 2 次。疫情发生期间地面全部"白化"处理，并随时进行修补。

3. 出猪台等的消毒

赶猪通道、出猪台及磅秤等每售一批猪都必须大消毒 1 次。彻底打扫粪便、饲料等污物后，喷洒 1%火碱、1%戊二醛等溶液或洒布生石灰，静置 2～3 h 后，用水冲洗干净。

**(五)物品用具消毒**

1. 工作服消毒

猪场工作服采用"颜色管理"，不同区域、工种使用不同颜色/标识的工作服，人员离开内场，将工作服放置指定收纳桶，及时消毒、清洗及烘干。

操作流程：换下衣物随手放进洗衣机并加入过硫酸氢钾消毒药，模式调节为 60 min 强洗模式，1 h 后放入烘干机烘干以供第二天穿。

生产区工作服每日消毒、清洗。发病栏舍人员，使用该栏舍专用工作服和工作靴，本栏舍内消毒、清洗。

2. 设备工具消毒

栋舍内所使用的各种饲喂、运载工具等必须每周使用消毒剂喷洒消毒 1 次。

3.采购品消毒

养殖场采购的一切物资，去掉外包装后熏蒸 24 h 方可进入办公/生活区，如需进入生产区，则需再次熏蒸 24 h；严禁网购肉制品，以及任何含有偶蹄动物源性原料/配料的食品。

（1）食材及生活用品　生活物资集中采购，经臭氧熏蒸消毒处理后入场，减少购买和入场频率，食材生产、流通背景清晰、可控，无病原污染。偶蹄类动物生鲜及制品禁止入场。蔬菜和瓜果类食材无泥土、无烂叶，禽类和鱼类食材无血水，食用食品消毒剂清洗后入场。内场工作人员由猪场厨房提供熟食饭菜，生鲜食材禁止进入。饭菜容器经消毒后进入。

（2）兽用生物制品　疫苗及有温度要求的药品，拆掉外层纸质包装，使用消毒剂擦拭泡沫保温箱后，转入内场库房储存。

其他常规药品，拆掉外层包装，经外场区、内场区二次熏蒸消毒，转入内场库房储存。



### （六）应急消毒

猪场或周边区域发生地方政府认定的重大动物疫情，被地方政府划定为疫点、划定在疫区或受威胁区时，应按照当地畜牧兽医主管部门的规定程序及方法实施消毒和无害化处理。

猪场发生国家规定无须扑杀的病毒、细菌或寄生虫病时，应及时采取隔离、淘汰或治疗措施，并加大场区道路、圈舍周围和带猪消毒频率。

# 第五节　移动控制研究应用方案

## 一、引种

场区根据自身实际，制定了科学、合理的引种制度，并在引种过程中严格遵照执行。

### （一）活猪引种

1.活猪引种原则

（1）制订详细的引种计划，按照自身场区规模、栏舍数量确定引种数量。

（2）种猪来源必须为非疫区，选择信誉高且技术服务好的种猪场，杜绝来历不明的种猪。

(3)引种须取得畜牧主管部门许可。

(4)所引进种猪要有《系谱证》《种畜禽合格证》,检疫部门开具的《检疫合格证明》,以上证件均为一猪一证。

(5)种猪附带合法、有效的检测报告,检测项目包括猪瘟、口蹄疫、猪繁殖与呼吸道综合征、猪伪狂犬、非洲猪瘟等。以上病原检测项目必须为阴性。

2.引种前准备

(1)引种时间选择　引种时间要选择气候适宜的季节,春、秋季为佳。同时也要兼顾种源地与引入地的气候,避免因环境变化较大,造成种猪的不良反应。

(2)人员准备及培训　在引种前,抽调养殖经验丰富的养殖人员进行专门的引种培训,筹备种猪入场前工作。按照种猪的入场程序进行任务分工,具体工作包括场地设施消毒、种猪装卸、引导入舍、饲养管理及后期的查情配种、公猪调教等。

(3)隔离舍管理

①隔离舍位置:隔离舍位于内场南边,紧邻出猪台。

②隔离舍环境:隔离舍环境要保证干净、无污染。在接收种猪前要对隔离舍进行彻底的清洗、消毒,并进行熏蒸,舍内用具须进行清洗、浸泡消毒(具体方法可参照"第四节 消毒设计研究应用方案"中"空栏消毒")。

③隔离舍设施:隔离舍内设置完备的种猪养殖设备,包括自动上料设备、饮水设备、环境控制设备等。在接收种猪前对各项设备进行检查并试运行,保证其运转正常。种猪入舍前,提前打开温控设备调整到适宜温度,减少种猪应激。隔离舍地板采用漏缝地板,上铺消毒后的稻草。

3.种猪运输

(1)采用专用车辆,车厢内部安装有空气净化系统、空调系统,减少外部环境刺激,保证运输期间种猪的舒适度。在运输前对车辆进行清洗消毒及设备调试。

(2)提前规划行驶路线,以高速公路为佳,途中尽可能规避村庄、养殖场、屠宰加工企业等人员密集或重污染区域。路线规划好以后,空车试运 2 次以上,确保道路安全畅通。调运前,提前办理相关手续,尽快将种猪运输至场区隔离舍。

4.种猪接收

(1)运输车辆及随行人员管理　运输种猪车辆到达场区外中转站进行第一次清洗消毒;到达场区门口消毒通道,用消毒药对车辆进行第二次清洗消毒。

随行人员需进入隔离舍的,经消毒、沐浴后穿戴场区提供的防护服进场。司乘人员可以不进行消毒,但须紧闭车门、车窗,且不得擅自离开驾驶室。

(2)种猪卸载　此项工作要保证速度,同时要避免动作过大对种猪造成应激。

种猪下车时引导为主，切忌拉、拽、拖、抬等强制性动作。如果数量较大，可以分批进行卸载，以 10 头左右为一组，按照固定路线，分组入舍。

### (二)外来精液

场区实行自繁自养，如需外购精液则遵循以下原则：

(1)按照我国《动物检疫管理办法》有关动物精液检疫的规定，精液来源须来自非封锁区，或者未发生相关动物疫情的种用动物饲养场；

(2)供体动物未感染动物疫病，且按照国家规定进行了强制免疫，并在有效保护期内；

(3)农业部规定需要进行实验室疫病检测的，包括口蹄疫、猪瘟、非洲猪瘟、高致病性猪蓝耳病、圆环病毒病、布鲁氏菌病等，以上抗体检测结果均为阴性；

(4)供体动物有规范完备的养殖档案和畜禽标识；

(5)具有官方兽医开具《动物检疫合格证明》。



## 二、转群

### (一)全进全出

按照母猪的生理阶段及商品猪群不同生长时期，将猪群分为空怀、妊娠、哺乳、保育、育肥等阶段，同一栋舍只饲养同一阶段的生猪，实行同批同时进、同时出的管理制度。猪群中的病猪、弱猪等问题猪不随群流动，须及时淘汰。

### (二)空栏消毒

在猪群入住前，舍内要进行冲洗、消毒，彻底杀灭残留的病原，减少感染概率，经过消毒的栋舍要进行 7 天以上的空置，方可进行转群。(具体方法可参照“第四节 消毒设计研究应用方案”中“空栏消毒”)

### (三)温度调节

进行转群前，将舍内温度调整致与猪群原圈舍相同，减少应激。如断奶仔猪由产房转至保育舍，接收圈舍温度需从 30℃缓降至 23.3℃。

### (四)猪道封闭

栋舍之间建有封闭式赶猪通道，在转群之前要进行彻底消毒。赶猪时，人站在猪群后方，利用叫声促使猪前进，不要进行抽打，以防生猪受伤及应激。

### (五)加强巡栏

转群完成后要增加巡栏次数，观察猪的采食量、精神状态、粪便情况等，发现问题及时进行有效处置，对于应激较大的猪及时联系驻场兽医进行诊疗。

### (六)转群后保健

在转群后，猪由于大量活动以及惊吓，会导致自身耗能较多，产生肾上腺激素，抑制免疫系统。因此，可适当在饲料及饮水中添加药物，提升抗病能力。(具体方法可参照本节“引种后保健”)

## 三、留种与淘汰

### (一)种猪的选留

1.选种制度

以性能测定为依托，以现场选择及分子检测为手段，实行2月龄多留，60 kg初选，100 kg精选，初产阶段复选的多留种、高淘汰制大群选择法。选留期间，对选留种猪进行病原检测，杜绝带毒猪进入后备猪群。

2.种猪的选留原则

(1)种公猪选留原则　在仔猪断奶前，根据母猪历年生产数据，从状态好的母猪群里面挑选生长最好的公猪进行留种，选留标准如下：

①根据母猪的育种值和该胎母猪的产仔数进行种猪的选留，从该窝中最优秀的个体中进行选留，留种时充分考虑种猪家系及血统。在哺乳期间长白公猪选留比例为30%，其余的在仔猪出生后7～10天进行阉割。

②如果该窝里面有遗传缺陷(畸形、八字脚、锁肛、疝气、多趾)的种猪，该窝种猪所生公猪全部阉割。

③选取同窝种公猪里面生长发育最好，体型匀称，四肢强壮，左右蹄大小一致，行走稳健，吃奶有力，乳头数7对以上，排列整齐，睾丸大小均匀，左右对称，阴囊稍松弛，所选公猪一定是所有公猪里面最好的，其余的阉割掉。

④阉割时间是在公猪7～10日龄进行，不要低于7天和高于10天，如果因疾病原因可推后几天阉割。

(2)种母猪选留原则

①自留母猪一选 根据母猪的育种值和该胎母猪的产仔数进行自留种猪的选留，从该窝中最优秀的个体中进行选留，四肢强壮，左右蹄大小一致，行走稳健，吃奶有力，乳头数7对以上，排列整齐，阴户大小适中，由育种师在仔猪断奶前一天进行挑选并打上耳牌。

②淘汰畸形、八字脚、锁肛、疝气、多趾等有遗传缺陷的种猪，将有遗传缺陷和奶头数不达标的种母猪打耳洞，在断奶时转入育肥栏，当作育肥猪饲养。留种时还需充分考虑种猪家系及血统。

③母猪窝产活仔数低于 6 头，其中公猪低于 4 头的，该窝猪里面的母猪在耳朵上做好标记，全部做育肥猪处理。

④在仔猪断奶时进行选择，将留种母猪与淘汰母猪标记好，转群时将其分群饲养。

⑤自留母猪二选　7～8 周对母猪进行一次选留，选留生长发育良好的种猪，体型匀称，四肢强壮，左右蹄大小一致，行走稳健，淘汰有明显生长缺陷的种猪，将打耳牌的自留种母猪分至一个栏舍，也可以将生长发育非常好的哺乳期间没有自留的母猪，选留 10%进入自留栏舍。

⑥自留母猪三选　13～14 周龄时育种师对自留后备种母猪进行挑选，并将生长缓慢的种母猪进行淘汰，当作育肥猪饲养。

⑦自留母猪四选　在种猪 21～22 周龄对种猪进行称重、测定背膘、眼肌面积，对种母猪进行第四次选育，按照育种值的高低结合体型外貌(体长、体宽、体深、骨骼、前肢、后肢)对种猪进行选留，选留比例为 20%，每月自留 40 头左右的后备母猪，将剩余母猪转至销售栏进行销售。



⑧自留母猪终选　将四选的自留母猪注射疫苗，免疫结束后检测抗体，将抗体合格的种猪转入种猪群。

3.性能测定

(1)种猪繁殖性能测定　种母猪测定和记载总产仔数、产活仔数、初生个体重、初生窝重、21 日龄窝重、断奶个体重。

(2)后备猪生长发育性能测定

①测定时间：仔猪做好预防注射工作，体重 25～30 kg 时(9 周龄)称重，进入后备猪性能测定，此项测定在后备猪体重达 100 kg 左右时结束。

②进入性能测定仔猪必须具备以下条件：

A.体型外貌符合品种特征；

B.生殖器官发育正常，有效乳头在 14 个以上；

C.本身及同胞中无隐睾、疝气、锁肛等遗传缺陷。

③每窝至少选择 1 头公猪、2 头母猪参加测定，测定公猪单栏饲养，单栏记料，母猪群饲，按栏记料。

④测定猪患病时应及时治疗，如生长发育受阻，及时淘汰，并称重和结料，若出现死亡，应有尸体剖检记录。

⑤60 kg 左右时初选淘汰的个体应称重和结算饲料消耗。

⑥体重 100 kg 左右时测定结束，测定下列指标：

A.体重：100 kg 左右时早晨空腹称重。计算平均达 100 kg 体重的日龄，然后校正至 100 kg 标准体重。

B. 饲料转化率：结算每头公猪 9 周龄至 100 kg 期间的饲料消耗总量，以便计算饲料报酬。

C. 背膘厚：用超声波测膘仪（B 超）活体测定种猪第 10 根肋骨离背中线 5 cm 处背膘，折算成 100 kg 标准体重背膘。

### （二）生产期淘汰

1. 种猪

（1）公猪　场区的公猪使用年限 1～2 年，达到年限后进行淘汰。未达年限的，通过建立每头公猪的采精评估表，定期对采精公猪进行评估，根据精液的气味和色泽、射精量和有效精子数、精子活力、精子畸形率等指标，对精液品质差的公猪尽早淘汰；性欲低、有肢蹄病和感染疫病的公猪及时淘汰；淘汰野毒呈阳性的公猪，避免通过配种环节感染阴性母猪。

（2）经产母猪　场区的母猪使用年限 2～3 年，达到年限后进行淘汰。未达年限的，如出现产仔少，长期不发情者、屡配不孕的、习惯性流产等情况的立即淘汰。



2. 生长育肥猪

（1）僵弱猪、病弱猪及时淘汰。

（2）无法治愈的病猪，包括传染病、寄生虫病、内科、外科等疾病，难以治愈或者治疗成本过高，必须淘汰。

总之，发现传染性强，危害大的病猪，无论是何种用途，必须及时淘汰，以保证猪群整体安全。对带毒猪，尤其是带毒种猪检测与淘汰，是猪场进行疫病净化的重要手段。

# 第六节　科学饲养研究应用方案

## 一、繁殖育种

### （一）公猪配置

公猪与母猪精液配比为 1∶4（即为 1 头公猪可为 4 头发情母猪提供精液进行配种）。

### （二）母猪发情期鉴定

母猪的发情期周期包括发情初期、发情中期、发情后期和休情期 4 个阶段。母猪发情期间的外部表现是：发情初期，阴户红肿，母猪比平常兴奋，表现不安，食欲减退，常常爬跨别的母猪，以至出现接受公猪交配的雌性行为。母猪性兴奋后，发情早期从其阴道排出透明的黏液，到接近排卵时，黏液的颜色变成不透明、有滑腻感；排卵过程中，阴道排出如丝状的较粘稠的黏液，俗称挂线。此时母猪阴户则从红肿逐渐变成玫瑰红色。当母猪的阴户由红肿渐退而出紫红色，阴道黏液从清稀到出现挂线时就是母猪发情配种的最佳时期。

### （三）早期断奶技术

仔猪断奶日龄，关系到整个猪群的饲养管理、工艺流程和母猪群的繁殖效率。我国养猪从传统的 60 日龄断奶减少到 35 日龄，一些规模猪场现在多采用 28 天，本猪场（仔猪）断奶日龄则控制在 21 天左右。可在不影响仔猪健康的前提下，提高繁殖效率。

## 二、饲料与营养



根据饲养标准，按照仔猪、生长育肥猪、妊娠母猪、哺乳母猪、配种公猪五大生产阶段配制相应饲料。

不要选择偶蹄动物及其产品为原料的饲料，如血粉、骨粉等。

## 三、环境控制

合适的饲养密度、合理的通风换气、适宜的温度、湿度及光照是促进生猪健康生长的必要条件，相关指标参考《标准化规模养猪场建设规范》（NY/T 1568—2007）、《规模猪场环境参数与环境管理》（GB/T 17824.3—2008）。

### （一）通风控制

使用美国 Whiteshire 公司的整套 AirWorks 系统。AirWorks 采用全封闭式建筑，单向通风换气，将新鲜空气带进栋舍，将脏空气带出栋舍，每个房间可以单独控制。

### （二）温湿度控制

栋舍温度全部由电脑进行调控，将程序设定好后，由电脑自动控制栋舍温度。

1.喷淋降温系统

采取间断运行的工作方式，将水直接喷洒打湿猪体，水在猪身体表面蒸发直接将体热带走。适用于育肥舍。为避免室内湿度过高，要求舍内通风系统运转良好。

2.滴水降温系统

泌乳栏的泌乳母猪使用滴水降温法。滴水器安装位置以水滴至泌乳母猪颈肩部为宜，滴水速度以水分不湿至前蹄、保持地面干燥为原则，避免水滴入耳或溅湿乳房区。

3.湿帘—风机降温系统

湿帘—风机降温系统将湿帘蒸发系统与负压机械通风联用，利用水蒸气吸热实现冷却。该系统一端为湿帘（进气口），另一端为风机（出气口），通过风机的负压作用，将湿帘端附有大量水分的空气吸入栋舍内带走热量。

### （三）有害气体控制

通过气体监控装置对舍内氨气含量进行实时监控，一旦超过设定数值，立即增大通风量，净化舍内空气。

## 四、留种淘汰

见第四章“移动控制研究应用方案”。



## 五、日常巡查

每日巡查时，对生猪的生长、活动、精神状态等进行细致观察，并做好记录，发现问题及时上报处理。按照各栋舍类别，关注点如下：

（1）公猪站　主要观察公猪食欲、行为、膘情、皮肤、蹄肢、生殖器官等是否存在异常。

（2）配怀舍　对于配怀舍母猪，主要查看母猪生殖器官是否有排出物，配种结束后母猪生殖器官是否长时间红肿。

（3）分娩舍　对于临产前母猪、主要观察其临产征兆、乳房发育情况、排便情况、呼吸是否均匀；对于产后母猪，观察乳汁是否充足、是否存在乳房炎、外阴长时间红肿、排出恶露等情况。关注仔猪的运动、排便情况。

（4）保育舍　主要观察保育猪毛色、粪便、食欲、呼吸、睡姿、运动情况。

（5）育肥舍　观察生猪采食、粪便、呼吸、运动等情况。是否存在咳嗽、腹泻、精神萎靡等现象，在采食时间是否有离群独处的生猪。

## 六、生产记录

1.数据汇总

通过建立微信群，在进行操作时使用时间水印拍照发至微信群内，晚上由人员进行整理并保存。每个养殖阶段设立养殖档案（消毒记录、治疗记录、配种记录等）每月底进行检查上交。

2.信息化管理

所有记录，如生猪信息、配种记录、分娩记录、消毒记录、死亡及无害化处理记录、人员出入记录等，录入到专门的信息管理系统，保证生猪从出生到死亡，一切信息都能做到追踪溯源。

### 七、生物安全管理培训

猪场通过集中培训、网络学习、现场授课及实操演练等形式开展培训，并进行考核。

1.制订培训计划

猪场制订系统的生物安全培训计划。新入职人员需经系统培训后方可上岗；已在职人员持续开展定期培训，确保生物安全规程执行到位。

2.理论培训



重视人员理论知识学习，对疫病知识、猪群管理、生物安全原则、操作规范及生物安全案例等方面内容进行系统培训，提高生物安全意识。

3.实操培训

定期组织生物安全实操练习，按照标准流程和规程进行操作，及时纠偏改错，确保各项程序规范执行并到位。

4.执行考核

对完成系统培训的人员，进行书面考试和现场实操考核，每位人员均应通过相应的生物安全考核。

## 第七节　疫病防疫研究应用方案

### 一、免疫计划

#### (一)制定注意事项

1.本地疫病的流行情况

在制定免疫程序前应了解在历史上本地区在不同季节曾经有规律暴发过哪些疫情。综合考虑本地及周边地区疫病状况、发病率、猪群饲养状况、对应疫苗的特性、免疫途径等多种因素，掌握这些情况后方可制定免疫程序。

2.本场疫病史

依据本场的发病史及其相关情况制定免疫程序。每种疫病都有其发病规律，根据每种疫病对不同阶段的生猪致病性的不同，对生猪分批次进行疫苗免疫。同时在接种过程中考虑到本场历史同期发病情况，结合当年实际情况安排免疫接种工作。

3.抗体水平及免疫效果评估

免疫效果评估工作可以了解猪群中抗体水平，防止免疫失败或者抗体水平偏低情况的发生；也避免了重复接种疫苗造成的不必要损失。当一个免疫程序应用一段时间后，要结合免疫监测情况来评价免疫效果，对现有免疫程序进行合理调整和完善，同时随着生产和疫情的变化，也要根据生产成绩和免疫效果评估结果适时进行程序调整；抗体水平也可作为评估疫苗的依据。

4.疫苗、病原性质

在制定免疫程序时要充分了解疫苗的特点、接种途径和免疫原理，了解病原(包含亚型)及其危害性，同时及时了解国家最新出台的政策法规等。合理安排不同疫苗的接种时间，避免疫苗间发生相互干扰，影响免疫效果，或发生不良反应。首免时间应综合考虑母源抗体水平以及当前疫病流行情况，确保免疫效果。疫苗免疫保护期由疫苗的性质决定，二次免疫可以增强免疫效果，但两次免疫间隔的时间过长或过短均会对二次免疫应答产生影响，因此应控制好二免的时间。

**(二)参考免疫程序**

参考免疫程序见表4-2。

**表4-2　参考免疫程序**

| 猪别 | 时间 | 疫苗种类 | 注射剂量 | 使用说明 |
|---|---|---|---|---|
| 选留种猪 | 转入后第1周 | 猪瘟 | 2头份 | 肌肉注射。猪瘟兔化弱毒冻干活疫苗(脾淋) |
| | 转入后第2周 | 细小/乙脑 | 各1头份 | 肌肉注射。两侧各注射1头份 |
| | 转入后第3周 | 伪狂犬 | 1头份 | 肌肉注射 |
| | 转入后第4周 | 口蹄疫 | 1头份 | 肌肉注射 |
| | 转入后第5周 | 细小病毒 | 1头份 | 肌肉注射 |
| 种公猪 | 每年3月、9月的第1周各1次 | 乙脑 | 1头份 | 肌肉注射 |
| | 每年3月、9月的第2周各1次 | 猪瘟 | 2头份 | 肌肉注射。猪瘟兔化弱毒冻干活疫苗(脾淋) |
| | 每年3月、7月、11月的第3周各1次 | 伪狂犬 | 1头份 | 肌肉注射 |
| | 每年4月、10月的第1周各1次 | 口蹄疫 | 1头份 | 肌肉注射 |

续表 4-2

| 猪别 | 时间 | 疫苗种类 | 注射剂量 | 使用说明 |
|---|---|---|---|---|
| 种母猪 | 每年3月、9月的第1周各1次 | 乙脑 | 1头份 | 肌肉注射 |
| | 断奶前1天 | 猪瘟 | 2头份 | 肌肉注射。猪瘟兔化弱毒冻干活疫苗(脾淋) |
| | 每年3月、7月、11月的第3周各1次 | 伪狂犬 | 1头份 | 肌肉注射 |
| | 经产母猪配种后第10周 | 口蹄疫 | 1头份 | 肌肉注射 |
| 商品猪 | 35日龄、70日龄 | 猪瘟 | 2头份 | 肌肉注射。猪瘟兔化弱毒冻干活疫苗(脾淋) |
| | 42日龄 | 伪狂犬 | 1头份 | 肌肉注射 |
| 商品种猪 | 14日龄 | 支原体 | 1头份 | 肌肉注射 |
| | 21日龄 | 圆环病毒 | 1头份 | 肌肉注射,圆环2型苗。 |
| | 35日龄、70日龄 | 猪瘟 | 2头份 | 肌肉注射。猪瘟兔化弱毒冻干活疫苗(脾淋) |
| | 42日龄 | 伪狂犬 | 1头份 | 肌肉注射 |
| | 49日龄、84日龄 | 口蹄疫 | 1头份 | 肌肉注射 |



**注意事项:**

(1)两种疫苗接种时间应间隔7天以上;

(2)免疫细菌性疾病的活苗,不能立即用抗生素治疗;正在使用抗生素的猪要进行标记,在停药7天后补免。

**(三)免疫操作要求**

(1)人员要求　免疫操作人员必须经过疫苗免疫技能、个人防护知识等专项培训,培训合格后方可进行工作。

(2)动物要求　在接种前要认真检查动物健康状况,只有临床健康的动物才可以接种疫苗。健康状况不佳时最好暂缓接种,否则可能会出现应激反应或诱发疫病。

(3)接种时间　接种疫苗最好在早晨,在使用过程中,应避免阳光照射和高温、高热环境。同一个场或同一类型的猪疫苗免疫尽量在同一时间内完成。

(4)疫苗使用　活苗应现配现用,并最好在2 h内用完;灭活苗开封后最好当天用完。预温疫苗于室温(15～25℃)2 h左右,注射前观察疫苗瓶内状态,如出现变色、潮解、分层、破损、非真空等异常情况不可使用。

(5)器械要求　接种前器械都要消毒。根据猪大小,选择大小、长度合适的针头，每注射一头猪须更换一个针头。

(6)严格消毒　接种前接种人员要更换工作服，用消毒液洗手消毒，携带物品的外包装要经喷雾消毒，进出圈舍必须消毒。(详细方法可参照“第四节 消毒设计研究应用方案”)

(7)废弃物处理　已稀释疫苗的剩余部分最好煮沸倒掉；用过的酒精棉球、碘伏棉球等废弃物，应收集后焚烧或深埋处理；疫苗瓶应集中回收处理，切忌随意丢弃，防止散毒。

(8)观察动物免疫后反应　免疫接种后，在接种反应时间内，观察生猪饮食、精神、粪便等情况，对副反应严重或发生过敏反应的及时抢救治疗。

(9)做好使用记录　包括疫苗生产厂家、名称、规格、批号、有效期、猪耳标号、免疫日期、不良反应等信息要进行详细记录。

**(四)疫苗的运输与保存**

详见“第三节 投入品控制研究应用方案”。



**(五)免疫副反应处理**

对使用新毒株、新厂家、新批号的疫苗必须进行小范围免疫实验，以防发生免疫副反应。对生猪个体出现严重应激反应的，可注射 0.1%盐酸肾上腺素或地塞米松磷酸钠等药物对症治疗。对已休克的生猪，除注射上述药物外，还可迅速针刺耳尖、尾根等部位，放血少许。

## 二、监测计划

对猪群进行合理的实验室监测，不但可以掌握免疫后生猪抗体水平的高低，同时对特定疫病进行病原学筛查，能够了解当前生猪带毒情况，进而指导养殖场有针对性的开展疫病防控工作。

**(一)免疫效果评估**

免疫效果评估一般以抽检方式进行，抽检比例为 10%，不足 10 头按 10 头计。

(1)O 型口蹄疫　生猪免疫 28 天后，进行免疫效果监测。全病毒灭活疫苗采用正向间接血凝试验、液相阻断 ELISA 试验进行检测，合成肽疫苗采用 VP1 结构蛋白 ELISA 试剂盒进行检测。正向间接血凝试验抗体效价$\geq 2^5$判定为合格，液相阻断 ELISA 试验抗体效价$\geq 2^6$判定为合格，VP1 结构蛋白 ELISA 试验抗体效价$\geq 2^5$判定为合格。群体免疫抗体合格率≥80%判定为合格，合格率达不到要求的畜群重新免疫。

(2)猪瘟　免疫 21 天后进行免疫效果评估。猪瘟抗体阻断/间接 ELISA 检测试验抗体阳性判定为合格；正向间接血凝试验抗体效价≥$2^5$判定为合格。群体免疫抗体合格率≥80%判定为合格，合格率达不到要求的畜群重新免疫。

(3)高致病性猪蓝耳病　活疫苗免疫28天后，进行免疫效果监测。高致病性猪蓝耳病ELISA抗体检测阳性判为合格。群体免疫抗体合格率≥80%判定为合格，合格率达不到要求的畜群重新免疫。

(4)猪伪狂犬病　免疫21天后进行免疫效果评估。猪伪狂犬病gB抗体ELISA试验抗体阳性判定为合格。

**(二)感染情况监测**

对于没有进行相应疫苗免疫的病种，或者疫苗毒株相对于田间毒株有特征性基因缺失的病种，可以使用抗体检测的方法来判断生猪是否感染过该病毒。

(1)猪A型口蹄疫　A型口蹄疫是近几年对我国生猪养殖场威胁较大的一种疫病，在我国属于猪新发的一类疫病。因此，发生疫情后国家主要以扑杀和无害化处理做为防控手段。对于未进行A型口蹄疫免疫的生猪，可采用抗体检测的方法判断是否被病毒感染。A型口蹄疫抗体效价≥1∶16可怀疑该猪被病毒感染过，需做进一步检测。



抗体检测法无法区分疫苗毒株与田间毒株产生的抗体，对于进行过A型口蹄疫免疫的猪，可使用非结构蛋白(NSP)抗体检测方法。其原理是动物在感染口蹄疫野毒后既产生结构蛋白抗体，也产生抗体，而接种口蹄疫疫苗(疫苗毒经过纯化，去除了病毒的非结构蛋白)后，应只产生结构蛋白抗体。因此，非结构蛋白(NSP)抗体检测阳性的，可怀疑该猪被病毒感染过。但是对口蹄疫疫苗多次重复免疫的动物和养殖时间超过2年的动物，进行非结构蛋白(NSP)抗体检测可能出现假阳性，主要是纯化不足的疫苗毒有痕量NSP存在，多次重复免疫动物所致。

(2)猪伪狂犬病　目前大部分猪伪狂犬疫苗为*gE*基因缺失疫苗。该类疫苗最大的特点是在不影响疫苗免疫原性的前提下，特征性缺失gE基因，因此，通过血清学检测即可区别感染动物和接种动物。使用gE(gPI)-ELISA方法检测免疫或未免疫的生猪，gE(gPI)抗体阳性的，即为伪狂犬病毒带毒猪。gE(gPI)抗体阴性，也不能完全代表被检动物体内没有病毒基因组片段。因此，在留种等关键点，应采集活体扁桃体进行PCR检测。

## 三、猪群保健

于全年的1月、3月、6月、9月、11月进行母猪的驱虫保健；3月、9月进行公猪的驱虫保健；2月、4月、8月、10月分别使用替米考星和阿莫西林拌料饲喂7～10天；6月、12月使用爱乐新加阿莫西林拌料；5月、7月、11月，请灭鼠公司进行3次灭鼠。

## 四、应急预案

在做好本场动物疫病防控工作的同时，制定传染病应急预案。当传染病发生时，及时启动应急预案，有效遏制其在场区的流行，将经济损失降到最低。

### （一）及时观察、快速报告

生产人员在巡查中一旦发现猪群发生以下任一异常情况，应及时报告兽医人员和生产负责人，兽医人员应快速到达现场。

(1)生猪采食量显著下降，且采食量下降的生猪占猪群比例的5%以上。

(2)生猪临床表现异常，比例达到猪群的5%以上。

(3)猪群出现某些疫病的特征性临床症状时。

(4)其他需要紧急上报的情况。

### （二）疫病调查与诊断

(1)根据猪病诊断的一般原则，通过临床检查（查看外观症状）、病理变化（解剖病变）、流行病学特点，做出初步诊断结果。

(2)根据初步诊断结果，按照样品采集的要求，对病猪进行针对性的采样，送化验室进行检测，确诊病原。

### （三）隔离措施

(1)人员隔离　一旦发生疫情，最先发病单元/栏应专人负责，杜绝人员在各区间的流通。

(2)生产工具的隔离　各区间单元内生产工具禁止交叉使用。

(3)及时淘汰或扑杀患病猪，并进行无害化处理。

### （四）消毒措施

(1)增加环境消毒频率　在日常环境消毒的基础上，对走廊、过道、赶猪道等增加消毒频率和消毒药的使用浓度。

(2)增加栋舍内消毒的频率　对单元内过道、产床、限位栏等进行消毒。

(3)增加带猪消毒的频率　在保证圈舍干燥的前提下增加猪体消毒的次数。

(4)对病死猪所在栏舍进行彻底冲洗，并使用高浓度消毒剂进行消毒，如有必要，可使用火焰消毒。

### （五）合理免疫

根据暴发疫情的不同确定是否采取紧急免疫措施。注意后期疫苗免疫衔接无误，因疫情原因不能进行的免疫须在猪群康复后安排后续免疫。

安排原则：在无法执行免疫程序时，重要疫苗（猪瘟、口蹄疫、蓝耳、伪狂犬等）免疫必须完成（按时或顺延），非重要性疫苗（圆环、支原体、细菌性疫苗等）可暂不免疫或康复后顺延免疫，在稳定的前提下关注重要环节，避免疫情过后出现免疫程序的混乱。

**（六）加强饲养管理**

加强疫情期间饲养管理措施，切实做好生物安全防护及环境控制，防范其他疫病以及继发感染的情况发生。

**（七）药物预防**

根据病原体的不同，合理的选择使用药物，对发病猪群饲料或饮水中加药进行对症治疗，非发病猪群进行药物预防，减少混合感染或防止继发感染。

**（八）调整生产流程**

如疫情覆盖面广，短期无法有效控制，应及时调整饲养方式和生产流程。如剪牙断尾流程、断奶时间、转群时间、配种时间等，以减小猪群的应激，防止疫情进一步扩大。



**（九）重大动物疫情处置**

如发现疑似重大动物疫情，应按照《动物防疫法》有关规定向本地兽医主管部门进行上报并采取后续隔离消毒等应急措施。

# 第八节　病死动物及废弃物无害化处理研究应用方案

## 一、病死猪的处理

**（一）死猪的排查与处理**

对于病死猪的处理，场区严格执行《动物防疫法》《病死及病害动物无害化处理技术规范》相关要求。对照自身生产实际，制定了《河北美神病死动物无害化处理制度》，并严格执行，保证场区及周边环境安全。

1.排查与登记

（1）发现死猪要及时报告给兽医，及时采取必要的消毒隔离措施，待兽医确认疾病类型生猪死亡原因后，经兽医诊断为非传染病致死的，放置于圈舍外指定位置的特定容器内进行暂时存放，并及时对所经过的线路进行消毒；如为因传染病致死要立即上报，全场进入紧急状态，启动传染病应急预案，严密隔离可疑群体，对病死猪所在栋舍进行消毒处理，指派专人饲养管理，防止疫病扩散。

(2)生猪死亡信息必须记录详细，记录内容包括耳标、耳缺、死亡时间、栋舍、栏位、性别、重量、死亡原因等。在填写死亡原因时，描述死猪临床症状，初步的诊断结果，如链球菌、胀气、弱仔、瘫痪、应激等。每周上交生猪死亡登记表，由驻场兽医对场内疫病流行情况进行判断，及时更改饲喂模式。

(4)留存死亡生猪的影像资料，照片包括栋舍、躯干、防疫耳标等信息用于存档和保险赔付。

(5)每天下班前由兽医和司机穿着防化服，用专用车辆将盛放在特定容器中的死猪运输至场区最北边降解池，用锯末填埋，在此处进行堆肥发酵。

2.生物安全措施

(1)人员防护与消毒　负责对死猪进行运输、处理的相关工作人员必须穿戴生物安全防护设备，包括工作服、手套、胶鞋等，手套需厚实、耐磨，以免在工作中发生割伤，造成人员感染。工作人员在工作中不得进入栋舍或与其他工作人员进行直接接触，如有需求沐浴更衣后方可进入栋舍或与人员进行接触。工作完毕后，工作人员须冲洗胶鞋，脚踏消毒桶，工作服、手套在清洗完后进行熏蒸，杜绝病菌残留。



(2)车辆消毒　运输死猪车辆在任务完成后，对车辆进行彻底的水洗清理。具体参照“第四节 消毒设计研究应用方案”。

(3)场地消毒　对圈舍周围、死猪临时堆积地点、运输车辆经过的路线进行细致消毒，轮换使用至少3种消毒药。

(4)器具消毒　工作中使用的器具采用喷雾或浸泡的方法进行消毒。

**具体步骤**

①冲洗　对接触过死猪的器具进行一次冲洗。

②浸泡　在消毒桶内加入消毒药，放入器具，浸泡2 h以上。消毒药须选择效果好、无腐蚀性、低残留性，且对人体皮肤不会造成伤害。

③消毒完毕后使其自然干燥。

### (二)无害化处理方法

1.堆肥法

(1)方法原理　场区选择动物尸体堆肥发酵的方法对猪尸进行无害化处理。其原理主要是借助微生物消化动物尸体的有机成分，动物尸体周围的碳源物质为微生物提供能量，动物尸体组织及其液体为微生物的蛋白合成提供氮源，携带病原被微生物降解杀灭，降解过程中产生热量也可起到一定的杀灭病原作用。

(2)场地位置及结构　堆肥发酵场地位于场区最北端，处于场区常年主导风向的下风向，四周设有围墙，墙外为农田，位置相对独立。场地内建有混凝土构造的降解池，降解池又用混凝土做出隔墙，分割成小隔间，作为死猪堆肥发酵场地。在场地中央设置有兽医解剖室，用于猪尸的解剖诊断。

(3)具体步骤

①填充料　以锯末为填充材料，覆盖地面 20 cm 左右，放进猪尸，再覆盖 20 cm 左右锯末，可堆积 2～3 层。

②含水量　20%～50%，锯末外观表现不成团，也挤不出水分为宜。含水量低，分解效率下降；含水量高，处理过程中的腐臭味大。

③孔隙度　孔隙度保持在 40%为宜，氧气由孔隙进入堆体，加速猪尸降解。堆肥的孔隙度过大或过小均会导致猪尸分解效率低、堆温低，产生的臭气大。

④温度要求　堆肥温度会在 37.7～65.6℃。保持堆温高于 55℃至少 5 天，从而达到杀灭病原体的目的。



⑤定时翻堆　再放入猪尸的第二天进行翻堆处理，防止猪尸与填充料堆叠形成厌氧环境。在日常的堆温测量时，如果温度始终达不到 55℃，及时翻堆，补充氧气。如果堆温超过 65℃，也要及时翻堆，避免有机物碳化、氨化影响堆肥效果。

⑤废弃物处理：对处理完毕的填充料等废弃物进行深埋处理。深埋时应远离居民区、水源和交通要道。无害化处理结束后，对降解池及周边进行彻底的喷洒消毒。

(4)注意事项

①堆积点应设置遮风挡雨设施，防止锯末等堆积物飞散。

②堆积地点地面须硬化，并做防渗处理。以防污水渗透，污染土壤、地下水。

③定期对场地进行消毒处理，喷洒生石灰或石灰乳。

④工作人员要佩戴严密的防护设备，进出此区域均要进行洗澡、消毒。

⑤定期更换填充料，使用过的填充料不可随意丢弃，须通过深埋方式进行处理。

⑥进行堆肥发酵处理时，要进行详细记录，包括时间日期、猪尸数量、堆温、填充料更换时间等。

2.深埋法

(1)选址要求　通报上级畜牧主管部门后，在其监督下寻找深埋地点。具体要求依据《病死及病害动物无害化处理技术规范》：

①应选择地势高燥，处于下风向的地点。

②应远离学校、公共场所、居民住宅区、村庄、动物饲养和屠宰场所、饮用水源

地、河流等地区。

(2)具体步骤

①深埋坑体容积以实际处理动物尸体及相关动物产品数量确定。

②深埋坑底应高出地下水位 1.5 m 以上,要防渗、防漏。

③坑底洒一层厚度为 2～5 cm 的生石灰或漂白粉等消毒药。

④将动物尸体及相关动物产品投入坑内,最上层距离地表 1.5 m 以上。

⑤生石灰或漂白粉等消毒药消毒。

⑥覆盖距地表 20～30 cm,厚度不少于 1～1.2 m 的覆土。

(3)操作注意事项

①深埋覆土不要太实,以免腐败产气造成气泡冒出和液体渗漏。

②深埋后,在深埋处设置警示标识。

③深埋后,第一周内应每日巡查 1 次,第二周起应每周巡查 1 次,连续巡查 3 个月,深埋坑塌陷处应及时加盖覆土。

④深埋后,立即用氯制剂、漂白粉或生石灰等消毒药对深埋场所进行 1 次彻底消毒。第一周内应每日消毒 1 次,第二周起应每周消毒 1 次,连续消毒 3 周以上。



3.收集转运要求

(1)包装

①乘运猪尸的车厢及相关包装材料应符合密闭、防水、防渗、防破损、耐腐蚀等要求。

②承载猪尸的车厢及包装材料的容积、规格和数量应与需处理死猪和相关产品的体积、数量相匹配。

③确保密闭性。

④使用后,一次性包装材料应作销毁处理,可循环使用的包装材料及车厢应进行清洗消毒。

(2)记录要求

①病死及病害动物无害化处理环节应建有台账和记录。

A.无害化处理区的接收台账和记录应包括数量、栋舍号、动物标识号、死亡原因、消毒方法、收集时间、经办人员等。

B.处理台账和记录应包括处理时间、处理方式、处理数量及操作人员等。

以上台账和记录至少要保存两年。

## 二、污水粪便处理

场区内建有粪污沼气处理设备,污水粪便经净化后符合《畜禽养殖业污染物排放标准》。

### (一)处理对象

场区污水,包括猪尿、职工生活污水(包括食堂用水及洗漱废水),栋舍的清洗用水。粪便,主要来自场区内生猪产生的粪便。

### (二)处理流程(图 4-2)

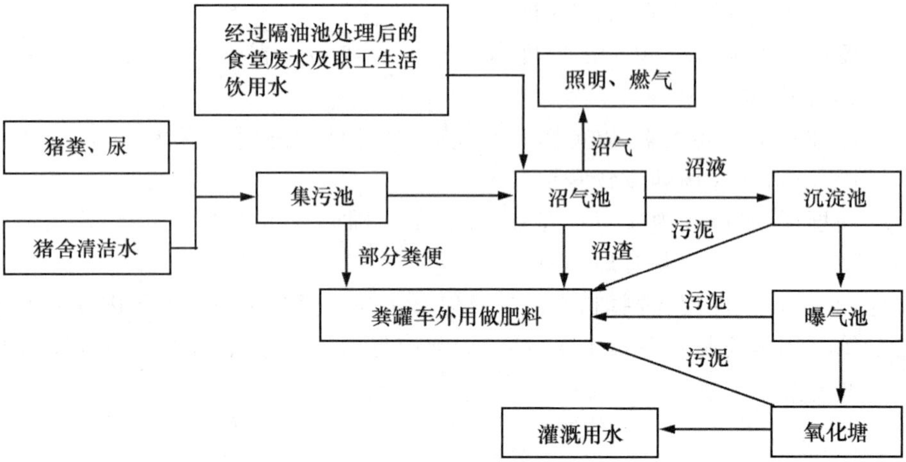


图 4-2 处理流程图



### (三)处理设备

(1)集污池　集污池位于栋舍地下,作为生产污水及粪便的收集、暂存地。栋舍的污水与粪便经漏粪地板漏下,在集污池内堆积,每隔 15 天,开启自动清粪机,将污物清理出集污池,由管道抽至沼气池。集污池已做防水处理,污水不会渗漏。

(2)沼气池　粪污进入沼气池内,通过微生物厌氧发酵作用,分解有害物质,同时排出沼气,用于场区照明、燃气。

(3)沉淀池　沼气池沼液排入沉淀池,在此对沼液中杂质进行沉降处理。

(4)曝气池　沉淀池污水进入曝气池,通过池中机械叶轮转动,剧烈搅动池水,使空气中氧气溶入水中,水中的无用气体挥发至空气中,同时促进污水与活性污泥进行有机反应,将有害物质进行充分分解。

(5)氧化塘　经过曝气池的污水进入氧化塘进行氧化反应,塘中种植水草、藻类等水生植物,利用植物、微生物自身净化功能对水质中的有害物质进行分解。污水经过氧化塘的充分反应,经检测达标后可排入农田作为灌溉用水或养殖用水。

(6)地下排污管网　地下管网连接场区各个建筑。场区内污水均不外排,养殖中产生的粪便、污水经地下管道进入集污池；生活区污水由地下管道进入隔油池作隔油处理，最终由地下排放至沼气池。生产区、生活区的管网布局在进入沼气池前都为独立设计，互不影响，防止病原由地下管网造成交叉污染。

(7)粪罐车　定期用污泥泵对沼气池沼渣，沉淀池、曝气池、氧化塘中污泥进行清理，用专用的粪罐车运至场外进行处理。沼渣及污泥经处理加工，可作为肥料还田。

第三篇

# 种禽

# 第五章　易县大午农牧有限公司原种鸡场净化案例

## 第一节　综述

### 一、公司概况

易县大午农牧有限公司是河北大午农牧集团种禽有限公司的子公司，也是农业部首批认定的国家级蛋鸡核心育种场，易县大午农牧有限公司原种鸡场于 2015 年 3 月建成并投入使用，原种鸡(曾祖代)全部由大午种禽公司转移而来。河北大午农牧集团种禽有限公司于 2004 年买断国产蛋鸡良种——京白 939 的所有权及原种鸡群，并开展了蛋鸡育种工作。为消除禽白血病对蛋鸡产业的危害，制定了禽白血病、鸡白痢等垂直传播疫病净化方案，并与育种工作同步实施。经过几年努力，曾祖代鸡群的禽白血病净化达到了预期效果。为进一步提高并维持禽白血病净化水平，经深入考察与专家论证，于 2014 年组建易县大午农牧有限公司，在易县山区建设大午蛋鸡核心育种场，场区三面环山，周围 5 km 无任何污染，环境优美。场区功能区布局、生物安全管理符合国家蛋鸡原种场技术规范要求，是目前我国一流的蛋鸡原种场。同时，改造提升化验室的硬件水平和培训提高检化验人员的技术水平。在山东农业大学崔治中教授团队的指导下，完善禽白血病净化技术方案。

### 二、禽白血病概述

禽白血病是由逆转录病毒科禽白血病病毒和禽肉瘤病毒群中的病毒感染引起的禽类多种肿瘤性疾病的统称。本病主要以垂直传播方式进行传播，也可水平传播，可以造成多种类型肿瘤，引起生产性能下降和免疫耐受，因此对养禽业的危害很大。根据禽白血病病毒(Avian Leukosis Virus，ALV)囊膜蛋白的不同、病毒干扰模式及宿主细胞的不同，可以分为 A-J10 个亚群，其中 A、B、C、D 和 J 亚群为外源性 ALV，E 亚群为内源性 ALV，以上 6 个亚群的病毒主要侵害鸡，而 F、G、H 和

I等其他内源性ALV则存在于雉、鹧鸪、鹌鹑等鸟体内。禽白血病病毒J亚群(ALV-J)于1988年从肉鸡中分离鉴定出来,该病目前已经呈现世界性分布。我国于1999年首次在肉鸡中分离到ALV-J,2002年在蛋鸡中也发现了ALV-J的感染。随后我国各地相继出现从肉鸡、蛋鸡及地方品系鸡中分离到ALV-J的报道,其病理学特征主要是:骨髓、肝、脾、心、肾、睾丸(或卵巢)等组织出现髓细胞样瘤细胞。ALV-J可引起多种肿瘤,如骨髓细胞瘤、肉瘤、血管瘤,肾瘤和成红细胞增多症,以及骨髓白血病,导致感染鸡的死亡率很高。该分散的ALV-J菌株的广泛分布造成了巨大的经济损失,并且根除ALV-J仍然是一项重大挑战。我们对ALV-J诱导的肿瘤发生机制仍然不清楚。

自20世纪90年代以来,禽白血病特别是J亚型禽白血病病毒(ALV-J)给我国养鸡业造成了重大的经济损失,严重危害了我国白羽肉鸡、蛋用型鸡、黄羽肉鸡和固有的地方品种鸡的健康发展。2005年以前,我国肉鸡产业50%以上的商品代肉鸡的鸡苗由用巨资从国外引进的艾维因曾祖代并在国内扩繁的肉种鸡提供,对从国外直接进口肉鸡祖代种鸡的依赖程度不到一半;但是,由于艾维因曾祖代感染了ALV-J而未能采取严格的净化措施,使其失去了市场竞争力而不得不退出市场,这不仅使相关种鸡公司蒙受重大经济损失,也使我国白羽肉鸡直到现在不得不完全依赖进口。2008—2009年ALV-J在我国蛋用型鸡中大爆发,每年大约有6 000万只商品代蛋鸡在开产前后直接由于ALV-J诱发肿瘤死亡或者被淘汰,不但造成严重的经济损失,而且当时由于涉及国内相当多的农户,还触发了很多商业纠纷甚至危害社会安定的群发事件。因此,养禽业界(行业主管部门、科研院所、大型育种企业)自2009年开始高度重视并研究禽白血病,经过近10年的不懈努力,研究总结了一套有效地防控策略。



## 第二节　规模种禽场禽白血病净化技术方案

### 一、净化目标

《动物疫病净化示范场评估标准(试行)》(2017版)规定,满足以下标准,视为达到净化标准。即种鸡群抽检,禽白血病病原学检测均为阴性;连续两年以上无临床病例;同时通过现场综合审查。制定本公司净化目标,即保证原种鸡群按照规范要求检测,淘汰阳性鸡只;鸡群白血病阳性率逐代降低。

本公司通过种源自繁自养、群之间水平传播的预防、严格疫苗管理和使用、建立高水准生物安全体系并保持体系高质量运行、严格按照检测技术规范检测淘汰阳性鸡等措施，实现净化的最短周期。

## 二、技术路线

技术路线是保证禽白血病净化效果的关键，在山东农业大学崔治中教授的指导下，根据种鸡群净化程度，制定了科学规范的技术路线(图 5-1)。

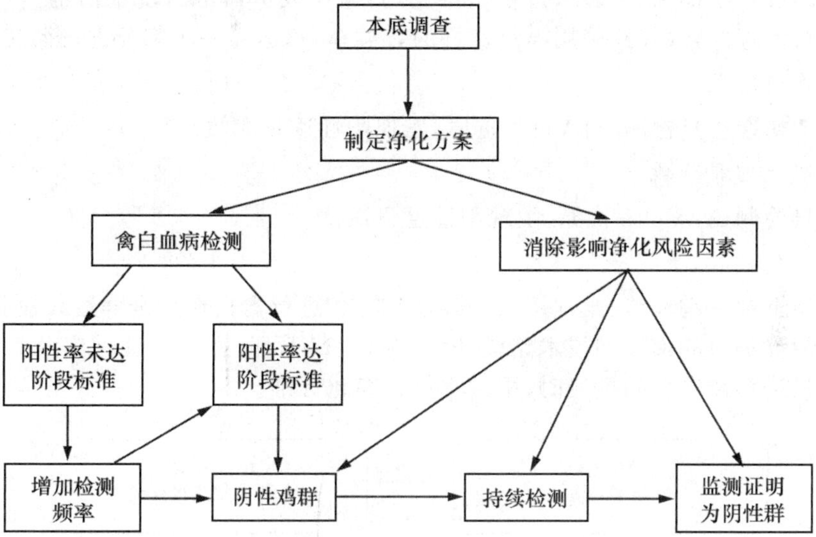


图 5-1　技术路线图

本底调查的目的是弄清鸡群禽白血病净化程度和影响净化的各种因素，包括禽白血病检测方法、阳性率、疫苗的使用与管理、生物安全体系等。通过本底调查及评估结果，制定符合本公司实际的禽白血病净化技术路线。

# 第三节　规模种禽场禽白血病净化检测技术方案

## 一、检测程序的制定

1. 出雏阶段

严格区分、隔离每只种鸡的种蛋、雏鸡，逐只检测雏鸡胎粪的 ALVp27 抗原，发现阳性淘汰种母鸡及其后代雏鸡。

2. 育雏育成阶段

育雏期每个笼位饲养同一只母鸡的后代，同时在笼位与笼位之间添加防护板，做到相邻笼位之间的雏鸡互不“见面”。通过雏鸡开食料槽的设计，改变以往雏鸡开食使用垫纸或料盘的方式。

转群前进行逐只外型选择和 ALVp27 抗原或病毒分离检测，同一饲养笼中鸡只，只要有一只阳性就淘汰同笼中的所有鸡。转群人员在转群前 3 天不接触其他鸡群，同时提前 2 天到达纯系场生活区进行隔离，减少外来病原体的侵入。每笼鸡在转群的过程中都独立操作，每转完一笼鸡，操作人员需进行洗手消毒，转群设备严格进行消毒。转群时，采用隔离良好的转群车，每运完一车都要进行彻底消毒。

3. 产蛋阶段

开产初期逐只检测 ALVp27 抗原，发现阳性逐只淘汰。

4. 继代留种阶段

逐只检测 ALVp27 抗原，发现阳性逐只淘汰。

5. 世代循环、直至净化达标

采用把握关键环节、全程按“饲养时间节点”进行禽白血病全群逐只检测、按要求淘汰阳性鸡只的模式和技术路线（图 5-2），世代循环，直到全群种鸡及其后代鸡只在逐只进行禽白血病检测时，阳性率符合净化标准。



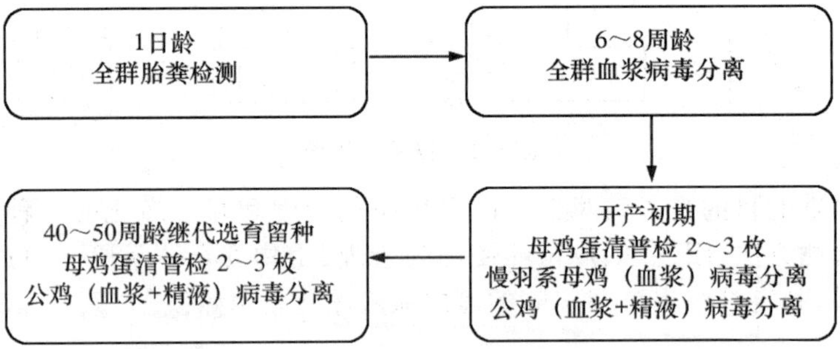


**图 5-2 检测程序示意图**

注：病毒分离——无菌采集抗凝血，离心分离血浆接种 DF-1 细胞，培养 7～9 天，冻融后检测细胞上清液中 P27 抗原；无菌采集精液，进行 4 倍稀释后，离心取上清接种 DF-1 细胞，培养 7～9 天，冻融后检测细胞上清液中 P27 抗原。

## 二、检测技术操作规范

### （一）1 日龄雏鸡胎粪白血病检测流程

1. 操作流程

(1)孵化流程

①种蛋收集期　按照母鸡单个家系收集种蛋，单个家系种蛋在同一蛋车上，严格

种蛋消毒工作。单独孵化厅、孵化器孵化。待到18天半落盘时，再将同一家系的种蛋倒入同一个孵化纸盒（纸盒为专用孵化纸盒）当中，纸盒上标注清楚家系号、母鸡号。

②孵化出雏期　孵化出雏期，严格按照家系出雏，每出一个家系雏鸡，洗手消毒一次，打开下一个家系。检出的雏鸡做好记录，由专人负责将放好稀释液的离心管递给翻肛鉴别人员，翻肛鉴别人员负责将雏鸡的胎粪挤进带有稀释液的离心管中，并传递给下一个记录人员手中，分别记录母鸡号和家系号。收集记录清楚的离心管由专人送入检测化验中心进行检测。雏鸡进行下一步按家系分翅号，带翅号，然后再分别装入孵化纸盒中，防止有交叉机会。（注：每次有接触雏鸡的地方都严格按照家系分开，完成一个家系洗手消毒一次）。将雏鸡免疫。每次免疫一个家系鸡苗都要换注射针头和洗手消毒，最后由专人进行将雏鸡放置特定地点，等待实验室检测结果。收到检测结果按顺序将阳性和可疑鸡家系全部淘汰。

（2）操作流程

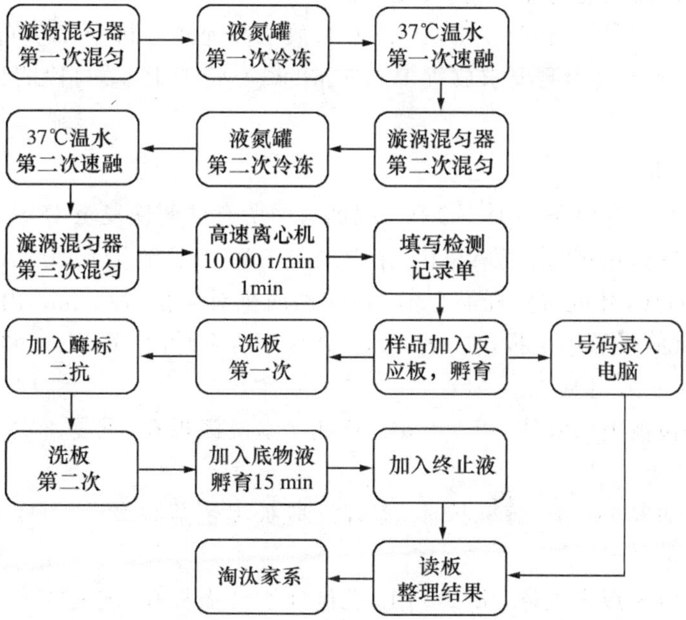


图5-3　操作流程

2.准备工作

（1）根据雏鸡出雏计划准备IDEXX白血病抗原检测试剂盒、1.5 mL离心管、200 μL黄枪头。

（2）仪器设施设备：漩涡混匀器、液氮罐（液氮＋提子）、高速离心机、1.5 mL离心管架、100 μL 单道移液器/八道移液器、300 μL 八道移液器、1 mL 单道移液器、电脑、酶标仪。

(3)耗材：300 μL 白枪头、1 mL 蓝枪头、检测记录单、纯净水、卫生纸、加样槽、黑色盖板、计时器、PE 手套、一次性口罩、一次性乳胶手套、记号笔、签字笔、毛巾。

3.样品处理

(1)提前准备 1.5 mL 离心管，加入 0.5 mL IDEXX 试剂盒中的稀释液。

(2)将每只鸡的胎粪挤入装有 0.5 mL 稀释液的 1.5 mL 离心管中，在离心管上写清号码，放置于 1.5 mL 离心管架上。每一只鸡挤胎粪后洗手消毒。

(3)提前准备温水 37℃，放于泡沫箱中。准备毛巾用于吸水。

(4)将装有胎粪的离心管在旋涡混匀器上混匀后，放于液氮罐提子中，置于液氮罐中冷冻 1 min，待完全冻实后取出，放置于 37℃温水中解冻，融化后捞出用毛巾吸水后，再用漩涡混匀器混匀，反复 2 次。

(5)最后一次混匀后，将 1.5 mL 离心管放于高速离心机中 10 000 r/min 离心 1 min，离心完毕后按检测要求放置于 1.5 mL 离心管架上，填写检测记录单，记录样品的位置。



4.样品检测

(1)提前调整室温条件 18～26℃，试剂盒中所有试剂恢复至 18～26℃。

(2)取出抗体包被板，于 A1、B1 孔中加入 100 μL 阴性对照，C1、D1 孔中加入 100 μL 阳性对照，并取被检样品上清 100 μL 加至对应位置(5 min 内加完整个反应板)，盖好反应板黑色盖板，在 18～26℃条件下孵育计时 60 min。将检测记录单交于录号人员录入电脑。

(3)甩去包被板内液体，用 300 μL/孔纯净水洗涤板孔，重复 4 次，最后一次洗板后将液体拍干。

(4)每孔加入 100 μL 酶标抗体，盖好反应板黑色盖板，在 18～26℃条件下孵育计时 60 min。

(5)甩去包被板内液体，用 300 μL/孔纯净水洗涤板孔，重复 4 次，最后一次洗板后将液体拍干。

(6)每孔加入 100 μL TMB 底物液，盖好反应板黑色盖板(避免 TMB 底物溶液暴露于强光下，加完底物液及时遮盖)，在 18～26℃条件下孵育计时 15 min。

(7)每孔加入 100 μL 终止液终止反应(如果有气泡用 1 mL 单道移液器吹气泡直至气泡消失)，于酶标仪 650 nm 波长下读取结果。

(8)保存、整理结果，并将结果及时报告，淘汰阳性鸡。

## (二)母鸡蛋清禽白血病检测流程

1.操作流程(图 5-4)

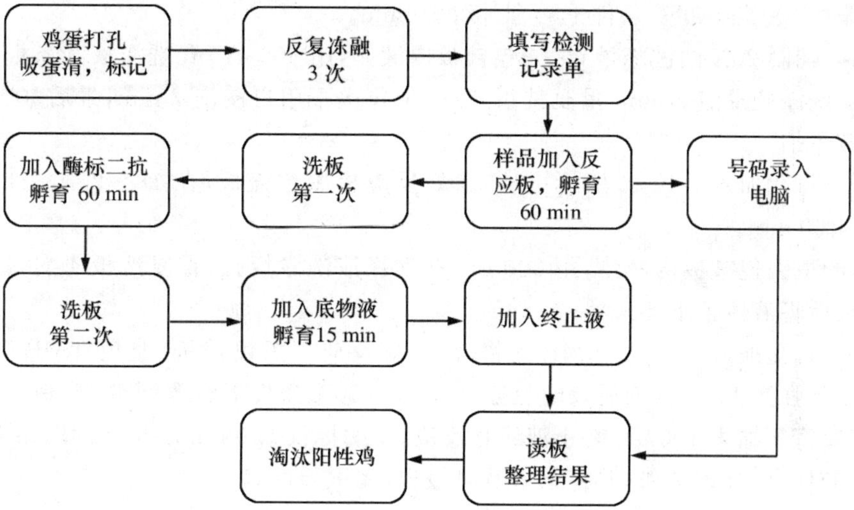


图 5-4　操作流程

2.准备工作

(1)根据检测计划准备 IDEXX 白血病抗原检测试剂盒、1.5 mL 离心管、200 μL 黄枪头。

(2)仪器设施设备　−80℃低温冰箱、1.5 mL 离心管架、100 μL 单道移液器/八道移液器、300 μL 八道移液器、1 mL 单道移液器、电脑、酶标仪

(3)耗材　300 μL 白枪头、1 mL 蓝枪头、检测记录单、纯净水、卫生纸、加样槽、黑色盖板、计时器、PE 手套、一次性 96 孔 V 形板、一次性口罩、一次性乳胶手套、记号笔、签字笔、打孔针、75%酒精棉球。

3.样品处理

(1)用酒精棉球擦拭初产鸡蛋表面(气室部分),用 1 mL 蓝枪头分别吸稀蛋清 650 μL 加入 1.5 mL 离心管中,在离心管上标记系别笼号,放于 1.5 mL 离心管架上。

(2)放于−80℃低温冰箱反复冻融 3 次。

(3)填写检测记录单,记录样品的位置。

4.样品检测

(1)提前调整室温条件 18～26℃,试剂盒中所有试剂恢复至 18～26℃。

(2)取被检样品上清 120 μL 加样至一次性 96 孔反应板。

(3)取出抗体包被板,于 A1、B1 孔中加入 100 μL 阴性对照,C1、D1 孔中加入 100 μL 阳性对照,并将一次性反应板中的样品 100 μL 加至对应位置,盖好反应板黑色盖板,在 18～26℃条件下孵育计时 60 min。

(4)配制 20X 的洗涤液,甩去包被板内液体,用 300 μL/孔洗涤液洗涤板孔,第一次加洗涤液浸泡 2 min,重复洗板 4 次,但每次不用再浸泡 2 min,最后一次洗板后将液体拍干。

(5)每孔加入 100 μL 酶标抗体,盖好反应板黑色盖板,在 18～26℃条件下孵育计时 60 min。

(6)甩去包被板内液体,用 300 μL/孔洗涤液洗涤板孔,重复洗板 4 次,最后一次洗板后将液体拍干。

(7)每孔加入 100 μL TMB 底物液,盖好反应板黑色盖板(避免 TMB 底物溶液暴露于强光下,加样前后及时遮盖),在 18～26℃条件下孵育计时 15 min。



(8)每孔加入 100 μL 终止液终止反应,于酶标仪 650 nm 波长下读取结果。

(9)保存、整理结果,并将结果及时报告,淘汰阳性鸡。

### (三)血浆/精液白血病检测流程

1.操作流程

操作流程如图 5-5 所示。

2.准备工作

(1)根据检测计划准备 IDEXX 白血病抗原检测试剂盒、1.5 mL 离心管、200 μL 黄枪头、2.5 mL 注射器。

(2)仪器设施设备　生物安全柜、倒置显微镜、$CO_2$ 培养箱、$CO_2$ 钢瓶、恒温水浴锅、(冷藏＋冷冻)冰箱、高速离心机、1.5 mL 离心管架、100 μL 单道移液器/八道移液器、300 μL 八道移液器、1 mL 单道移液器、5 mL 单道移液器、电脑、酶标仪、100 mL/250 mL 试剂瓶。

(3)耗材　100 mm 细胞培养皿、6 孔细胞培养板、24 孔细胞培养板、25 $cm^2$ 细胞培养瓶、10 mL 尖底离心管、50 mL 离心管、0.22 μm 过滤器、300 μL 白枪头、5 mL 白枪头、1 mL 蓝枪头、血细胞计数板、盖玻片、检测记录单、纯净水、卫生纸、加样槽、黑色盖板、计时器、PE 手套、一次性 96 孔 V 形板、一次性口罩、一次性乳胶手套、记号笔、签字笔、酒精灯、75%酒精棉、封口膜、无菌镊子、剪刀、胶带、标签纸。

(4)试剂　DMEM、胎牛血清(FBS)、胰酶粉、PBS 液、双抗(青链霉素)、两性霉

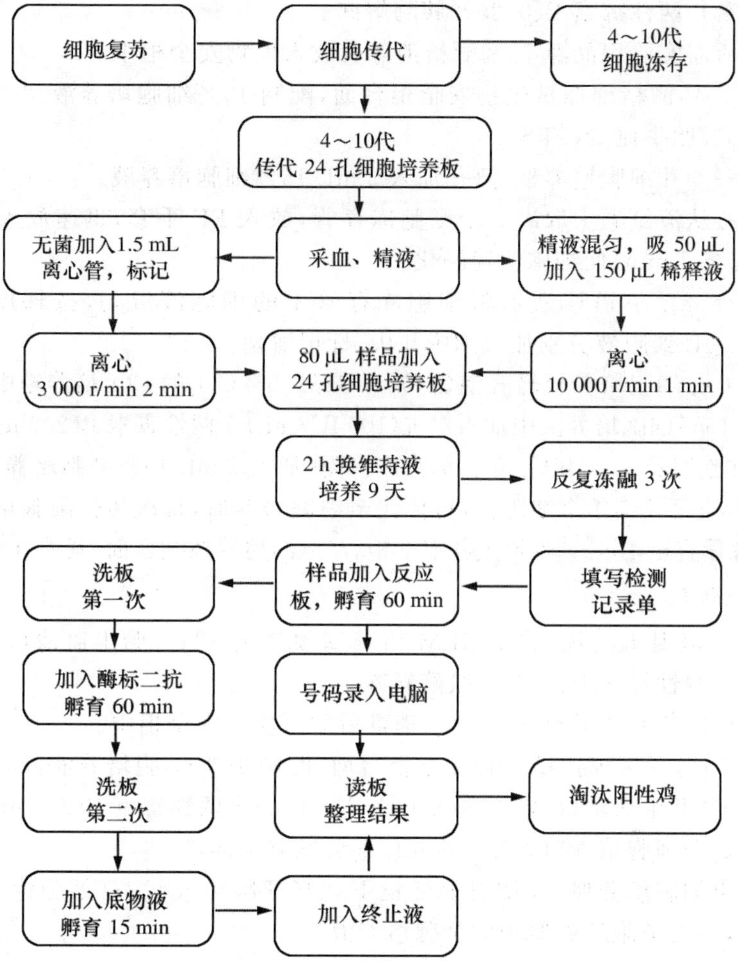


**图 5-5 操作流程**

素 B、肝素钠、二甲基亚砜(DMSO)、4%台盼蓝。

(5)高压灭菌耗材 100 mL/250 mL 试剂瓶、1.5 mL 离心管、10 mL 尖底离心管、50 mL 离心管、200 μL 黄枪头、1 mL 蓝枪头、5 mL 白枪头。

3.细胞培养

(1)胎牛血清(FBS)、双抗(青链霉素)、两性霉素 B 解冻并按需求分装，保存于－20℃。配制 0.25%胰酶(0.25 g 胰酶粉＋100 mL PBS)，过滤除菌，按需求分装，保存于－20℃。

(2)打开恒温水浴锅，将 DMEM 培养基预热至 37～38℃，胎牛血清(FBS)、双抗(青链霉素)、两性霉素 B、0.25%胰酶解冻。

(3)将所需实验用品经 75%酒精消毒后放入生物安全柜中。

(4)用 75%酒精棉擦拭生物安全柜台面,配制 15%细胞培养液:85% DMEM 培养基+15%胎牛血清(FBS)。

(5)取一 6 孔细胞培养板,每孔加入 2 mL 15%细胞培养液。

(6)小心从液氮罐中取出 2 个细胞冻存管,放入 PE 手套,迅速放入恒温水浴锅中快速摇晃 1 min,使细胞快速融化。

(7)用 1 mL 单道移液器将细胞冻存管中的细胞液混匀,按梯度 450 μL、300 μL、150 μL 细胞液分别加入细胞孔中,标记清楚。

(8)将 6 孔细胞培养板轻轻混匀,放入 37℃、5%$CO_2$的 $CO_2$培养箱中培养。

(9)在 15%细胞培养液中加入双抗(100 IU/mL)+两性霉素 B(2.5 μg/mL)。

(10)细胞培养 4~6 h 后,弃去细胞液,每孔加入 2 mL 15%细胞培养液,继续培养 18~24 h 直至长满整个细胞孔,再传代至细胞培养皿,每次传代细胞培养液逐渐降低血清含量直至 10%。收拾生物安全柜,75%酒精棉擦拭台面,紫外灯消毒灭菌。



4.细胞传代

(1)打开恒温水浴锅,将 DMEM 培养基预热至 37℃,胎牛血清(FBS)、双抗(青链霉素)、两性霉素 B、0.25%胰酶解冻。

(2)将所需实验用品经 75%酒精消毒后放入生物安全柜中。

(3)用 75%酒精棉擦拭生物安全柜台面,配制 10%细胞培养液:90% DMEM 培养基+10%胎牛血清(FBS)+双抗(100 IU/mL)+两性霉素 B(2.5 μg/mL)。

(4)取 2 个细胞培养皿各加入 9 mL 10%细胞培养液。

(5)取出细胞培养皿,在倒置显微镜下观察细胞生长状态(细胞饱满,密度达 90%以上),弃去细胞培养皿中的细胞培养液。

(6)加入 2 mL 0.25%胰酶,摇匀,弃去(洗去血清)。

(7)加入 3 mL 0.25%胰酶,摇匀至覆盖整个细胞培养皿,消化 1 min(消化时间以细胞开始变圆为准)。

(8)加入 2 mL 10%细胞培养液,摇匀,用枪头吹下细胞培养皿底消化好的细胞,轻轻吹打 10~15 次混匀。

(9)在加有 10%细胞培养液的细胞培养皿中分别加入 1 mL 细胞悬液,"∞"形摇匀,放入 37℃、5% $CO_2$的 $CO_2$培养箱中培养 24~36 h。

(10)收拾生物安全柜,75%酒精棉擦拭台面,紫外灯消毒灭菌。

5.细胞冻存

在细胞传代过程中,4~10 代生长状态良好的细胞可冻存。

(1)打开恒温水浴锅，将 DMEM 培养基预热至 37℃，胎牛血清(FBS)、双抗(青链霉素)、两性霉素 B、0.25%胰酶解冻。

(2)将所需实验用品经 75%酒精消毒后放入生物安全柜中，紫外灯消毒灭菌 30 min。

(3)用 75%酒精棉擦拭生物安全柜台面，配制 10%细胞培养液：90% DMEM 培养基＋10%胎牛血清(FBS)＋双抗(100 单位/mL)＋两性霉素 B(2.5 μg/mL)，配制细胞冻存液(6 份 DMED＋3 份胎牛血清＋1 份 DMSO，现用现配)。

(4)取出细胞培养皿，在倒置显微镜下观察细胞生长状态(细胞饱满，密度达 90%以上)，弃去细胞培养皿中的细胞培养液。

(5)加入 2 mL 0.25%胰酶，摇匀，弃去(洗去)血清。

(6)加入 3 mL 0.25%胰酶，摇匀至覆盖整个细胞培养皿，消化 1 min(消化时间以细胞开始变圆为准)。加入 2 mL 10%细胞培养液，摇匀，用枪头吹下细胞培养皿底消化好的细胞。

(7)吸取 20 μL 细胞悬液至 1.5 mL 离心管中，再加入 20 μL 台盼蓝，轻轻吹打 10～15 次混匀，加在血细胞计数板上，在倒置显微镜下计数(白细胞计数法，细胞数＝$N\times10^4\times$稀释倍数)。



(8)将细胞悬液贴壁移入 10 mL 离心管，1 000 r/min 离心 2 min，弃去上清液，留下细胞泥。

(9)在上述离心管中加入细胞冻存液，轻轻吹打 10～15 次混匀，移入细胞冻存管，1 mL/管，拧紧(一个细胞培养皿细胞冻存 2 个细胞冻存管)。

(10)将细胞冻存管放置于 4℃ 40 min，－20℃ 1 h，－80℃过夜，液氮罐长期保存。收拾生物安全柜，75%酒精棉擦拭台面，紫外灯消毒灭菌。

6.细胞传代至 24 孔细胞培养板

(1)打开恒温水浴锅，将 DMEM 培养基预热至 37℃，胎牛血清(FBS)、双抗(青链霉素)、两性霉素 B、0.25%胰酶解冻。

(2)将所需实验用品经 75%酒精消毒后放入生物安全柜中。

(3)用 75%酒精棉擦拭生物安全柜台面，配制 10%细胞培养液：90% DMEM 培养基＋10%胎牛血清(FBS)＋双抗(100 IU/mL)＋两性霉素 B(2.5 μg/mL)。

(4)取一 25 $cm^2$ 细胞培养瓶加入 37 mL 10%细胞培养液。

(5)取出细胞培养皿，在倒置显微镜下观察细胞生长状态(细胞饱满，密度达 90%以上)，弃去细胞培养皿中的细胞培养液。

(6)加入 2 mL 0.25%胰酶，摇匀，弃去(洗去)血清。

(7)加入 3 mL 0.25%胰酶，摇匀至覆盖整个细胞培养皿，消化 1 min(消化时间以细胞开始变圆为准)。加入 2 mL 10%细胞培养液,摇匀,用枪头吹下细胞培养皿底消化好的细胞,轻轻吹打 10～15 次混匀。

(8)吸取 20 μL 细胞悬液至 1.5 mL 离心管中,再加入 20 μL 台盼蓝,轻轻吹打 10～15 次混匀,加在血细胞计数板上,在倒置显微镜下计数(白细胞计数法,细胞数 $=N\times10^4\times$ 稀释倍数),并计算 3 个 24 孔细胞培养板需加入的细胞量(24 孔细胞培养板每孔加入细胞量 $3\times10^4$～$5\times10^4$ 个)。

(9)将 3 个 24 孔细胞培养板所需的细胞悬液贴壁移入细胞培养瓶中,吹吸混匀。

(10)取 3 个 24 孔细胞培养板,每孔加入 500 μL 细胞液,每边轻拍 20 下混匀,在倒置显微镜下观察细胞均匀度,放入 37℃、5% $CO_2$ 的 $CO_2$ 培养箱中培养 12 h,至细胞密度 50%～60%。收拾生物安全柜,75%酒精棉擦拭台面,紫外灯消毒灭菌。

7.样品采集及处理

(1)血浆样品

①将所需实验用品经 75%酒精消毒后放入生物安全柜中。



②用 75%酒精棉擦拭生物安全柜台面,配制肝素钠溶液(1 g 肝素钠+200 mL PBS 液),0.22 μm 过滤除菌,分装于 1.5 mL 离心管中(1 mL/管)。

③每个 2.5 mL 注射器无菌吸取肝素 200 μL,贴上标签。

④无菌采血:用 75%酒精棉擦拭鸡只翅静脉,2.5 mL 注射器针头直接插入翅静脉采血 1～1.5 mL,在标签上标记系别、笼号、翅号。采血完毕后放入带冰块的泡沫箱中,送到检测中心。

⑤收到血样后,将血样在紫外灯下消毒 20 min。

⑥在生物安全柜中准备 1.5 mL 离心管,将血样无菌导入 1.5 mL 离心管中,在离心管上标记系别、笼号、翅号,并交给离心人员进行离心,2 000 r/min 离心 2 min,离心完毕后置于 4℃暂时保存。

⑦收拾生物安全柜,75%酒精棉擦拭台面,紫外灯消毒灭菌。

(2)精液样品

①将所需实验用品经 75%酒精消毒后放入生物安全柜中。

②用 75%酒精棉擦拭生物安全柜台面,按照采样数量配制精液稀释液 PBS+双抗(100 IU/mL)。

③每个 1.5 mL 离心管中加入稀释液 150 μL。

④1.5 mL 灭菌离心管无菌采精液。在离心管上标记系别、笼号。采精完毕后放入带冰块的泡沫箱中,送到检测中心。

⑤收到精液样品后,将其在紫外灯下消毒 20 min。

⑥在生物安全柜中将精液混匀后,吸取 50 μL 加入装有稀释液的离心管中并

混匀，在离心管上标记系别、笼号。于 10 000 r/min 离心 1 min，离心完毕后置于 4℃暂时保存。

⑦收拾生物安全柜，75%酒精棉擦拭台面，紫外灯消毒灭菌。

8. 样品接种细胞

(1)将所需实验用品经 75%酒精消毒后放入生物安全柜中。

(2)用 75%酒精棉擦拭生物安全柜台面，配制 1%细胞维持液：99% DMEM 培养基＋1%胎牛血清(FBS)＋双抗(100 IU/mL)＋两性霉素 B(2.5 μg/mL)。

(3)取出细胞密度 50%～60%的 24 孔细胞培养板(设置 1 个阴性对照)，每孔先加入一滴肝素，再分别加入血浆/精液样品，做好标记。将 24 孔细胞培养板轻轻上下左右震荡，放入 37℃、5% $CO_2$ 的 $CO_2$ 培养箱中培养。

(4)接种样品 2 h 后，弃去 24 孔细胞培养板中液体，每孔加入 500 μL 1%细胞维持液，继续培养 9 天。

(5)收拾生物安全柜，75%酒精棉擦拭台面，紫外灯消毒灭菌。



9. 样品检测

(1)样品培养 9 天后，取出 24 孔细胞培养板反复冻融 3 次。填写检测记录单，记录样品的位置。

(2)提前调整室温条件 18～26℃，试剂盒中所有试剂恢复至 18～26℃。

(3)取被检样品上清 120 μL 加样至一次性 96 孔反应板。

(4)取出抗体包被板，于 A1、B1 孔中加入 100 μL 阴性对照，C1、D1 孔中加入 100 μL 阳性对照，并将一次性反应板中的样品 100 μL 加至对应位置，盖好反应板黑色盖板，在 18～26℃条件下孵育计时 60 min。

(5)配制 20×的洗涤液，甩去包被板内液体，用 300 μL/孔洗涤液洗涤板孔，第一次加洗涤液浸泡 2 min，重复洗板 4 次，但每次不用再浸泡 2 min，最后一次洗板后将液体拍干。

(6)每孔加入 100 μL 酶标抗体，盖好反应板黑色盖板，在 18～26℃条件下孵育计时 60 min。

(7)甩去包被板内液体，用 300 μL/孔洗涤液洗涤板孔，重复洗板 4 次，最后一次洗板后将液体拍干。

(8)每孔加入 100 μL TMB 底物液，盖好反应板黑色盖板(避免 TMB 底物溶液暴露于强光下，加样前后及时遮盖)，在 18～26℃条件下孵育计时 15 min。

(9)每孔加入 100 μL 终止液终止反应，于酶标仪 650 nm 波长下读取结果。

(10)保存、整理结果，并将结果及时报告，淘汰阳性鸡。

# 第四节　影响疫病净化因素的管控技术方案

## 一、生物安全体系的建立与完善

作为种禽场，其隔离条件和生物安全措施比一般的养禽场要求更加严格。不仅为了净化禽白血病，预防其他传染病种鸡场同样需要具备隔离良好的地理位置。易县大午农牧有限公司位于易县尉都乡东楼山村西南，三面环山，周边 3 km 没有任何厂矿、养殖场、村庄等，自然隔离条件良好。

### (一)场区布局研究应用方案

种禽场场区布局本着有利于防疫、便于饲养、提高生产效率和优化场区小气候等原则进行，同时考虑养殖场的发展、地形地势、厂内运输、气候条件、生产工艺等因素，合理安排道路、供水、排污和绿化等。



(1)利于生产　养殖场的总体布局首先要满足生产工艺流程的要求，按照生产过程中的顺序性和连续性规划和布置建筑物，达到有利于生产，便于科学管理，从而提高劳动生产率。

(2)利于防疫　规模养殖场规模大，饲养密度高。要保证正常的生产，必须将卫生防疫工作提高到首要位置。一方面在整体位置上应着重考虑养殖场的性质，畜禽本身的抵抗力，地形条件、主导风向等几个方面；另一方面还要采取一些行之有效的防疫措施。

(3)利于运输　养殖场日常的饲料、畜禽及生产和生活用品的运输任务非常繁忙。在建筑物和道路布局上应考虑生产流程的内部联系和对外界联系的连续性，尽量使运输路线方便、简捷、不重复、不迂回。

(4)利于生活管理　养殖场在总体布局上应使生产区和生活区做到既分隔又联系，位置适中，环境相对安静。要为职工创造一个舒适的工作环境，同时又便于生活和管理。

在规模种禽场内，一般分为生产区、生活区、办公区和隔离区等。生产区是养殖场的核心部分，主要包括畜禽舍及生产设施；生活区主要包括宿舍、食堂和附属设施；办公区主要包括行政办公室、与生产相关的附属设施；隔离区主要是兽医室、隔离舍、病死畜禽无害化处理设施等。在风向上，办公区、隔离区等要与生产区处于侧风向，避免办公区、隔离区的病原体随风向传播到畜禽舍内。在地势上，办公区、生活区要处于生产区的高地势部位，隔离区要处在低地势部位。在物流上，下风向、低地势的物品不能向高地势、上风向方向流动。

场内道路要将净道与污道有效分离，不能交叉，以减少运输饲料、畜禽、粪污的人员在工作中相互污染的机会，有利于防疫。排水要通畅，将污水和雨水分开设置排放沟，以减轻污水处理压力。场区绿化可以营造良好小气候环境，有利于生产生活，但是，不能栽植高大树木和产生花粉、柳絮的绿植，以防传播病原微生物。

易县大午农牧有限公司按照分区管理、全进全出的原则设计种禽场布局。坚持活禽、种蛋及精液等“只出不入”的原则。整个场区设立办公生活区、生产区（育雏场、测定场、个体笼育种场、孵化厅）、隔离区（兽医室、病死禽无害化处理室）以及粪污无害化处理区。每种生产场区之间利用天然的沟壑、树木等屏障进行有效的隔开，相距达 200 m 以上。每个生产场都相对独立，清出的粪便经短暂的污道后直接倒入沟壑下的粪便存放区，粪便存放区位于鸡舍下方约 15 m 的沟壑中，最后使用立式发酵罐进行无害化处理，这样可以避免粪便反向污染。

建设核心群专用孵化厅非常必要，尽管每年仅启用 1～2 次，其他时间闲置，但却保证了正在净化的种鸡群与其他任何鸡群或外部环境不发生交叉。



### （二）投入品控制研究应用方案

种禽场投入品主要包括饲料、饮水、兽药等，投入品的质量与安全直接影响种禽的机体健康和生产性能，因此必须建立完善的管控应用方案。

1.饲料的管控

种禽场购进的饲料原料要求色泽新鲜一致，无发酵、发霉、结块、异味、异臭、无污染，符合 GB 13078 新版《饲料卫生标准》，并进行批批检验；饲料添加剂应是正规生产企业生产的，具有产品批准文号及清晰的生产日期；不购进、使用动物性蛋白质原料，如鱼粉、肉骨粉等，避免病原微生物通过饲料途径进入种禽机体。

种禽场建有固定的饲料库房，实行专仓专用、专人专管。库房内不堆放其他杂物，地面干净整洁，非相关人员禁止入内。饲料调配车间、搅拌机及用具保持清洁，做到定期消毒。

易县大午农牧有限公司的每个生产场区都建立了饲料输送系统，专用散装饲料车不能进入生产区，先将饲料放在场区外的总饲料罐里，再通过专用密闭的饲料管道运送到每栋舍的饲料罐，最后进入种禽舍。

2.饮水的管控

种禽场的饮用水首先符合人饮用水的标准，并且每年都要进行检测。饮用水要通过乳头式管线系统送给种禽个体，管线每周进行消毒一次，每半月用酸化剂处理一次，以保证饮水系统的卫生。

3.兽药的管控

种禽场购进的兽药产品必须是兽药GMP企业生产的，具有产品批准文号和生产日期，不购进国家明文规定的禁限用兽药，不购进假劣兽药产品。

## 二、疫苗管理与使用

### （一）管控方案

种禽场购进的疫苗必须是GMP企业生产的，具有产品批准文号和明确的生产日期，对购进的弱毒疫苗做到批批检验，防止弱毒疫苗中含有外源病毒，尤其是禽白血病病毒。

易县大午农牧有限公司为了保证避免使用被外源病毒（特别是禽白血病病毒）污染的疫苗，要对每一种弱毒疫苗的每一个批号的产品进行检测。随机抽出3份，一份送到山东农业大学、一份自检、一份留存。只有外检和自检的结果均为合格（阴性），才可以使用。



### （二）检测方法

目前，用于弱毒疫苗中禽白血病病毒检测的方法主要有细胞培养检查法、接种SPF鸡检查法和核酸检查法：

1.细胞培养检查法

按照《中国兽药典》规定的，对疫苗中禽白血病病毒污染主要采用细胞培养检查法进行检测，即将疫苗样品接种鸡胚成纤维细胞（CEF）后盲传2代后测定细胞培养上清中ALV-p27抗原的方法来确定所检测疫苗中是否存在禽白血病病毒的污染，但是这一方法面临的现实问题是，鸡马立克氏病毒活疫苗、鸡新城疫病毒活疫苗、鸡痘病毒活疫苗、鸡传染性法氏囊病毒活疫苗等接种CEF后均可造成细胞病变（CPE），这无疑会使可能的禽白血病病毒污染在细胞上复制受到干扰，为此对不同的疫苗进行一定的预处理是进行细胞培养检查法的关键。例如，仅仅对不同的鸡马立克氏病毒活疫苗就有不同的预处理措施。

（1）鸡马立克氏病火鸡疱疹病毒活疫苗（Fc-126） 通常按照如下程序进行检测：取1 000（或以上）羽份制品，用4.0 mL（或适量）不含血清的M199培养液溶解；4℃、10 000 r/min离心15 min；上清经0.45 μm滤器过滤一次，0.22 μm滤器过滤2次，取滤液1 mL与1 mL抗MDV（HVT）单特异性抗血清37℃作用1 h。

（2）鸡马立克氏病活疫苗（CVI988株、814株） 通常按照如下程序进行检测：取1 000（或以上）羽份制品，加适量无菌超纯水，冻融3次，用10倍浓缩M199调节渗透压至等渗，4℃、2 000 r/min离心5 min，上清经0.22 μm滤器过滤1次，滤液全部接种。

(3)鸡马立克氏病二价活疫苗(HVT+CVI988株) 通常按照如下程序进行检测:取1 000(或以上)羽份制品,加适量无菌超纯水,冻融3次,用10倍浓缩M199调节渗透压至等渗,4℃ 2 000 r/min离心5 min,上清经0.22 μm滤器过滤1次,滤液与2.0 mL抗MDV(HVT)单特异性阳性血清37℃作用1 h。

针对液氮保存的细胞结合性马立克氏疫苗禽白血病病毒污染检测也进行了一定的摸索,将待检疫苗从液氮中取出后置于普通冰块上缓慢融化,待融化后置于离心管中作轻度离心(在1 500～2 000 r/min的转速下5 min),取细胞沉淀悬浮于2 mL灭菌的蒸馏水中使细胞在低渗透压下部分裂解,继续在冰水中放置5～10 min后,用超声波将细胞充分打碎。由于MDV是细胞结合苗,当细胞死亡后其中的MDV不再具有感染性,但这一处理过程不会使细胞内的禽白血病病毒灭活,还能从细胞中释放出来呈游离状态。将超声波数量的细胞悬液在10 000 r/min的转速下离心10 min,取上清经0.45 μm滤膜过滤后立即接种准备好的DF-1细胞。

除了上述用于MDV疫苗的预处理措施外,还可利用病毒离子大小的差异来通过不同孔径的一次性滤器过滤来消除疫苗影响,如鸡痘耐热保护剂活疫苗通常按照如下程序进行检测:取1 000羽份制品,用适量不含血清的M199培养液溶解,使最终为500羽份/2 mL;2～8℃,12 000 r/min离心10 min;上清液经0.8 μm、0.45 μm、0.22 μm、0.1 μm滤器各过滤1次,取滤液2 mL(相当于500羽份)用于接种CEF,连传盲传三代检测p27。而对于鸡传染性法氏囊病活疫苗和鸡新城疫活疫苗通常利用抗体中和来消除疫苗对细胞的影响,例如,鸡传染性法氏囊病活疫苗通常按照如下程序进行检测:取1 000羽份制品,用适量不含血清的M199培养液溶解,使最终为500羽份/2 mL;2～8℃,12 000 r/min离心10 min;取上清液2 mL与2 mL抗鸡传染性法氏囊病毒特异性抗血清混匀,置37℃作用60 min后接种CEF细胞,连传盲传三代检测p27。据山东农业大学家禽肿瘤病实验室针对CEF和DF-1细胞的系列对比试验显示,禽白血病病毒在DF-1上复制能力显著强于CEF,而且鸡马立克氏病毒活疫苗、鸡新城疫病毒活疫苗、鸡痘病毒活疫苗、鸡传染性法氏囊病毒活疫苗等接种DF-1后出现细胞病变的时间要长于在CEF上,更重要的是DF-1细胞可以区分内源性ALV和外源性ALV,为此在兽药典规定的基础上增加DF-1细胞的检测非常有必要。此外,他们还进一步证实除了对细胞上清测定ALV-p27抗原外增加IFA这一辅助检测手段有助于提高检测的灵敏度。

2.接种SPF鸡检查法

将待检测疫苗在其使用日龄接种SPF鸡一定时间后(目前兽药典规定的是42天)分别以对ALV-A/B和ALV-J的ELISA抗体检测试剂盒检测血清抗体,据此判断待检测疫苗是否存在ALV污染，这是用于检测疫苗中是否存在禽白血病病毒污染的“金标准”。该方法的优点是结果可靠，稳定性强；缺点是周期长，成本高，需要一定实验条件，如隔离器及试验动物等，不适于一般的种鸡厂和基层企业。使用该方法检测弱毒疫苗中可能存的禽白血病病毒污染需要注意两个方面：一是避免免疫耐受性感染，慎用低日龄SPF鸡。由于随疫苗中污染的禽白血病病毒毒株不同及含量不同，随接种鸡的年龄不同其反应性也差异较大，接种太早如1日龄接种有可能诱发免疫耐受性，但在成年鸡接种有时又可能既不产生病毒血症又没有抗体反应。二是要确保试剂盒质量可靠，因为某些检测抗体的ELISA试剂盒存在一定比例的假阳性，如出现阳性需要通过IFA进行验证。三是因为不同鸡对禽白血病病毒感染发生反应的个体差异较大，所以每组接SPF鸡需要一定的数量，如10～12只。

3.核酸检查法

针对禽白血病病毒污染的核酸检查法尚无明确的规程，也未列入《中国兽药典》。常用的分子生物学检测技术如PCR/RT-PCR、荧光定量PCR/RT-PCR、核酸斑点分子杂交等，其优点是方法简单容易学，出结果较快，成本较低，特别是对于细胞培养检查法困难的疫苗样品可直接用于检测样品中的禽白血病病毒。因为禽白血病病毒在复制过程中可以cDNA形式整合于鸡染色体基因组中，因此对于样品核酸既可以提取RNA又可以提取DNA，但是相对来讲提取RNA更能代表游离状态的禽白血病病毒粒子，所以相对来说采用RT-PCR比PCR更有说服力。采用分子生物学方法用于疫苗中禽白血病病毒污染的检测必须充分考虑内源性禽白血病病毒基因成分的存在，由于内源性禽白血病病毒基因成分的干扰，利用PCR检测疫苗中禽白血病病毒可能有较高比例的假阳性和假阴性并且可重复性较差，因此单纯PCR结果可疑性大，阳性结果需做克隆测序验证或分子杂交验证。如某些种禽场对《中国兽药典》规定的细胞培养检查法理解不够，他们直接利用PCR测定疫苗中p27基因，结果从多种疫苗中检测到禽白血病病毒阳性，实际上均为内源性禽白血病病毒基因成分。山东农业大学家禽肿瘤病研究室等单位曾利用针对p27引物对不同来源的SPF鸡胚和疫苗进行检测，结果除新城疫疫苗PCR结果为阴性外其他均为阳性，但是通过病毒分离鉴定和ELISA测定p27抗原均为阴性，这说明这种方法容易造成大量的假阳性。而新城疫疫苗因为尿囊液经过离心后鸡染色体成分极少，内源性禽白血病病毒基因成分对检测造成的干扰较少。

对PCR扩增产物进行测序有助于鉴别内源性和外源性禽白血病病毒干扰，但是利用PCR检测还存在着另一种风险，因为疫苗中禽白血病病毒污染可能剂量较低，导致无法有效扩增或者扩增的PCR产物量较低，在核酸电泳中无法被

有效识别。例如，当在 1 000 羽份的疫苗中人为添加 10TCID50 以及更低剂量的禽白血病病毒污染时，通过 PCR 检测在电泳中无法出现相应条带。荧光定量 PCR(或 RT-PCR)尽管灵敏度较高，但仍旧面临内源性禽白血病病毒基因成分干扰的问题，如果在荧光定量 PCR(或 RT-PCR)中不是用简单的染料法，而是采用特异性探针法，也能显著提高特异性，但成本大大提高。另一个可选择的方法是，对 RT-PCR(或 PCR)产物再用外源性禽白血病病毒特异性核酸探针来做特异性验证。此前，山东农业大学崔治中教授等发明了利用 RT-PCR 扩增产物结合特异性核酸探针做分子杂交检测疫苗样品中有无禽白血病病毒核酸的方法，即首先用一对引物扩增样品 RNA，扩增产物不是应用电泳检测，而是利用地高辛标记的核酸探针对扩增产物进行检测，这不仅提高了检测的特异性，而且还能提高检出的灵敏度。这一方法通过直接提取核酸可以不受疫苗类型的影响，即有效避免了细胞培养检查法中疫苗毒株对细胞的损伤。此外，因为这一方法对技术和设备要求比较简单，适宜在养殖场等单位推广。利用上述检测方法对人工污染的弱毒疫苗开展了模拟试验：用无菌 PBS 稀释 ALV-J 株至 1TCID50/2 mL、10TCID50/2 mL、100TCID50/2 mL、1 000TCID50/2 mL，然后分别用上述已掺入 ALV 的 PBS 稀释 4 瓶同一批次的新城疫活疫苗(1 000羽份)，即获得了人工模拟污染 ALV 的 4 瓶 NDV 活疫苗 1TCID50/1 000羽份、10TCID50/1 000羽份、100TCID50/1 000羽份、1 000TCID50/1 000羽份，将上述 4 瓶已稀释好的疫苗利用病毒核酸提取试剂盒提取 RNA 后进行 RT-PCR 结合核酸斑点杂交检测。鸡马立克疫苗、鸡痘疫苗、鸡传染性法氏囊疫苗等按照上述操作进行检测。对污染不同剂量禽白血病病毒的疫苗提取 RNA 后进行 RT-PCR 结合核酸斑点杂交检测，结果显示当在每瓶疫苗中添加禽白血病病毒的剂量在 10TCID50/1 000羽份及以上时，结果均为阳性，但是当污染剂量为 1TCID50/1 000羽份时检测为阴性；鸡马立克疫苗、新城疫疫苗、鸡痘疫苗、鸡传染性法氏囊疫苗四种疫苗的检测结果均为如此，不同的是对人为污染的鸡痘疫苗检测时同等污染剂量情况下显色均不如其他疫苗明显，但不影响结果的判定。

以上 3 种方法各有其优缺点，根据种禽场技术水平和设备水平选择适合自己的检测方法，更要注重多种方式联合应用，因为任何一种单一方法可靠性都不是绝对的 100%，从净化的严谨性考虑要确保使用弱毒疫苗不能有任何外源病毒污染的风险。为了对疫苗外源病毒污染的有效预警，建议对疫苗使用前后的血清样品要同时检测其针对禽白血病病毒的抗体以评估污染发生可能性，但是从严格意义上即使抗体上升也无法作为疫苗污染的直接证据，因此种禽场对于使用疫苗要有样品备份制度，至少保存到使用该批疫苗鸡群确定无问题时，以做到出现问题时有据可查。

## 三、消毒方案设计与应用

### （一）消毒方案

在执行种禽场常规消毒制度的前提下，按照场区布局设立三级防疫管理区，对每一级防疫管理区设立先进的消毒设施和严格的消毒制度，对人流、物流、车流进行严格消毒。

一级防疫区是场区大门口到办公区之间的区域；二级防疫区是办公区到生产区之间的区域；三级防疫区是生产区到种禽舍之间的区域。针对不同的防疫区域，建立了车辆、物品、人员的消毒制度，并严格执行。

### （二）应用方案

1.对车辆的消毒

进入一级防疫区的车辆在场大门口消毒，车辆经过消毒池时，消毒液液面应高于轮胎半径，并由专人对车身进行喷雾消毒，消毒完成后记录车辆及消毒信息；二级防疫区卡扣设有红外线感应自动喷雾消毒系统，对车辆的上、下、左、右进行喷雾消毒；外来车辆严禁进入三级防疫区。



2.对人员的消毒

外来人员进入一级防疫区要经过第一次换鞋、第一次气雾消毒；进入二级防疫区要经过第二次换鞋、第二次气雾消毒、第一次洗澡更衣，随身携带物品放入紫外线消毒柜消毒；进入三级防疫区要经过第三次换鞋、第三次气雾消毒、第二次洗澡更衣，并做消毒记录。

3.对物品的消毒

外来物品用高锰酸钾＋福尔马林熏蒸消毒后进场，小物品（手机、食品等）要经过紫外线消毒后才能进入二级防疫区。

## 四、动物移动控制研究应用方案

种禽场的家禽移动也就是转群，一般要进行两次：一次是从孵化场转到育雏育成舍；另一次是从育雏育成舍转到产蛋舍。转群过程中要做好控制传染源和切断传播途径两个方面，具体应用方案：①转群前 2 天，转群车和转群设备进行严格清洗、喷雾消毒、熏蒸消毒后备用；②孵化厅按 1 日龄禽白血病检测程序检测，淘汰阳性鸡；育雏育成舍向产蛋舍转群前进行种禽的外型选择和病原检测，淘汰阳性鸡；③参与转群人员在转群前 3 天不接触其他鸡群，同时提前 2 天到达种禽场生活区进行隔离；④每笼种禽在转群的过程中都经过独立操作，每转完一笼，操作人员需进行洗手消毒；⑤转群时，采用隔离良好的转群车，每运完一车都要进行彻底消毒。

## 五、科学饲养研究应用方案

虽然禽白血病的水平传播相对较弱，但是，控制孵化环节和生产环节两个阶段的水平传播也是禽白血病净化的重要组成部分，特别是孵化出雏和2周龄以内的高风险期。

### (一)孵化环节的控制

孵化厅是造成禽白血病水平传播的重要场所，雏鸡出壳后相互接触、相互啄食是造成此阶段传播的主要因素，因此对孵化环节的控制需从细节入手，做好不同品系、不同家系间的隔离，阻断一切可能造成水平传播的途径。

(1)种蛋来源　种蛋是疫病垂直传播的途径，因此，必须保证种蛋来源于禽白血病原检测阴性鸡群。

(2)种蛋运输　种蛋运输要做到专人、专车运输。

(3)种蛋管理　种蛋库在进种蛋前，先进行0.2%戊二醛溶液喷雾，再进行一次严格的熏蒸消毒。进入育种蛋库人员必须经过彻底洗澡并更换熏蒸后的防疫服方可进入；孵化盘经0.2%戊二醛溶液消毒液浸泡消毒，并用高锰酸钾＋福尔马林熏蒸30 min后才可使用；孵化车应彻底冲洗干净，并用0.2%戊二醛溶液喷雾和高锰酸钾＋福尔马林熏蒸。除专门规定人员外，其他任何人员严禁进入指定的育种种蛋库。种蛋库隔天用高锰酸钾＋福尔马林熏蒸40 min。每天用1%次氯酸钠消毒液擦拭地面，并用0.03%浓戊二醛喷雾消毒一次。所有规定人员在进入种蛋库时必须踩踏消毒盆，用消毒药液洗手消毒，药液为0.2%戊二醛溶液。设专人按照品系、加系单独挑选、码放种蛋，并记录。

(4)种蛋入孵　设专人按品系、家系装车并记录，采取种蛋不预温、提前3 h入孵的方式，避免种蛋在孵化厅内可能受到的污染。在种蛋入孵前将孵化机彻底冲洗干净，用0.02%浓戊二醛喷洒消毒，并用高锰酸钾＋福尔马林熏蒸消毒；每天使用专用消毒泵对孵化厅使用0.03%浓戊二醛喷雾消毒一次，地面每天1%次氯酸钠擦试一次。种蛋入孵按照家系入孵，做好详细标记。

(5)验蛋落盘　确定出雏厅、出雏器干净无菌，对出雏厅、出雏器、验蛋落盘所使用的用具先用0.02%浓戊二醛喷洒消毒，再用高锰酸钾＋福尔马林熏蒸。设计专用出雏袋纸，按照母鸡家系进行装袋落盘。

(6)出雏　出雏前，将出雏场地及各种用具全部用0.02%浓戊二醛喷洒消毒一次，并按每立方米加入28 mL甲醛和14 g高锰酸钾熏蒸消毒1 h以上。出雏过程中，所有环节必须保证每处理完一个母鸡家系，进行洗手消毒一次。

(二)生产环节的控制

在生产过程中严格控制传染源、切断传播途径是控制水平传播的两个重要方面。

1.传染源的控制

原种场以自繁自养为主,尽量不从外面引入种蛋和种鸡,确因育种需要而引入育种素材时,必须在隔离饲养场饲养2个月以上,隔离饲养期间逐只进行病原学检测,淘汰阳性鸡,确保证转入原种场的鸡群为病原体阴性鸡群。

2.传播途径的控制

(1)种禽舍内的控制　做到最大限度地隔离是控制水平传播行之有效的方法。禽白血病在鸡产蛋阶段的水平传播能力非常弱,所以,控制的重点在育雏阶段。在育雏阶段采取按家系上笼,小群饲养的方式,控制家系内部鸡只间以及家系与家系之间的传播。通过改造育雏笼具,每个笼饲养同一个家系的鸡,同时通过笼与笼之间设置间隙,并添加防护板,做到相邻笼之间“只闻其声、不其见面”,从而控制不同家系间的水平传播。通过雏鸡开食料槽的设计,解决了以往雏鸡开食使用垫纸或料盘造成采食同时将粪便排在垫纸或料盘上、导致水平传播的问题。



(2)种禽舍外的控制　鉴于已有野鸟携带禽白血病病毒的报道,为了防止禽白血病病毒通过野鸟传播至鸡群,更为防止禽流感病毒等烈性病原通过野鸟传播,种禽场应在鸡舍设立严密而有效的防鸟网或其他的防鸟措施,避免鸟类栖息和鸟粪等污染。更重要的是要定期检查这些防鸟网或其他防鸟措施的维护状况和保护效果。

鉴于越来越多的未知媒介被证实可以传播动物病毒,在传播途径不确定和不明确的情况下,种鸡场要保持严格的隔离措施。很多病毒如禽网状内皮组织增生症病毒和鸭坦布苏病毒等均被证实可以通过蚊子传播,所以在夏天和温、湿度较高的季节,鸡舍应设有预防蚊子等昆虫进入鸡舍的措施。此外,建立必要的防鼠设施和定期开展灭鼠工作对于维持种禽场的洁净状态十分必要,这需要对种鸡场内实施必要的地面硬化措施,包括铺设水泥地面或铺以一定厚度的碎石,做到整个厂区内无一棵杂草生长。

(3)人员的控制　三级防疫区是生产区到种禽舍之间的区域,只有工作人员才能进入三级防疫区。每个生产区都是相对独立的,生产区之间设有生物隔离带。进入生产区前,工作人员要洗澡更衣,进鸡舍前要换鞋、换帽、洗手。每栋鸡舍都是固定的人员及用具,严禁鸡舍之间的人员串岗和用具交叉使用。

## 六、疫病防疫研究应用方案

种禽场对禽白血病的防疫要特别做好以下几方面:

(1)在孵化到 18 天时,要把同一只母鸡的胚放在同只出雏袋里出雏,因为刚刚出壳的雏鸡最易感染 ALV。在孵化箱中或在出雏后的雌雄鉴别、采集胎粪、断喙、疫苗接种期间,如果密集地集中在一起,很容易造成横向传播。为了避免出壳后的这种横向感染,必须让每只母鸡的后代都集中在一个出雏袋(如果同胞太多,可分 2 个袋)中出壳,在出壳后的雌雄鉴别、断喙、疫苗接种期间每个纸袋间要相互隔离。

(2)每处理完一只母鸡的后代雏鸡后,要更换手套或用消毒水洗手,从而避免抓鸡、特别是翻肛时手指被带病雏鸡污染,然后通过接触横向感染其他雏鸡。

(3)雏鸡出壳后注射疫苗时,注射完一个母鸡家系的雏鸡后要更换针头。

(4)关注免疫应用的疫苗。为了预防由于疫苗污染带来的 ALV 感染,主要是关注弱毒疫苗,其中最主要关注的是用鸡胚或鸡胚来源的细胞作为原材料生产的疫苗。在疫苗的种类上,应高度关注雏鸡阶段特别是 1 日龄通过注射法(包括皮肤划刺)使用的疫苗,这是因为 ALV 感染对年龄和感染途径有很强的依赖性,年龄越小越易感,注射感染比其他途径易感。因此,为了防止使用被 ALV 污染的疫苗,首先要特别关注的是用液氮保存的细胞结合型马立克氏病疫苗。这是因为,该疫苗是在出壳后在孵化厅立即注射的,而且如果发生污染,也容易污染较大的有效感染量(包括细胞内和细胞外)。其次是通过皮肤划刺接种的禽痘疫苗。当然,其他弱毒疫苗也要关注。但前面提到的两种疫苗,外源性 ALV 污染带来的危害最大。



## 七、疫病监测研究应用方案

根据种禽场的不同代次制定不同的监测方案:

### (一)达到示范场标准的曾祖代场

(1)胎粪检测　将快羽系以 30%抽样检测,慢羽系以 50%抽样检测。

(2)开产后和留种前蛋清检测　将快羽系以 5%抽样检测,慢羽系以 10%抽样检测。

(3)公鸡检测　需要维持普检。对病毒分离中出现可疑的鸡,要进一步采集血浆样品分离病毒确认是否是阳性。主要方法是:对相应可疑阳性个体鸡在 1 个月内连续做 2 次血浆病毒分离,且需接种 60 mm 平皿或细胞瓶,培养 6 天后,消化细胞再用该细胞传 2 代,然后再检测 p27。如为阴性,那就是阴性,如为阳性,需用 IFA 或基因扩增测序确证,并确定亚群。

(4)继续坚持对所有弱毒疫苗的外源性 ALV 和 REV 的严格检测,按原方案实施。

### (二)祖代和父母代种禽场

(1)引种前监测　确保引进的种禽无外源性 ALV 的感染。

(2)供种前监测　虽然在引种前对上游种禽场做了相应的监测,但也不能保证鸡群在饲养过程中永远没有问题。一是对上游种鸡群的检测都只是抽检,不能排除漏检的可能性;二是由于鸡场本身的原因,鸡群也会被感染,如使用了被外源性ALV污染的疫苗,或同场引进了不同来源的鸡等。对引进的种群在饲养过程中进行定期检测,随时了解该批鸡ALV的感染状态,不仅对该群鸡本身很重要,更重要的是可保证其下一代在ALV感染方面的洁净度。一方面,这可为下游客户提供他们需要的种鸡群的检测报告。另一方面,一旦发现呈现ALV感染阳性,可及时采取措施,必要时甚至淘汰该群鸡或转为商品代蛋鸡。

为了掌握种鸡群是否有外源性ALV感染,通常可在种鸡群开产后,在将要对收集的种蛋孵化时,采集200份左右血清样品,用商品化的ELISA试剂盒分别检测ALV-A/B及ALV-J抗体。同时,采集种蛋,用商品化的ALV-p27抗原检测试剂盒检测蛋清中的p27抗原。

(3)定期监测　此后每隔3个月要进行抽检,随机采集1%的血清样品及种蛋,检测ALV-A/B或ALV-J抗体及种蛋蛋清的p27抗原。



监测标准:血清抗体阳性率或蛋清p27抗原阳性率不超过1%,否则应请专业实验室对一定数量血液样品(如100～200份)做进一步病毒分离,以确定相关的抗体阳性或p27抗原阳性鸡群是否真有外源性ALV感染,再决定相应对策。

### 八、病死畜禽处理研究应用方案

收集每天的病死鸡只,用塑料袋密封后由专人负责,送到焚烧室进行无害化处理。

## 第五节　规模场禽白血病净化效益的计算

### 一、经济效益

搞好种禽场实施禽白血病净化,是蛋鸡产业健康发展的战略性要求,也是种禽企业维护自身信誉度、美誉度和市场占有率的需要,同时,也会为种禽企业带来自身效益。由于禽白血病具有免疫抑制作用,净化鸡群能够维持较好的常规疫苗免疫抗体,体现在生产上,在降低常规疫苗免疫次数、降低死亡率、提高产蛋数等方面,可以为种禽企业带来一定的经济效益。通过数据统计,原种鸡群净化后达到了很好的的健康水平,每只原种鸡净化后平均多产6枚合格种蛋,减少疫苗费用

0.5 元/只，以原种鸡存栏 2.5 万只计算，节省费用 100 万元左右；原种鸡群疫病净化后为后代创造较好的经济效益，净化后比净化前，每套父母代多生产商品代健母雏 5 只，从大午种禽公司饲养 80 万套父母代种鸡，多生产 400 万只商品代雏鸡，每只商品代雏鸡 4 元计算，每年多增收 1 600 万元。因此疫病净化也是为种禽企业自身创造了更好的经济效益。

## 二、社会效益

河北大午农牧集团种禽有限公司原种基地实现禽白血病净化后，2016—2018 年公司累计推广 1.5 亿只，一方面每只蛋鸡平均创造利润 20.3 元，总利润 30.45 亿元；另一方面少死淘 900 万只，按照每只蛋鸡 30 元计，则为社会节省成本 2.7 亿元，带动力上万农户致富，因此社会效益显著。

## 三、生态效益

河北大午农牧集团种禽有限公司原种基地实现禽白血病净化后，推广的商品代蛋鸡在产蛋期死淘率至少降低了 6%，2016—2018 年我公司累计推广 1.5 亿只，则养殖场（户）少无害化处理蛋鸡 900 万只，有利于保护生态环境，同时节省了大量社会资源，因此生态效益显著。

# 第六章　华裕农业科技有限公司祖代鸡场净化案例

华裕农业科技有限公司成立于 1982 年，是一家集蛋鸡养殖与孵化、饲料生产、蛋品加工、有机肥生产为一体的现代农业产业集团，总部位于河北省邯郸市，下辖河北华裕、江西华裕、重庆华裕、吉林华裕等多家（分）子公司，旗下员工 3 000 人，资产总额 26 亿元。华裕拥有 30 个养殖基地，年引进海兰系列祖代种鸡 10 万套，实行引繁推一体化作业，年生产雏鸡 2.5 亿只，已成为具有世界影响力的蛋种鸡领军企业。旗下位于邯郸市涉县的祖代种鸡场自 2015 年开展疫病净化工作，经过 4 年的持续净化于 2018 年被农业部授予“动物疫病净化创建场”。

该场的净化思路遵循三个阶段，即本底调查阶段、免疫控制（或监测净化）阶段和净化维持监测阶段。由于该场的引种方式为从国外引进无特定病原祖代蛋种鸡，因此在本底调查后，直接进入净化维持监测阶段。按照净化方案执行后，最终完成净化。

## 第一节　祖代种鸡场各项基本情况

### 一、概况

祖代种鸡场场址位于河北省邯郸市涉县龙虎乡南郭口村西，交通、通信方便，电力供应充足，有独立的深井水源，给排水方便。周围无工矿企业，无污染源。场区处于群山环抱之中，远离村庄等居民区，隔离防疫条件良好。场区占地 4.2 $hm^2$，产蛋场建有 5 栋鸡舍，配套隔离场建有 2 栋鸡舍。场区内以功能作分区，并有严格的生物安全净区与污区划分、净道与污道划分。

### 二、生产能力

该祖代种鸡场以生产父母代种蛋、提供父母代雏鸡为经营主体，采用独立财务核算方式，力求提高生产性能，提升经济效益，以获得优质的种蛋和雏鸡为最终目的。目前，从美国海兰公司引进祖代蛋种鸡生产状况良好，近几年育雏期成活率都在 99%以上。截止到 65 周龄，入舍鸡死淘率平均在 3.2%，入舍鸡产蛋数为 280 个，入舍鸡产种蛋数为 230 个，每套祖代种鸡产父母代雏鸡 92 套。

## 三、生物安全管理体系建设

生物安全管理作为疫病净化的重要组成部分，是净化成败的关键，该场依据自身情况，建立了一套较为科学、合理、健全的生物安全管理体系。生物安全体系包括场区布局、消毒、投入品控制、动物移动控制、科学饲养、疫病防疫、疫病监测、病死畜禽处理等几个方面，之后有详细的论述。

## 四、净化相关的制度建立及档案管理

净化相关工作制度包括岗位管理、绩效考核、卫生防疫、物资财产管理、车辆管理、奖惩、考勤、培训等制度。在此基础上，建立健全了各项档案、台账和记录，其中生产档案包括日产蛋、日死淘、日饲料消耗及温湿度等环境条件等记录；投入品使用档案包括饲料、兽药、兽用添加剂进库与出库记录、饲料加工记录、群防群治使用等记录；防疫档案包括消毒、免疫、监测、诊断等记录；无害化处理档案包括废弃物、尸体运输和处理等记录；培训档案包括培训计划、签到表、考核等记录。各项档案要求记载及时、记录完整。



## 五、人员组成

疫病净化工作小组 6 人，组长 1 人，组员 5 人，均为集团公司中高级管理人员。场区主要管理人员共 9 人；其中学历分布为硕士 3 人、本科 3 人、专科 3 人；最高职称为中级职称，共 5 人；具备执业兽医资格证书的 3 人；营养师 1 人。疫病净化工作小组和场区主要管理人员均具有丰富的临床经验，扎实的专业知识，具备开展净化工作的能力。

## 六、经济收入

该祖代种鸡场年产优质父母代雏鸡 260 万套，年平均售价为 7 元/套，销售收入为 1 820 万元；另外，产商品蛋 130 t，销售收入为 91 万元；副产品收入为 8 万元；淘汰鸡收入 71.28 万元，总收入为 1 951.28 万元。引进祖代种鸡成本为 1 050 万元，饲养成本为 780 万元，成本总计 1 830 万元，利润为 160.28 万元。

# 第二节　祖代种鸡场净化技术路线

该场的净化主思路遵循中国动物疫病预防控制中心提出的三阶段监测，即本底调查阶段、免疫控制（或监测净化）阶段和净化维持监测阶段。同时辅以生物安全管理、生产管理及各功能岗位管理等全方位立体管理手段，最终实现净化。

该场的引种方式是直接从国外无病原曾祖代鸡场引进，引种前严格审查对方公司提供的国外进口种禽的相关规定证明文件、系谱证、种禽合格证明、动物检疫合格证明等材料，确认情况属实并且符合该公司制定的《引种管理制度》后，引进种禽。

雏鸡通过海关时，由河北省检验检疫科学技术研究院对雏鸡进行 H5 亚型、H7 亚型禽流感、鸡白痢、鹦鹉热抗体检测。检测结果全部为阴性后将雏鸡放到隔离场进行饲养，在隔离场严格遵守国家规定，全场实行 42 天全封闭管理。观察合格后，转群至生产场。



鉴于该场实际情况，净化路线（图 6-1）仅以本底调查阶段和净化维持监测阶段为主。

## 一、监测病种及技术路线

### （一）禽白血病

（1）参照 GB/T 26436—2010 标准执行。

（2）检测方法　采用 ELISA 方法，测定鸡群禽白血病病毒 J 亚群抗体、禽白血病病毒 p27 抗原。

（3）技术路线　对不同年龄段的鸡群（1 天、80 天、刚开产时、换羽前、换羽后使用种蛋前），分别采集血清样品，抽检数量或比例分别为不少于 100 只鸡、不低于 0.5%，采用 ELISA 方法测定鸡群禽白血病病毒 J 亚群抗体，淘汰阳性鸡只。对阳性率不符合净化标准（不得超过 1%）的品系进行全群检测，淘汰阳性鸡只。

采集 1 日龄雏鸡泄殖腔棉拭子、80 日龄鸡只泄殖腔棉拭子、刚开产时及换羽前鸡蛋蛋清、换羽后用种蛋前的蛋清，抽检比例为不低于 1%，用 ELISA 方法检测禽白血病病毒 p27 抗原，淘汰阳性鸡只，对阳性率不符合净化标准的品系进行全群检测，淘汰阳性鸡只。

### （二）鸡白痢

（1）参照 NY/T 536—2002 标准执行。

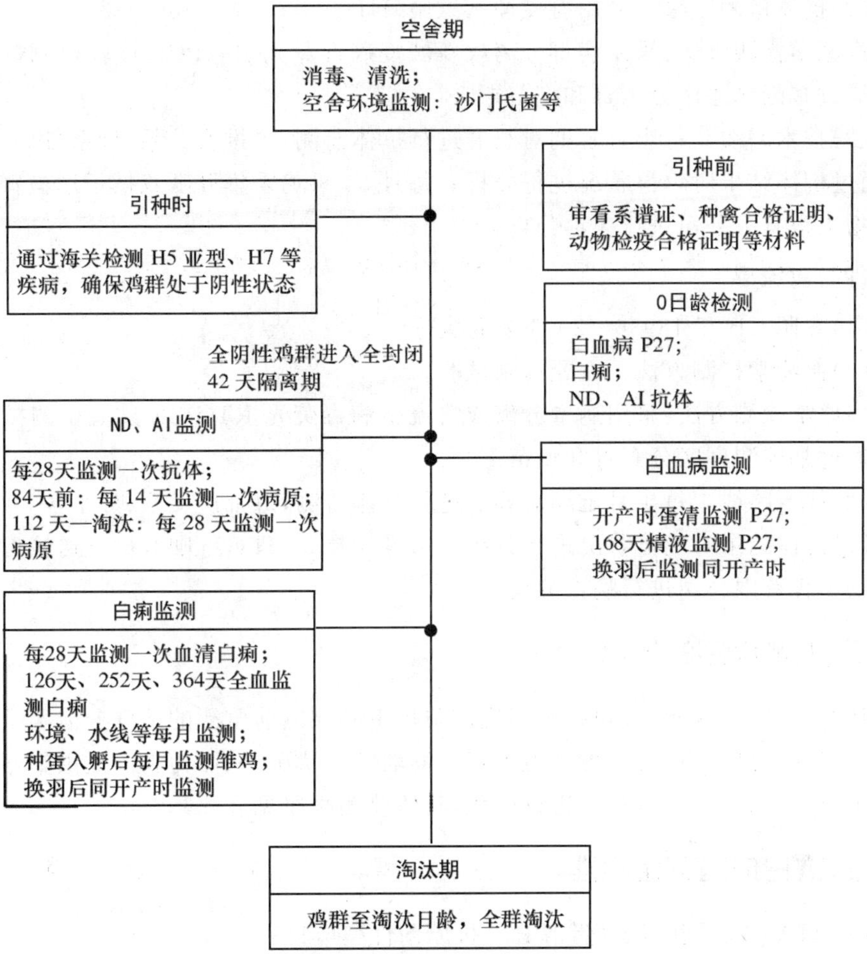


**图 6-1　净化技术路线框架图**

(2)血清学检测方法　用平板凝集法检测鸡白痢沙门氏菌抗体。

(3)技术路线　抽检数量不低于 100 份，采集 1 日龄鸡只血清样品；80 日龄、刚开产时、换羽前、换羽后母鸡按不低于 10% 的比例采集血清样本检测，公鸡全检。采用平板凝集方法，测定鸡群鸡白痢抗体，淘汰阳性鸡只。如阳性率超过 0.1%，则需对该品系进行全群检测，淘汰阳性鸡只。

**(三)新城疫**

(1)参照 GB/T 16550—2008 执行。

（2）抗体检测方法　采用血凝抑制试验（HI）。

病原学检测方法：采用病毒分离或新城疫病毒荧光 RT-PCR 试验检测拭子样品。通过基因测序区分野毒和疫苗毒。

（3）技术路线　每半月定期对鸡群进行抗体监测，每批次父系、母系各 30 个样本，通过抗体结果对鸡群状况进行分析。每月 30 只鸡采集肛咽双拭子送检青岛易邦生物工程有限公司进行病毒分离。

**（四）禽流感**

（1）参照 GB/T 18936—2003 标准执行。

（2）血清学检测方法　血凝抑制试验。

病原学检测方法：采用病毒分离或禽流感病毒荧光 RT-PCR 试验检测拭子样品。通过基因测序区分野毒和疫苗毒。

（3）技术路线　每半月定期对鸡群进行抗体监测，每批次父系、母系各 30 个样本，通过抗体结果对鸡群状况进行分析。每月采集 30 只鸡肛咽双拭子送检青岛易邦生物工程有限公司进行病毒分离。



## 二、监测程序的优化

从 2017 年 5 月起，公司技术部疫病防控中心在以前监测的基础上借鉴了美国海兰公司的监测方案，旨在更好地了解鸡群的健康状况，从而为鸡群提供更好的防控措施，对公司疫病检测程序进行优化，具体监测程序见表 6-1。

## 三、禽白血病判定标准

（1）ALV-Ag　肛拭子、蛋清 P27 抗原阳性率≤1%。

（2）ALV-Ag　精液 P27 抗原阳性率为 0，如果有阳性鸡只，则需要对公鸡采集精液和血液进行病毒分离。

注：如果肛拭子检测结果超标，则要对上一代次蛋清（460 份）进行 P27 抗原检测，如果蛋清检测样本超标，阳性样本送检到山东农业大学进行检测做最终判定。

## 四、本监测方案适用范围和执行时间

（1）本检测方案适用于华裕农业科技有限公司。

（2）本监测程序自 2017 年 5 月 1 日开始执行。

**表 6-1　检测程序表**

| 年龄 | | 疫病项目 | 样本种类 | 样本数量 | 监测方法 | 备注 |
|---|---|---|---|---|---|---|
| 日龄 | 周龄 | | | | | |
| 1 | | AI（H9，H5N1Re-10，H7，H5N1Re-8）/ND | 血清 | 30 | HI | 技术部化验室监测 |
| 1 | | ALV | 肛拭子 | 184 | ELISA P27 | 技术部化验室监测<br>注：<br>1. 祖代 A、B、C、D 4 个系各 46 个样本<br>2. 父母代公、母各 92 个样本 |
| 1 | | MG/MS | 咽拭子 | 30 | PCR | 技术部化验室监测或送检扬州大学 |
| 1 | | CAV | 血清 | 30 | ELISA | 技术部化验室监测<br>注：只监测祖代 |
| 1 | | IB | 血清 | 30 | ELISA | 技术部化验室监测 |
| 1 | | IBD | 血清 | 30 | ELISA | 技术部化验室监测 |
| 1 | | MG/MS | 血清 | 30 | ELISA | 技术部化验室监测 |
| | | | 血清 | 30 | RPA | 技术部化验室监测 |
| 1 | | PULL（鸡白痢沙门氏菌） | 弱雏肝脏、胆囊、回盲口 | 30 | 细菌分离培养、鉴定 | 技术部化验室监测 |
| | | | 终止胚肝脏、胆囊、回盲口 | 30 | 细菌分离培养、鉴定 | 技术部化验室监测 |
| 1 | | REO/REV | 血清 | 30 | ELISA | 技术部化验室监测 |

续表 6-1

| 年龄 | | 疫病项目 | 样本种类 | 样本数量 | 监测方法 | 备注 |
|---|---|---|---|---|---|---|
| 日龄 | 周龄 | | | | | |
| 28 | 4 | AI (H9,H5N1Re-10,H7,H5N1Re-8)/ND | 血清 | 30 | HI | 场区化验室监测(没有建立化验室的场区由技术部化验室安排监测) |
| 28 | 4 | AI/ND/IB | 肛/咽拭子 | 30 | 病毒分离 | 送检哈兽研监测(技术部化验室安排) |
| 28 | 4 | IB | 血清 | 30 | ELISA | 技术部化验室监测 |
| 28 | 4 | IBD | 血清 | 30 | ELISA | 技术部化验室监测 |
| 28 | 4 | PULL | 血清 | 30 | RPA | 场区化验室监测(没有建立化验室的场区由技术部化验室安排监测) |
| 28 | 4 | 沙门氏菌 | 鸡舍环境拭子(风机、粪带、地面、料槽料) | 10 | 细菌分离培养、鉴定 | 场区化验室监测(没有建立化验室的场区由技术部化验室安排监测) |
| 56 | 8 | AI (H9,H5N1Re-10,H7,H5N1Re-8)/ND | 血清 | 30 | HI | 场区化验室监测(没有建立化验室的场区由技术部化验室安排监测) |
| 56 | 8 | AI/ND | 肛/咽拭子 | 30 | 病毒分离 | 送检易邦监测(技术部化验室安排) |
| 56 | 8 | IB | 血清 | 30 | ELISA | 技术部化验室监测 |
| 56 | 8 | IBD | 血清 | 30 | ELISA | 技术部化验室监测 |
| 56 | 8 | PULL | 血清 | 30 | RPA | 场区化验室监测(没有建立化验室的场区由技术部化验室安排监测) |

续表 6-1

| 年龄 | | 疫病项目 | 样本种类 | 样本数量 | 监测方法 | 备注 |
|---|---|---|---|---|---|---|
| 日龄 | 周龄 | | | | | |
| 56 | 8 | 沙门氏菌 | 鸡舍环境拭子 | 10 | 细菌分离培养、鉴定 | 场区化验室监测(没有建立化验室的场区由技术部化验室安排监测) |
| 84 | 12 | AI (H9,H5N1Re-10,H7,H5N1Re-8)/ND | 血清 | 30 | HI | 场区化验室监测(没有建立化验室的场区由技术部化验室安排监测) |
| 84 | 12 | AI/ND | 肛/咽拭子 | 30 | 病毒分离 | 送检易邦监测(技术部化验室安排) |
| 84 | 12 | CAV | 血清 | 30 | ELISA | 技术部化验室监测<br>注:只监测祖代 |
| 84 | 12 | IB | 血清 | 30 | ELISA | 技术部化验室监测 |
| 84 | 12 | IBD | 血清 | 30 | ELISA | 技术部化验室监测 |
| 84 | 12 | PULL | 血清 | 30 | RPA | 场区化验室监测(没有建立化验室的场区由技术部化验室安排监测) |
| 84 | 12 | REO/REV | 血清 | 30 | ELISA | 技术部化验室监测 |
| 84 | 12 | 沙门氏菌 | 鸡舍环境拭子 | 10 | 细菌分离培养、鉴定 | 场区化验室监测(没有建立化验室的场区由技术部化验室安排监测) |
| 112 | 16 | AI (H9,H5N1Re-10,H7,H5N1Re-8)/ND | 血清 | 30 | HI | 场区化验室监测(没有建立化验室的场区由技术部化验室安排监测) |
| 112 | 16 | AI/ND | 肛/咽拭子 | 30 | 病毒分离 | 送检易邦监测(技术部化验室安排) |
| 112 | 16 | CAV | 血清 | 30 | ELISA | 技术部化验室监测<br>注:只监测祖代 |

续表 6-1

| 年龄 | | 疫病项目 | 样本种类 | 样本数量 | 监测方法 | 备注 |
|---|---|---|---|---|---|---|
| 日龄 | 周龄 | | | | | |
| 112 | 16 | PULL | 血清 | 30 | RPA | 场区化验室监测(没有建立化验室的场区由技术部化验室安排监测) |
| 112 | 16 | 沙门氏菌 | 鸡舍环境拭子 | 10 | 细菌分离培养、鉴定 | 场区化验室监测(没有建立化验室的场区由技术部化验室安排监测) |
| 刚开产时 | | ALV | 蛋清 | 184 | ELISA P27 | 技术部化验室监测(前 3 个种蛋中的一个)<br>注:<br>1. 祖代 B 系:184;D 系 184<br>2. 父母代 184 |
| 126 | 18 | PULL | 全血 | 普通笼养、本交笼养父母代 5%的母鸡和所有公鸡;祖代全检 | RPA | 场区现场监测 |
| 140 | 20 | AI (H9,H5N1Re-10,H7,H5N1Re-8)/ND | 血清 | 30 | HI | 场区化验室监测(没有建立化验室的场区由技术部化验室安排监测) |
| 140 | 20 | AI/ND | 肛/咽拭子 | 30 | 病毒分离 | 送检易邦监测(技术部化验室安排) |
| 140 | 20 | PULL | 血清 | 30 | RPA | 场区化验室监测(没有建立化验室的场区由技术部化验室安排监测) |
| 140 | 20 | 沙门氏菌 | 鸡舍环境拭子 | 10 | 细菌分离培养、鉴定 | 场区化验室监测(没有建立化验室的场区由技术部化验室安排监测) |

续表 6-1

| 年龄 | | 疫病项目 | 样本种类 | 样本数量 | 监测方法 | 备注 |
|---|---|---|---|---|---|---|
| 日龄 | 周龄 | | | | | |
| 168 | 24 | AI (H9,H5N1Re-10,H7,H5N1Re-8)/ND | 血清 | 30 | HI | 场区化验室监测(没有建立化验室的场区由技术部化验室安排监测) |
| 168 | 24 | AI/ND | 肛/咽拭子 | 30 | 病毒分离 | 送检易邦监测(技术部化验室安排) |
| 168 | 24 | ALV | 精液 | 368 | ELISA P27 | 技术部化验室安排监测或送检<br>A 系:184<br>C 系:184<br>注:只监测祖代 |
| 168 | 24 | IB | 血清 | 30 | ELISA | 技术部化验室监测 |
| 168 | 24 | PULL | 血清 | 30 | RPA | 场区化验室监测(没有建立化验室的场区由技术部化验室安排监测) |
| 168 | 24 | REO/REV | 血清 | 30 | ELISA | 技术部化验室监测 |
| 168 | 24 | 沙门氏菌 | 鸡舍环境拭子 | 10 | 细菌分离培养、鉴定 | 场区化验室监测(没有建立化验室的场区由技术部化验室安排监测) |
| 196 | 28 | AI (H9,H5N1Re-10,H7,H5N1Re-8)/ND | 血清 | 30 | HI | 场区化验室监测(没有建立化验室的场区由技术部化验室安排监测) |
| 196 | 28 | AI/ND | 肛/咽拭子 | 30 | 病毒分离 | 送检易邦监测(技术部化验室安排) |
| 196 | 28 | PULL | 血清 | 30 | RPA | 场区化验室监测(没有建立化验室的场区由技术部化验室安排监测) |
| 196 | 28 | 沙门氏菌 | 鸡舍环境拭子 | 10 | 细菌分离培养、鉴定 | 场区化验室监测(没有建立化验室的场区由技术部化验室安排监测) |

续表 6-1

| 年龄 | | 疫病项目 | 样本种类 | 样本数量 | 监测方法 | 备注 |
|---|---|---|---|---|---|---|
| 日龄 | 周龄 | | | | | |
| 224 | 32 | AI (H9,H5N1Re-10,H7,H5N1Re-8)/ND | 血清 | 30 | HI | 场区化验室监测(没有建立化验室的场区由技术部化验室安排监测) |
| 224 | 32 | AI/ND | 肛/咽拭子 | 30 | 病毒分离 | 送检易邦监测(技术部化验室安排) |
| 224 | 32 | IBD | 血清 | 30 | ELISA | 技术部化验室监测 |
| 224 | 32 | PULL | 血清 | 30 | RPA | 场区化验室监测(没有建立化验室的场区由技术部化验室安排监测) |
| 224 | 32 | 沙门氏菌 | 鸡舍环境拭子 | 10 | 细菌分离培养、鉴定 | 场区化验室监测(没有建立化验室的场区由技术部化验室安排监测) |
| 252 | 36 | AI (H9,H5N1Re-10,H7,H5N1Re-8)/ND | 血清 | 30 | HI | 场区化验室监测(没有建立化验室的场区由技术部化验室安排监测) |
| 252 | 36 | AI/ND | 肛/咽拭子 | 30 | 病毒分离 | 送检易邦监测(技术部化验室安排) |
| 252 | 36 | IB | 血清 | 30 | ELISA | 技术部化验室监测 |
| 252 | 36 | PULL | 血清 | 30 | RPA | 场区化验室监测(没有建立化验室的场区由技术部化验室安排监测) |
| 252 | 36 | REO/REV | 血清 | 30 | ELISA | 技术部化验室监测 |
| 252 | 36 | 沙门氏菌 | 鸡舍环境拭子 | 10 | 细菌分离培养、鉴定 | 场区化验室监测(没有建立化验室的场区由技术部化验室安排监测) |
| 252 | 36 | PULL | 全血 | 普通笼养父母代5%的母鸡和所有 | RPA | 场区现场监测 |

续表 6-1

| 年龄 | | 疫病项目 | 样本种类 | 样本数量 | 监测方法 | 备注 |
|---|---|---|---|---|---|---|
| 日龄 | 周龄 | | | | | |
| | | | | 公鸡;祖代10%和所有公鸡 | | |
| 280 | 40 | AI (H9,H5N1Re-10,H7,H5N1Re-8)/ND | 血清 | 30 | HI | 场区化验室监测(没有建立化验室的场区由技术部化验室安排监测) |
| 280 | 40 | AI/ND | 肛/咽拭子 | 30 | 病毒分离 | 送检易邦监测(技术部化验室安排) |
| 280 | 40 | PULL | 血清 | 30 | RPA | 场区化验室监测(没有建立化验室的场区由技术部化验室安排监测) |
| 280 | 40 | 沙门氏菌 | 鸡舍环境拭子 | 10 | 细菌分离培养、鉴定 | 场区化验室监测(没有建立化验室的场区由技术部化验室安排监测) |
| 308 | 44 | AI (H9,H5N1Re-10,H7,H5N1Re-8)/ND | 血清 | 30 | HI | 场区化验室监测(没有建立化验室的场区由技术部化验室安排监测) |
| 308 | 44 | AI/ND | 肛/咽拭子 | 30 | 病毒分离 | 送检易邦监测(技术部化验室安排) |
| 308 | 44 | PULL | 血清 | 30 | RPA | 场区化验室监测(没有建立化验室的场区由技术部化验室安排监测) |
| 308 | 44 | 沙门氏菌 | 鸡舍环境拭子 | 10 | 细菌分离培养、鉴定 | 场区化验室监测(没有建立化验室的场区由技术部化验室安排监测) |
| 308 | 44 | PULL | 全血 | 本交笼养父母代5%的母鸡和所有公鸡 | RPA | 场区现场监测 |

续表 6-1

| 年龄 | | 疫病项目 | 样本种类 | 样本数量 | 监测方法 | 备注 |
|---|---|---|---|---|---|---|
| 日龄 | 周龄 | | | | | |
| 336 | 48 | AI (H9,H5N1Re-10, H7,H5N1Re-8)/ND | 血清 | 30 | HI | 场区化验室监测(没有建立化验室的场区由技术部化验室安排监测) |
| 336 | 48 | AI/ND | 肛/咽拭子 | 30 | 病毒分离 | 送检易邦监测(技术部化验室安排) |
| 336 | 48 | IB | 血清 | 30 | ELISA | 技术部化验室监测 |
| 336 | 48 | PULL | 血清 | 30 | RPA | 场区化验室监测(没有建立化验室的场区由技术部化验室安排监测) |
| 336 | 48 | REO/REV | 血清 | 30 | ELISA | 技术部化验室监测 |
| 336 | 48 | 沙门氏菌 | 鸡舍环境拭子 | 10 | 细菌分离培养、鉴定 | 场区化验室监测(没有建立化验室的场区由技术部化验室安排监测) |
| 364 | 52 | AI (H9,H5N1Re-10, H7,H5N1Re-8)/ND | 血清 | 30 | HI | 场区化验室监测(没有建立化验室的场区由技术部化验室安排监测) |
| 364 | 52 | AI/ND | 肛/咽拭子 | 30 | 病毒分离 | 送检易邦监测(技术部化验室安排) |
| 364 | 52 | IBD | 血清 | 30 | ELISA | 技术部化验室监测 |
| 364 | 52 | PULL | 血清 | 30 | RPA | 场区化验室监测(没有建立化验室的场区由技术部化验室安排监测) |
| 364 | 52 | 沙门氏菌 | 鸡舍环境拭子 | 10 | 细菌分离培养、鉴定 | 场区化验室监测(没有建立化验室的场区由技术部化验室安排监测) |
| 364 | 52 | PULL | 全血 | 普通笼养父母代 5%的母鸡和所有 | RPA | 场区现场监测 |

续表 6-1

| 年龄 | | 疫病项目 | 样本种类 | 样本数量 | 监测方法 | 备注 |
|---|---|---|---|---|---|---|
| 日龄 | 周龄 | | | | | |
| | | | | 公鸡;祖代10%和所有公鸡 | | |
| 392 | 56 | AI (H9,H5N1Re-10,H7,H5N1Re-8)/ND | 血清 | 30 | HI | 场区化验室监测(没有建立化验室的场区由技术部化验室安排监测) |
| 392 | 56 | AI/ND | 肛/咽拭子 | 30 | 病毒分离 | 送检易邦监测(技术部化验室安排) |
| 392 | 56 | PULL | 血清 | 30 | RPA | 场区化验室监测(没有建立化验室的场区由技术部化验室安排监测) |
| 392 | 56 | 沙门氏菌 | 鸡舍环境拭子 | 10 | 细菌分离培养、鉴定 | 场区化验室监测(没有建立化验室的场区由技术部化验室安排监测) |
| 420 | 60 | AI (H9,H5N1Re-10,H7,H5N1Re-8)/ND | 血清 | 30 | HI | 场区化验室监测(没有建立化验室的场区由技术部化验室安排监测) |
| 420 | 60 | AI/ND | 肛/咽拭子 | 30 | 病毒分离 | 送检易邦监测(技术部化验室安排) |
| 420 | 60 | IB | 血清 | 30 | ELISA | 技术部化验室监测 |
| 420 | 60 | PULL | 血清 | 30 | RPA | 场区化验室监测(没有建立化验室的场区由技术部化验室安排监测) |
| 420 | 60 | REO/REV | 血清 | 30 | ELISA | 技术部化验室监测 |
| 420 | 60 | 沙门氏菌 | 鸡舍环境拭子 | 10 | 细菌分离培养、鉴定 | 场区化验室监测(没有建立化验室的场区由技术部化验室安排监测) |

续表 6-1

| 年龄 | | 疫病项目 | 样本种类 | 样本数量 | 监测方法 | 备注 |
|---|---|---|---|---|---|---|
| 日龄 | 周龄 | | | | | |
| 448 | 64 | AI (H9,H5N1Re-10,H7,H5N1Re-8)/ND | 血清 | 30 | HI | 场区化验室监测(没有建立化验室的场区由技术部化验室安排监测) |
| 448 | 64 | AI/ND | 肛/咽拭子 | 30 | 病毒分离 | 送检易邦监测(技术部化验室安排) |
| 448 | 64 | PULL | 血清 | 30 | RPA | 场区化验室监测(没有建立化验室的场区由技术部化验室安排监测) |
| 448 | 64 | 沙门氏菌 | 鸡舍环境拭子 | 10 | 细菌分离培养、鉴定 | 场区化验室监测(没有建立化验室的场区由技术部化验室安排监测) |
| 476 | 68 | AI (H9,H5N1Re-10,H7,H5N1Re-8)/ND | 血清 | 30 | HI | 场区化验室监测(没有建立化验室的场区由技术部化验室安排监测) |
| 476 | 68 | AI/ND | 肛/咽拭子 | 30 | 病毒分离 | 送检易邦监测(技术部化验室安排) |
| 476 | 68 | PULL | 血清 | 30 | RPA | 场区化验室监测(没有建立化验室的场区由技术部化验室安排监测) |
| 476 | 68 | 沙门氏菌 | 鸡舍环境拭子 | 10 | 细菌分离培养、鉴定 | 场区化验室监测(没有建立化验室的场区由技术部化验室安排监测) |
| 504 | 72 | AI (H9,H5N1Re-10,H7,H5N1Re-8)/ND | 血清 | 30 | HI | 场区化验室监测(没有建立化验室的场区由技术部化验室安排监测) |
| 504 | 72 | AI/ND | 肛/咽拭子 | 30 | 病毒分离 | 送检易邦监测(技术部化验室安排) |
| 504 | 72 | IB | 血清 | 30 | ELISA | 技术部化验室监测 |
| 504 | 72 | IBD | 血清 | 30 | ELISA | 技术部化验室监测 |

续表 6-1

| 年龄 | | 疫病项目 | 样本种类 | 样本数量 | 监测方法 | 备注 |
| --- | --- | --- | --- | --- | --- | --- |
| 日龄 | 周龄 | | | | | |
| 504 | 72 | PULL | 血清 | 30 | RPA | 场区化验室监测(没有建立化验室的场区由技术部化验室安排监测) |
| 504 | 72 | REO/REV | 血清 | 30 | ELISA | 技术部化验室监测 |
| 504 | 72 | 沙门氏菌 | 鸡舍环境拭子 | 10 | 细菌分离培养、鉴定 | 场区化验室监测(没有建立化验室的场区由技术部化验室安排监测) |
| 532 | 76 | AI (H9,H5N1Re-10,H7,H5N1Re-8)/ND | 血清 | 30 | HI | 场区化验室监测(没有建立化验室的场区由技术部化验室安排监测) |
| 532 | 76 | AI/ND | 肛/咽拭子 | 30 | 病毒分离 | 送检易邦监测(技术部化验室安排) |
| 532 | 76 | PULL | 血清 | 30 | RPA | 场区化验室监测(没有建立化验室的场区由技术部化验室安排监测) |
| 532 | 76 | 沙门氏菌 | 鸡舍环境拭子 | 10 | 细菌分离培养、鉴定 | 场区化验室监测(没有建立化验室的场区由技术部化验室安排监测) |
| 560 | 80 | AI (H9,H5N1Re-10,H7,H5N1Re-8)/ND | 血清 | 30 | HI | 场区化验室监测(没有建立化验室的场区由技术部化验室安排监测) |
| 560 | 80 | AI/ND | 肛/咽拭子 | 30 | 病毒分离 | 送检易邦监测(技术部化验室安排) |
| 560 | 80 | PULL | 血清 | 30 | RPA | 场区化验室监测(没有建立化验室的场区由技术部化验室安排监测) |
| 560 | 80 | 沙门氏菌 | 鸡舍环境拭子 | 10 | 细菌分离培养、鉴定 | 场区化验室监测(没有建立化验室的场区由技术部化验室安排监测) |

续表 6-1

| 年龄 | | 疫病项目 | 样本种类 | 样本数量 | 监测方法 | 备注 |
|---|---|---|---|---|---|---|
| 日龄 | 周龄 | | | | | |
| 583 | 84 | AI (H9,H5N1Re-10,H7,H5N1Re-8)/ND | 血清 | 30 | HI | 场区化验室监测(没有建立化验室的场区由技术部化验室安排监测) |
| 588 | 84 | IB | 血清 | 30 | ELISA | 技术部化验室监测 |
| 588 | 84 | PULL | 血清 | 30 | RPA | 场区化验室监测(没有建立化验室的场区由技术部化验室安排监测) |
| 588 | 84 | REO/REV | 血清 | 30 | ELISA | 技术部化验室监测 |
| 588 | 84 | 沙门氏菌 | 鸡舍环境拭子 | 10 | 细菌分离培养、鉴定 | 场区化验室监测(没有建立化验室的场区由技术部化验室安排监测) |
| | 每 4 周 | 沙门氏菌、总菌 | 水源、水线末端 | | 细菌分离培养、鉴定 | 场区化验室监测(没有建立化验室的场区由技术部化验室安排监测)<br>1. 水源:2 个样本<br>2. 水线末端:每栋鸡舍 2 个样本 |
| | 每 4 周 | 沙门氏菌 | 饲料原料 | | 细菌分离培养、鉴定 | 场区化验室监测(没有建立化验室的场区由技术部化验室安排监测) |
| | 换羽后 | PULL | 全血 | 普通笼养、本交笼养父母代 5%的母鸡和所有公鸡;祖代全检 | RPA | 场区现场监测 |

续表 6-1

| 年龄 | | 疫病项目 | 样本种类 | 样本数量 | 监测方法 | 备注 |
|---|---|---|---|---|---|---|
| 日龄 | 周龄 | | | | | |
| | 每 30 天 | MG/MS | 每栋种鸡后代 1 日龄弱雏咽拭子 | 30 | PCR | 技术部化验室监测或送检扬州大学 |
| | 种鸡 0 日龄，免疫 MG/MS 活疫苗前一天；免疫 MG/MS 活疫苗后一个月 | MG/MS | 咽拭子 | 30 | PCR | 技术部化验室监测或送检扬州大学 |
| | 种鸡 0 日龄，免疫 MG/MS 活疫苗前一天；免疫 MG/MS 活疫苗后一个月 | MG/MS | 血清 | 30 | ELISA | 技术部化验室监测 |
| | 每 4 周(未免疫 MS 活疫苗的鸡群) | MS | 血清 | 30 | ELISA | 技术部化验室监测(如果阳性率达到 100%，停止以后的监测) |

# 第三节　生物安全体系的建立

本部分详细阐述该祖代种鸡场生物安全体系的研究，主要从场区布局、消毒设计、投入品控制、动物移动控制、科学饲养、疫病防疫、疫病监测、病死畜禽处理8个方面构建生物安全体系，并做与生物安全体系建立的探索和讨论。

## 一、场区选址、布局研究应用方案

种鸡场场址的选择和结构布局设计是生物安全体系中最基础的要求，也是场区生物安全水平得以保障的根本。如果选址和布局不合理或存在较多风险点，整个场区的生物安全保障体系将无法建立。

### (一)祖代种鸡场选址、布局原则



1.选址原则

(1)选择交通、通信方便的区域；(2)选择电力供应充足，有独立的水源，给排水方便的区域；(3)选择周围无工矿企业，远离村庄或居民区，无污染源的区域；(4)选择具备天然屏障(群山或沟壑)的地貌，隔离防疫条件良好的区域；(5)选择背风向阳，通风良好，远离噪声等有益于禽良好生长的区域。

2.布局原则

以功能划分区域，严格执行分区隔离。主要功能区包括办公区、生活区、生产区、隔离区及环保区等。办公区设置办公室、会议室等；生活区为人员生活、休息及娱乐的场所；生产区是鸡群饲养的场所，是种鸡场的主要建筑区域，也是生物安全防控的重点区域；隔离区主要是引进种鸡时隔离使用；环保区主要包括粪污处理、病死鸡无害化处理以及垃圾处理等区域。

### (二)祖代种鸡场的场址选择、布局及场内建设

1.场址选择

场址选择主要包括种鸡场周围养殖环境和地理位置。种鸡场周围养殖环境包括周围鸡只存栏和高风险场所；种鸡场地理位置包括天然地理条件和交通布局等。

该祖代种鸡场位于河北省邯郸市涉县龙虎乡南郭口村西侧，占地4.2 $hm^2$，场址不属于《畜牧法》明令禁止的区域，符合当地产业规划布局，经政府批准后建场。场区距离村庄800 m，与龙虎乡乡道相距3 400 m，周边无屠宰场及交易市场。场

区三面环山，周边土地种植大量玉米，形成了绝佳的天然屏障。场区严格按照防疫要求在场区大门边、场区围墙及进出口设立了明显的防疫警示标牌和标语。就此场的场址选择而言，符合生物安全的需要，特别是在山中选择建场，自然屏障优势明显。

同时，鸡场每年对周围养殖环境进行调查评估，了解周围生物安全风险，发现风险点后及时排除，并做出针对性的防控措施。

2.场区布局

(1)整体布局　该祖代场由隔离场和产蛋场两部分组成，呈东西分布，之间有山体分隔，场区依据功能分别建有：生产区、生活区、办公区、粪污处理区、辅助生产区等区域。生活区、办公区、辅助生产区和污染处理区的排列顺序参考主导风向，地势高低及水流方向的因素依次排列，地势与风向不一致时，以主导风向为主要参考因素排列。生活区与生产区之间建有人员和物品消毒通道，主要包括更衣间、洗澡间和消毒通道。



(2)围墙、大门、门岗　两个场由砖混围墙包围，采用密闭式大门，设置“限制进入”等明显标识。门岗处设置了入场洗澡间。同时，门岗处设置全车洗消的设施设备，包括消毒池、消毒机、清洗设备及喷淋装置等。

(3)洗澡间、物品消毒通道　洗澡间净区、污区分开，从外向内单向流动。洗澡间设有存储人员场外衣物的柜子，并准备了消毒的工作服、鞋、口罩、帽子等衣物和防护用品。同时设置了物资消毒通道，消毒通道保证外来物品仅从通道通过，严格消毒后由净区侧(生活区)转移至场内。

(4)生产区鸡舍　生产区鸡舍自北向南依次排列，产蛋场建有 5 个鸡舍，隔离场建有 2 个鸡舍，鸡舍间距均为 15 m。

(5)其他配套设施　配套设施有位于场区南部的发电机房、配电室、水泵房、检验消毒兽医室、厨房、办公室、宿舍、蛋库、洗澡间、办公室消毒池，处于全场的上风向。供暖室、污水处理池、剖检室、变压器室等其他功能室修建于场区东西两侧。处理粪污的沼气池位于污道一侧并距离污道 50 m，做无害化处理使用的是深埋井，设于距离鸡舍 100 m 以上的西南角。整个场区设置净道与污道，避免交叉，净区和污区呈阶梯性分布。

3.场内建设

(1)鸡舍建设　每栋鸡舍均为密闭式鸡舍，采用三层阶梯式结构笼养，传送带清粪模式及 AC2000 环控操作系统，并配套全自动化的喂料、饮水、集蛋系统。鸡舍朝向基本为东西走向或南偏东(或西)15°左右,利于提高冬季舍温和避免夏季太阳辐射,利用主导风向,改善鸡舍通风条件为原则。

(2) 场区道路建设　基于运输和防疫的要求,净污道分开,分流明确,互不交叉,排水性好,路面质量过硬。道路采用混凝土结构,厚度 15～18 cm,混凝土强度 C20 以上;道路与建筑物距离为 2～4 m。净道作为场内运输饲料、鸡群和鸡蛋之用;污道用于运输粪便、死鸡和病鸡。二者不得交叉使用。

(3)消毒区域建设　消毒区域建在人员通道、大门口消毒池、净道污道等处。

(4)供水排水建设　场区有井和备用井两眼,另建水泵房、水塔及管道;生产和生活废水采用地埋管道排出;雨水排泄根据场内地势设计排水路线,可达到下雨不积水,雨污分流。

(5)电路建设　场区使用电压为 220 V/380 V,就近选择电源,变压器的功率满足场内最大用电负荷,同时配备备用发电机,并定时对设备检修,突然断电时,保证在 30 min 内能够自己发电满足鸡舍短时供电,避免鸡舍停电导致通风不良,鸡只应激过大。



## 二、消毒设计研究应用方案

种鸡场开展疫病净化工作,场区内环境的控制是最重要的环节,而消毒则是场区内环境控制最常用的手段之一。消毒,即应用紫外灯和消毒剂等方式杀灭环境中的微生物。选择合适的消毒剂采用合适的消毒程序、消毒方法和消毒次数是影响消毒效果优劣的重要因素,盲目和大量使用不合适的消毒剂,采用错误的消毒程序和消毒方法,不但不能有效的控制禽舍的环境卫生,并且会造成消毒剂的残留,影响家禽生长并对家禽产品质量产生影响。

该场选择确实有效的消毒措施并配合合适的消毒程序、消毒方法和消毒次数,为禽舍提供优良的环境,提升了场区生物安全水平,为实现场区净化提供了环境保障。消毒的重点区域锁定在场区大门、生活区与生产区通道、鸡舍缓冲区、鸡舍、净道污道等区域,并制定了具体的消毒措施。消毒措施主要有空场冲洗消毒、鸡舍熏蒸消毒、水源消毒、水线浸泡冲洗消毒、种蛋消毒、鸡舍带鸡消毒、进场车辆消毒、进场人员消毒、进出场物品消毒等。除日常预防性消毒外,必要时对疫源地开展紧急消毒,增加消毒频次,加强对鸡舍及其周边环境的消毒,避免病原体从鸡舍传出和扩散。同时,根据周边或本地区动物疫病流行情况,启动紧急消毒,增加消毒频率,防止外来疫病传入。

### (一)场区的卫生与消毒

该场区现行的常态化主要消毒制度为以下 4 点,消毒具体操作见表 6-2。

(1)场区职工控制外来人员及车辆入场,运输车辆进入场区必须严格消毒,经高压喷雾消毒后方可进场。

(2)生产场区保持干净、清洁、卫生。每周全场大环境消毒 3 次,如周边地区发生疫情,或外来人员增多、流动量大时,每天消毒一次。种鸡场大门消毒池内药液必须保持有效浓度 2%的火碱水,定期更换,保持清洁。

(3)进入生产区通道,消毒池内必须保持充足的 2%火碱水消毒液,不得少于 15 cm 深,定期更换。消毒室地面设置消毒垫高处安装超声波气雾消毒机、紫外线灯。进入生产区人员(无论外来或本场人员)一律更换消毒后的工作服、鞋、帽并通过消毒室消毒后方可进入。

(4)各区、院路面、大门口每早上班后清扫一次,保持干净、无杂物。



表 6-2　场区消毒具体操作表

| 消毒种类 | 消毒对象 | 消毒措施 |
|---|---|---|
| 日常卫生 | | 每天清扫鸡舍 2 次,保持笼具、料槽、水槽等用具干净 |
| 环境消毒 | 消毒池 | ① 鸡场入口处设置消毒池,内置 2%烧碱,消毒液深度不小于 15 cm,并配置低压消毒器械,对进场车辆使用漂白粉进行消毒。鸡场的每个消毒池 3～4 天更换一次消毒液,并保持其有效浓度<br>② 鸡舍入口处的消毒池使用 2%烧碱,每天至少更换一次。进鸡场和鸡舍人员脚踏消毒液时间至少 15 s |
| | 场区道路 | 用 2%火碱或戊二醛,每周喷洒消毒至少 2 次 |
| 人员消毒 | 饲养员、鸡舍的工作人员 | ①饲养员进入生产区须经踏踩消毒垫消毒,照射紫外线、洗澡,更换经紫外灯照射过的工作服、胶鞋或其他专用鞋等经过消毒通道,方可进入。进出鸡舍时,双脚踏入消毒垫,并至少停留 15 s<br>②进出不同禽舍应换穿不同的橡胶长靴,将换下的橡胶长靴洗净后浸泡在另一消毒槽中,并洗手消毒。工作服需每天下班后消毒液浸泡清洗,工作鞋放于更衣室内熏蒸消毒<br>③有条件的鸡场可以采用超声波气雾消毒机代替紫外线对进出人员进行消毒 |
| | 外来人员 | 严禁外来人员进入生产区,经批准后按消毒程序严格消毒方可入内 |
| 器具消毒 | | 蛋盘、蛋箱、孵化器、运雏箱等均用甲醛＋高锰酸钾熏蒸消毒。孵化场禁止从商品蛋库借用纸蛋托和纸箱。每天用消毒液对喂料器等用具进行消毒,然后在密封的室内用福尔马林熏蒸消毒 30 min 以上 |

续表 6-2

| 消毒种类 | 消毒对象 | 消毒措施 |
|---|---|---|
| 鸡舍消毒 | 空舍 | 进鸡前半个月用福尔马林与高锰酸钾密封熏蒸消毒，熏蒸 24 h 以后，开窗通风 1 周 |
| | 带鸡消毒 | 每天至少一次带鸡消毒，每 5 天消毒液更换一次，可选用癸甲溴铵、戊二醛等成分的消毒液 |
| 输精消毒 | | 输精前，输精人员洗手消毒，输精用具使用前熏蒸消毒 |
| 种蛋消毒 | | 种蛋的消毒在集蛋后及入孵前用甲醛＋高锰酸钾熏蒸消毒，出壳前均用 0.01%复合酸过氧乙酸喷雾消毒 |
| 其他 | 运输车辆消毒 | 进出场区的运输车辆，车身、车厢内外和底盘都要进行喷洒消毒，选用对车体涂层和金属部件不损伤的消毒药物，如过氧化物类消毒剂、含氯消毒剂、酚类消毒剂等 |
| | 进场物品消毒 | 进入场区的所有物品，根据物品特点选择适当形式进行消毒。如紫外线灯照射，消毒液喷雾、浸泡或擦拭等 |
| | 病死鸡消毒 | 按照 GB 16548 进行无害化处理，消毒按照 GB 16569 执行 |



### (二)空场冲洗消毒

空场消毒的目的主要是通过冲洗，将病原和污物彻底去除，并做相应消毒。遵循从外到内、从前到后和从上到下的鸡舍冲洗原则进行鸡舍冲洗。空场消毒多在全群转出后和新群转移到来之前，具体步骤见表 6-3。

**表 6-3　空场消毒操作表**

| 序号 | 步骤 | 标准操作 |
|---|---|---|
| 1 | 制订计划 | 场长制订冲洗消毒计划，计划包含时间、先后顺序、人员安排、物资与工器具数量等 |
| 2 | 准备物资和工器具 | 准备足够的大桶、水管、高压清洗机、消毒药物、扫把、防护手套、雨衣、雨靴、口罩、防护面具等 |
| 3 | 清扫 | 清理料塔和料槽内剩余饲料<br>清理传送带和粪沟内外鸡粪以及其他杂物<br>清扫鸡舍内灰尘和鸡毛 |
| 4 | 消毒水线(1) | 水线用含量 20%的过氧乙酸(1∶250 倍稀释)浸泡，浸泡 24 h 后进行反冲 |
| 5 | 清扫检查(a) | 品管检查清扫结果：检查合格，进行下一步；检查不合格，重复清扫过程 |

续表 6-3

| 序号 | 步骤 | 标准操作 |
| --- | --- | --- |
| 6 | 防护 | 将电机、电源开关、灯、探头、加热器等包裹严密 |
| 7 | 消毒水线(2) | 拆掉水位调压器和水位管，用肯特斯水线除垢剂(1∶100 倍稀释)浸泡消毒，24 h 后进行反冲 |
| 8 | 冲洗(Ⅰ) | 将空桶放置在合适位置→接通最近处水管，用铁丝固定→打开水阀，向桶内放水→把清洗机吸水管放入桶内→清洗机接通安全电源→握紧喷枪，打开冲洗机开关→冲洗屋顶、通风小窗、墙壁→冲洗 4 层笼具、粪带→冲洗料槽→冲洗地面，从中间往两边冲洗→冲洗横向清粪传送带及周围地面→冲洗斜向传粪带 |
| 9 | 冲洗(Ⅱ) | 重复步骤冲洗(Ⅰ) |
| 10 | 通风 | 对鸡舍通风，将鸡舍干燥 |
| 11 | 擦拭 | 用抹布蘸取消毒液，擦拭料槽、灯泡、穿线管等 |
| 12 | 检修设备 | 对鸡舍内的设备进行检修和保养 |
| 13 | 卫生清理 | 捡拾鸡毛等残留垃圾 |
| 14 | 冲洗检查(b) | 品管评估冲洗检查结果，合格可以进行泡沫消毒和熏蒸消毒，不合格需要重新冲洗 |
| 15 | 消毒水线(3) | 第三次浸泡消毒水线 |
| 16 | 消毒(Ⅰ) | 喷洒泡沫清洁剂(博灭克雪花泡沫清洁剂 1∶100，肯特斯泡沫清洁剂 1∶200)，浸泡 24 h 以后，清水冲洗 |
| 17 | 消毒(Ⅱ) | 喷洒泡沫消毒剂(博灭克免洗泡沫除菌清洁剂 1∶100)，保证泡沫全覆盖，浸泡时间大于 2 h |
| 18 | 消毒(Ⅲ) | 使用百毒杀(1∶300)、澳洁康(1∶300)、惠洁(1∶600)、复合酸等交替喷雾消毒，彻底消毒 2 遍以上 |
| 19 | 清理和冲洗鸡舍外围 | 将办公室、仓库、转群筐、周转蛋筐、舍外通风小窗灰尘、污道、鸡舍外粪沟、舍间区域的杂草、杂物、鸡毛、鸡粪等清理干净，并进行冲洗 |
| 20 | 火焰喷烧 | 使用火焰喷枪焚烧鸡舍笼具、地面、墙根、院内污道等处的鸡毛 |
| 21 | 熏蒸消毒(Ⅳ) | 密封鸡舍，按照每升空间使用高锰酸钾 21 g 和福尔马林 42 mL，或者每升空间使用固体甲醛 14～15 g 进行熏蒸 |
| 22 | | 使用消毒药熏蒸鸡舍 |
| 23 | 微生物检测(c) | 熏蒸后 3 天或第一批进鸡前 7 天，进行检测，检测结果合格后可以转群进鸡，不合格需重新进行熏蒸消毒 |

**注意事项：**①冲洗时，不要让水管漏水，冲洗结束后立即关闭水源；②消毒液的空瓶、消毒液等不能随意丢弃，收集好进行无害化处理；③配置消毒液时要佩戴防护手套、口罩、护目镜等防护用品；④冲洗前穿戴雨衣、口罩、橡胶手套、佩戴护目镜、安全帽等个人防护用具；⑤冲洗前检查电源线是否破损，若有破损及时更换；⑥冲洗前关闭鸡舍内电源；⑦冲洗前接好漏电保护器，防止触电；⑧冲洗前先握紧喷枪枪头，再打开冲洗机开关；⑨使用消毒药和熏蒸消毒时要佩戴防护面具。

### (三)鸡舍熏蒸消毒

熏蒸消毒的目的是通过气体扩散的方式对鸡舍进行无死角消毒。具体步骤见表 6-4。

**表 6-4　鸡舍熏蒸消毒步骤表**

| 序号 | 步骤 | 标准操作 |
|---|---|---|
| 1 | 鸡舍密封并加湿 | 将鸡舍密封完毕，地面洒水，湿度达到 60％ |
| 2 | 计算福尔马林用量 | 根据鸡舍体积，按照 42 mL/$m^3$，计算熏蒸所需要的甲醛用量 |
| 3 | 选择 2/4 走道 | 将消毒管从后向前放好，并把 2 根消毒管同时接在消毒泵上 |
| 4 | 将消毒泵进水管放入甲醛桶 | 将消毒泵进水管放入甲醛桶底部距离桶底 5 cm |
| 5 | 穿戴好防毒面具 | 穿戴好防毒面具并测试密封情况，确保不漏气，另外准备 2 套防毒面具准备备用 |
| 6 | 喷甲醛 | 将喷枪调至雾化状态，从后和前同步进行，将鸡舍每个角落均匀喷洒甲醛，最后喷洒耳房 |
| 7 | 密闭 | 喷洒人员退出鸡舍后马上用报纸密封大门 |
| 8 | 鸡舍密闭熏蒸 | 鸡舍密闭至少 24 h 后，开封排风，准备接鸡 |



**注意事项：**①注意熏蒸鸡舍时人员的防护措施；最后进入鸡舍喷洒的人员，必须戴防毒面具、穿防护衣，防止中毒；②注意喷洒时人员的防护措施。

### (四)水源消毒

水源消毒的目的主要是保证饮水质量，减少鸡群肠道疫病发生。消毒标准为：菌落总数≤100 个/mL，且无沙门氏菌感染，水质合格。具体操作步骤见表 6-5。

表 6-5 水源消毒操作步骤表

| 序号 | 步骤 | 标准操作 |
|---|---|---|
| 1 | 制订计划 | 计划制订人：场长；<br>检测被污染时间周期：前期每天采样检测水质情况，总结出水质被污染的时间周期。消毒时间：根据被污染的最小时间周期进行消毒处理 |
| 2 | 准备物资和工器具 | 装 30 kg 大桶、搅拌棒、高压灭菌（250 mL）采样瓶 $N$ 个，电子秤一杆、足够量二氧化氯泡腾片（4 g/片，含量 10%，800 kg 水/片）等辅助材料 |
| 3 | 采样 | 准备高压灭菌 250 mL 采样瓶 2 个，打开采样井口盖取蓄水池水 1 瓶，再取地下水源 1 瓶，密封好瓶盖 |
| 4 | 送检化验室检测 | 把采取的水样及时送化验室检测 |
| 5 | 检测结果 | 采样检测蓄水池中水，菌落总数≤100 个/mL，且无沙门氏菌感染，水质合格，不需要消毒；采样检测蓄水池水菌落总数＞100 个/mL 或者有沙门氏菌感染，水质不合格，要用消毒剂消毒 |
| 6 | 再经过 $n$ 次采样检测 | 确定被污染周期，根据污染周期制订消毒时间计划 |
| 7 | 蓄水池水消毒 | 计算蓄水池容量，确定消毒剂使用量 |
| | | 准备好足够二氧化氯泡腾片（4 g/片，含量 10%，800 kg 水/片） |
| | | 打开蓄水池井盖，让蓄水池装满水并关掉进出水抽水泵 |
| | | 取 25 kg 水倒入可装 30 kg 水桶中 |
| | | 先将计算好使用量的消毒剂（4 g/片二氧化氯泡腾片）依次分开慢慢地加到盛有 25 kg 水的容器中搅拌溶解均匀 |
| | | 静止 5 min |
| | | 再用此液体倒入蓄水池处理水源 |
| | | 消毒完毕后静置 1 h |
| | | 1 h 后打开供水开关让鸡自由喝水，计算蓄水池供水时间，设置手机闹钟提醒打开抽水泵蓄水 |
| | | 盖上井盖离开 |
| 8 | 记录 | 做好消毒记录 |

**注意事项**：①配置消毒液后，要及时把消毒桶清走；②禁止将多片二氧化氯泡腾片同时放在水中溶解，防止因剧烈反应发生爆炸；③水源消毒前后 3 天不能免疫活苗。

### (五)水线浸泡冲洗消毒

水线浸泡冲洗消毒的目的是为了保证鸡群饮水质量,保障鸡群肠道健康,具体操作步骤见表 6-6。

表 6-6　水线浸泡冲洗消毒步骤表

| 序号 | 步骤 | 标准操作 |
| --- | --- | --- |
| 1 | 制订冲洗计划 | 计划制订人:场长;浸泡冲洗消毒时间:每周四浸泡消毒一次;参与人员:值班人员 |
| 2 | 准备物资和工器具 | 准备足够多的欧克、大桶、防护手套、防护眼口罩、防护面具等 |
| 3 | 消毒液使用量 | 计算水线管容量及消毒液用量 |
| 4 | 设置水线浸泡控制器 | 取消夜间加光,设置浸泡时间,反冲时间及每条水线反冲时间 |
| 5 | 检查进出水开关 | 将开关调至正常用水状态 |
| 6 | 记录 | 记录水线清洗浸泡记录 |



**注意事项:**①配置除垢剂前先穿戴好防护眼口罩、橡胶手套等个人防护用具;②配置除垢剂后,要及时把消毒桶清走;③浸泡水线前后三天不能免疫活苗。

### (六)种蛋消毒

种蛋消毒的目的是为了提高种蛋利用率和防止细菌侵入种蛋影响孵化出雏率。具体操作步骤见表 6-7。

表 6-7　种蛋消毒操作步骤表

| 序号 | 步骤 | 标准操作 |
| --- | --- | --- |
| 1 | 种蛋入熏蒸间 | 当天种蛋转入种蛋熏蒸间,按批次、品种分类放置 |
| 2 | 甲醛高锰酸钾 | 量取准确量的高锰酸钾、甲醛溶液 |
| 3 | 混合 | 将高锰酸钾倒入甲醛中,本操作注意安全,注意防护 |
| 4 | 设置时间 | 关闭门,设置消毒时间为 25 min,25 min 后自动排气 |
| 5 | 移出 | 将熏蒸好的种蛋移出熏蒸间,放置于规定位置 |
| 6 | 记录 | 记录种蛋熏蒸消毒记录 |

**注意事项:**①不要用手直接接触消毒液原液,配置操作时双手应戴塑料橡胶手套;② 一旦不小心消毒液溅到手部或脸部、眼睛等,立即用清水反复冲洗,必要时到当地就近医院医治;③消毒间废气排放口朝向偏僻对人无影响区域。

## (七)鸡舍带鸡消毒

鸡舍带鸡消毒是为了及时有效地净化空气,有效地杀灭鸡舍内空气及生活环境中的病原微生物,消除疫病隐患,达到预防疫病的目的。是控制鸡舍内环境防治污染和切断疫病传播途径的有效手段之一,具体操作步骤见表6-8。

表6-8 鸡舍带鸡消毒操作步骤表

| 序号 | 步骤 | 标准操作 |
|---|---|---|
| 1 | 安排带鸡消毒计划 | 带鸡消毒计划包含时间、消毒顺序、人员安排、物资与工器具数量等 |
| 2 | 准备物资和工器具 | 准备大桶、水管、消毒机、量杯、扫把、防护手套、口罩等设备;澳洁康、百毒杀等消毒药 |
| 3 | 消毒水配置 | 按《种鸡场消毒剂使用说明》要求配置消毒水。 |
| 4 | | 消毒时间每天11:00—12:00时,打开消毒机,一人手持消毒枪,走向鸡舍后端,同时进行地面消毒 |
| 5 | | 到达鸡舍后端,消毒后端墙面、风机、清粪带。 |
| 6 | 消毒 | 消毒人员自鸡舍后端倒步走向鸡舍前端,消毒侧墙、屋顶,鸡群消毒时喷头宜45°仰角在距鸡体70~80 cm的高处进行喷雾;避开鸡头,喷雾应均匀,鸡只体表以潮湿为限,不应形成水滴现象 |
| 7 | | 消毒人员到达鸡舍前端后,进行下一走道消毒。另外一辅助人员协助消毒人员将消毒管转移至需消毒的走道 |
| 8 | | 鸡舍带鸡消毒全部完成后,关闭消毒机 |
| 9 | 消毒质量检查 | 检查是否留有消毒死角、灰尘鸡粪等是否全部消毒干净 |
| 10 | 设备整理 | 将消毒管理顺放置于合适位置,不影响其他工作进行 |
| 11 | 填写记录表 | 按照要求及时填写《鸡舍消毒记录表》 |

**注意事项:**①消毒前穿戴口罩、橡胶手套等个人防护用具;②消毒前检查电源线是否破损,若有破损及时更换;③消毒前接好漏电保护器,防止触电;④消毒前先握紧喷枪枪头,再打开消毒机开关;⑤消毒液废弃物,倒入指定无害化处理场所,不得随意倒弃。

## (八)进入场区的车辆、人员、物品消毒

是切断外源病原微生物进入场区的重要手段之一。具体操作步骤见表6-9、表6-10、表6-11。

1.进出场区车辆消毒

**表 6-9 进出场区车辆操作步骤表**

| 序号 | 步骤 | 标准操作 |
| --- | --- | --- |
| 1 | 联系 | 司机提前 30 min 电话联系场区对接人 |
| 2 | 车辆消毒 | 由场区值班人员对车辆进行全方位喷洒,每车时间不低于 5 min,且用水量不少于 50 kg |
| 4 | 登记 | 负责人在《车辆入场登记表》登记进场详细情况如司机姓名、车牌号等 |
| 5 | 车进场 | 由司机把车按规定路线开至指定区域;入场后司机不得下车 |
| 6 | 工作 | 在蛋库装蛋或生产区卸饲料 |
| 7 | 记录 | 蛋车需填写出入、消毒、蛋车卫生检查记录,饲料车需填写出入、消毒记录 |

2.人员消毒程序



**表 6-10 进出场区人员操作步骤表**

| 序号 | 步骤 | | 标准操作 |
| --- | --- | --- | --- |
| 1 | 访客 | | 访客入场需填写《入场申请调查表》,必须将信息填写清晰完整;内部员工不用填写 |
| 2 | 进入生活区前洗澡更衣 | 脱衣 | 入场人员将自己的所有衣物(包括内衣、皮带袜子等一律不能带入)脱下,放置在指定的衣柜中 |
| 3 | | 洗澡 | 入场人员必须将身体用洗发液和沐浴液彻底清洗;指甲使用指甲刷清洗干净,鼻孔和耳朵使用含有酒精的棉签消毒,洗澡时间不低于 10 min |
| 4 | | 穿衣 | 更换进入生活区的专用衣物 |
| 5 | | 酒精喷手消毒 | 使用 75%的酒精,全面消毒手掌心和手背,进入生活区 |
| 6 | 记录 | | 填写人员入场、消毒记录 |
| 7 | 隔离 | | 按照分公司总经理和《人员隔离》要求在生活区隔离 |
| 8 | 进入生产区前洗澡更衣消毒 | 脱衣 | 入生产区人员将自己的所有衣物(包括内衣、皮带袜子等一律不能带入)脱下,放置在指定的衣柜中 |
| 9 | | 洗澡 | 入场人员必须将身体用洗发液和沐浴液彻底清洗;洗澡时间不低于 10 min |
| 10 | | 穿衣 | 更换生产区工作服、内衣、鞋、帽子进入生产区 |
| 11 | | 消毒 | 在雾化消毒房间雾化消毒 30 s,进入生产区 |

续表 6-10

| 序号 | 步骤 | | 标准操作 |
|---|---|---|---|
| 12 | 记录 | | 填写人员入生产区、消毒记录 |
| 13 | 进入鸡舍前消毒 | 手部消毒 | 使用75%的酒精，全面消毒手掌心和手背，体表使用酒精喷施，手部再使用消毒液洗手 |
| 14 | | 踩脚踏消毒盆 | 脚踩踏消毒盆，消毒鞋子；3%火碱 |
| 15 | 记录 | | 填写人员、随身携带物品入舍记录表 |

3.进出场区物品消毒

**表 6-11 进出场区物品操作步骤表**

| 序号 | 步骤 | 标准操作 |
|---|---|---|
| 1 | 手机等小件物品 | 使用紫外线消毒取出后喷洒酒精 |
| 2 | 臭氧消毒（如衣物、药品、生产小件用品） | 把需进场衣物、药品、生产用品以及其他不能喷淋的物品放进场区门口物品消毒间指定位置，能打开包装的打开，按空间每立方米 50 mg 臭氧量浓度进行消毒处理，密闭 30 min 以上 |
| 3 | 喷雾消毒（防水的大物品） | 大件物品对喷淋防潮没有特殊要求的，采用消毒药喷雾形式进行消毒，做到物品上下左右喷淋、物品表面全部浸湿 |
| 4 | 厨房用品消毒 | 厨房采购的蔬菜类、米面油等放入物品消毒间进行臭氧消毒，与步骤 2 消毒操作一样 |
| 5 | 消毒记录 | 每次进场消毒物品均需登记在《进场物品消毒记录》中，按要求填写 |

## 三、投入品控制研究应用方案

本部分对投入品控制的研究主要集中在药品、疫苗和饲料三个方面。投入品的管理和使用是否合理既影响禽的健康状况，又是影响禽群生物安全水平的重要因素，关系到祖代鸡场的净化能否实现。该祖代鸡场以国家和行业的法律和法规为基础，参照国内外投入品管理和使用的先进经验制定了《投入品采购管理制度》《药物、疫苗使用管理规程》《饲料使用管理规程》，用于该场的投入品控制。

### (一)投入品采购管理制度

(1)禁止采购、使用药物原粉、人用药以及国家明令禁用和未经批准生产的无“三证”的药物、疫苗和饲料。

(2)药物、疫苗的采购、使用严格按照农业部《兽用生物制品管理办法》和《兽药管理条例》的有关规定执行，从合法的采购渠道采购。

(3)采购、使用的药物、疫苗和饲料必须是合法、安全、有效、无毒、无害、无残留或残留低的，禁止采购、使用“三无”产品(即无生产厂家、无生产日期、无产品批准文号的产品)及批准文号过期的产品。

(4)药物、疫苗、饲料进库时，必须查验其包装(商品标签)及产品合格证，明确登记进货时间，商品名称、批准文号、生产厂家、生产日期(批号)、有效期、进货渠道、进货数量、金额、休药期。

**(二)药物、疫苗使用管理规程**

为加强兽药的使用管理，进一步规范和指导兽药、疫苗、饲料药物添加剂的安全合理使用，防止滥用兽药、疫苗和饲料药物添加剂，保证雏鸡以及副产品安全。场区使用的药物和疫苗均是经国务院兽医行政管理部门批准、在国务院兽医行政管理部门注册过的兽药、药物添加剂其他化合物。依据文件为《批准文号为“药添字”的饲料药物添加剂》(农牧发[2002]20号)、《批准文号为“兽药字”的饲料药物添加剂》(农牧发[2002]20号)、《食品动物禁用的兽药及其他化合物清单》(农牧发[2002]1号)和《禁止在饲料和动物饮用水中使用的的药物品种目录》。同时保存当前所使用过的药物清单。



禁止使用有致畸、致癌、致突变作用的兽药；禁止将人用药品用于鸡群；禁止使用未经农业部批准或已经淘汰的兽药；禁止使用会对环境造成严重污染的兽药；禁止使用激素类或其他有激素作用的物质及催眠镇静类药物；禁止使用未经国家畜牧兽医行政管理部门批准的用基因工程方法生产的兽药。

1.药品、疫苗的储存规程

(1)场区所使用的兽药和疫苗均由公司统一集中采购，根据免疫和防疫需要，提前1～3天领取药物，临时储存在兽医室。

(2)根据说明书，药物和疫苗(包括需要冷冻的)的储藏应符合使用说明书的要求。

(3)药物和疫苗的领用、储存和使用均由经验丰富的防疫人员担任，保证合理储存、使用药物和疫苗；仅允许经过培训的保管人员进出药物储藏间。

(4)所有药物和疫苗应储藏在原有的容器中，并附带原有的标签，禁止在使用前撕毁或污损标签。

(5)储藏间附近，有事故处理程序和联系电话号码名单。

2.药品和疫苗的使用规程

(1)应严格遵守每一种药物和疫苗的使用说明书的规定，确保对药物和疫苗实行有效管理，避免给畜禽、员工、消费者和环境带来危害。

(2)管理和使用药物和疫苗的员工应经过培训且具备相关的能力和知识。

(3)不将原料药直接添加到饲料及动物饮用水中或者直接饲喂。

(4)组织每月进行集中采购，部门为临时领用，能够保证药物和疫苗的有效性。如出现过期药物和疫苗，应在领用或使用前，被清晰标识，并单独放置进行处理。禁止任何人以任何理由使用过期药物和疫苗。

(5)兽药和疫苗的使用必须在兽医指导下，按兽药使用规范使用。

(6)所用药物和疫苗在使用前，须经药物敏感试验。

(7)过期药物和疫苗使用过的药瓶，应按照兽医建议的方式进行处理，避免误用。

(8)允许在兽医指导下使用符合国家标准的常量、微量元素、补充药、营养药、电解质补充药、维生素类药和助消化药。

①允许使用国家兽药管理部门批准的微生态制剂。

②允许使用治疗药和预防药，使用中注意以下几点：

A. 治疗药和预防药需凭兽医处方购买，并在兽医指导下进行。

B. 抗球虫药应轮换使用，以免产生抗药性。

C. 严格遵守规定的作用与用途、使用剂量、疗程、注意事项。

3. 药品、疫苗的记录规程

(1)严格遵守国务院兽医行政管理部门制定的兽药和疫苗安全使用规定，并建立用药记录。

(2)应完整保存好最新的合法购买和管理药物和疫苗的记录。

(3)实施专人负责制，所有相关记录必须真实、全面、准确，定期进行保存和归档。

(4)应保留使用说明书或使用的其他官方的说明。

(5)领用记录应包括领用日期、产品名称、数量、批号、有效期和生产厂家。

(6)管理记录应包括批号、用药日期、用药的畜禽标识代码、用药的畜禽数量、用药总量、用药结束日期、休药期，药物管理者姓名。

(7)建立并保存免疫程序记录，包括疫苗种类、使用方法、剂量、批号、生产单位。

(8)建立并保存病鸡的预防和治疗记录，包括发病时间及症状、预防或治疗用药的经过、药物种类、使用方法及剂量、治疗时间、疗程、所用药物的名称及主要成分、生产单位及批号、治疗效果等。

4.药品的处理规程

(1)应遵守当地有关处理或销毁药物容器和包装的法规。使用过的空药物容器不应被重复使用,集中进行无害化处理。

(2)在处理前,空的药物容器和其他医疗设备应存放在安全的地方。

(3)处理方法应避免污染环境。如果对环境造成污染,应使用官方收集处理系统。

**(三)饲料的使用管理规程**

1.饲料来源

该祖代鸡场所使用的饲料均为总公司饲料事业部提供。总公司饲料事业部建立周密、科学、完善的质量和安全管理体系。

2.饲料的种类、配方和营养价值

祖代鸡场使用的饲料由本公司饲料事业部生产,经过十多年来近百万套种鸡的效果验证,其饲料种类齐全,质量稳定可靠,营养价值全面,完全能够满足种鸡的生长需要,保证种鸡生产性能的良好发挥。



3.饲料运输管理规程

(1)饲料的运输全部由专用车辆进行拉运,有利于保证饲料的卫生和安全。

(2)料车在使用过程中,严格遵守各项防疫制度规定,保证饲料的安全性。

(3)雏场和蛋鸡场提前2天收集下周的定料需求,并根据实际情况进行合理调配,将定料计划交料车司机,由料车司机交饲料事业部进行合理安排,保证饲料供应。

(4)料车司机严格按照定料计划进行饲料拉运;定料计划包括栋别、饲料类型、数量等。

(5)料车在使用前或卸运完每车饲料后,需进行认真清扫,保证料车的清洁卫生。

(6)使用料罐车时,每车饲料要完全清底,确保饲料不在料车罐内发霉而对其他饲料造成污染。

(7)使用罐车时,要确保车身干净,防止因车身不干净而污染饲料。关好罐车盖,防止污染和雨水进入罐内,导致饲料发霉变质。

(8)饲料卸运由本栋饲养员完成,卸运前穿干净的工作服、工作鞋,清理料间卫生。

4.饲料储存管理规程

(1)确保每次来料之前料库清底,并且要求每次的来料量不要过多,根据实际存栏和鸡只耗料，一般以能饲喂 2～3 天的来料量为宜，库存不得超过 3 天。

(2)确保有好的通风换气，定期进行通风，但要避免阳光直射、风速过大，以及下雨天被雨淋引起饲料营养成分的损失和发霉变质。

(3)饲料储备间的地面和墙壁要具备良好的防潮性能，地势较高，以免存放过程中受到水等污染，导致受潮变质，另外料间有良好的卫生条件，为密闭管理，以避免病原微生物和动物污染饲料。

(4)在每次来料时生产管理者和饲养人员都要进行认真检查，确保饲料入库前是新鲜优质的。

(5)如发现饲料有发霉变质或异常现象要立即上报生产主管领导、生产科技部，根据实际情况采取相应措施，并记录备案。

5.饲料使用规程

(1)饲料的饲喂　根据鸡群的日龄不同饲喂不同类型的饲料，开产初期饲喂产前料，高峰使用高峰料等。

为确保鸡群有好的食欲，喂料时可采用“少添勤喂”的方式，每次料槽的上料量不超过料槽的 1/3 高度。

每天至少上料 4 次，分别为 6:00(夏季 4:00)，10:00，13:00(夏季 14:30)，下午下班前 30 min。

根据不同品系、不同日龄鸡群的日耗料，确定每天总的上料量，按照《喂料系统作业指导书》对鸡群进行饲喂。

(2)潮拌料　在夏季高温时，为了不让鸡群的采食量下降，可饲喂潮拌料，在饲喂潮拌料时，为降低工作强度，可以采用消毒管、水壶、水管等工具直接向料槽内均匀洒水。

使用消毒管时，要将消毒泵的压力调到最小或直接连接自来水而不开启消毒泵，避免压力过大饲料内的粉末飞扬，造成饲料营养损失。

洒水后立即人工匀料，确保干湿度均匀一致。

潮拌料要在早晨凉爽时刻进行，要确保在每日高温来临之前空槽，避免饲料因温度过高而发霉变质。

## 四、动物移动控制研究应用方案

现代化规模化种鸡饲养场对于动物的移动控制均秉承“全进全出”的原则。即在同一个区域内、范围内只进同一批雏鸡，饲养同一日龄雏鸡，并在饲养期结束后同一天全部出售。出栏后立即对鸡舍进行打扫、清洗、切断病原菌的循环感染。该场实行“全进全出”的管理办法，不同批次的鸡群分栋舍进行隔离饲养，入场后分群进行饲养，也避免混淆品系。

该祖代种鸡场动物移动流转的路径大致为：统一引种（国外引种）、统一入境（出入境集中检测）、统一在隔离场集中隔离、统一进入生产场饲养，统一出栏。在生产过程中需要淘汰的禽直接转移至无害化处理地点进行无害化处理。

### （一）引种管理

引种管理遵照引种评估、隔离场的准备、引种申报，引种路线规划、隔离观察及入场前评估进行。

1. 引进品种评估

（1）资质评估

①符合国务院畜牧兽医行政部门的审批意见；

②品种具有完整的系谱证；

③出入境检验检疫部门的检测报告；

④检疫证和非疫区证明。



（2）生产性能评估

①产品生产性能高、适应性好，符合中国市场需求；

②引种来源需符合国家进口畜禽标准的种禽；

③死淘记录、生长速度及料肉比等生产情况评估。

（3）健康度评估

①不得在有疫情区域进行引种；

②病种评估包括：高致病性禽流感、新城疫、白血病、鸡白痢等。

2. 引种申报程序

（1）提前半年制订引种计划；

（2）向省主管部门提交引种申请；

（3）办理相关审批手续；

（4）向代理公司报送引种计划。

3. 隔离场准备

（1）隔离舍清洗、消毒　雏鸡到场前完成隔离场的清洗、消毒、干燥及空栏。

（2）物资准备　雏鸡到场前完成药物、器械、饲料、用具等物资的消毒及储备。

（3）人员准备　雏鸡到场前安排专人负责隔离期间的饲养管理工作，直至隔离期结束。

（4）场区评估：经政府检疫机构进行检查合格，允许引进和饲养雏鸡后，引进雏鸡进场。

4.引种路线规划

该祖代种鸡场引种前基于路线距离、道路类型、天气、沿途城市、鸡场、屠宰场、村庄、加油站及收费站等内容进行调查分析，确定最佳行驶路线和备选路线。

5.隔离观察

在隔离场严格遵守国家规定，全场实行 42 天全封闭管理，密切观察鸡只临床表现，进行病原学检测，必要时实施紧急免疫。

6.转入产蛋场前评估

隔离结束后，对引进雏鸡做最后的健康评估，病种包括：高致病性禽流感、新城疫、白血病、鸡白痢等。

### (二)正常动物的转群流转

雏鸡引进至隔离场，隔离观察后转入产蛋场程序依据表 6-12 执行。该操作程序适用于总公司旗下的其他父母代鸡场和祖代鸡场。



**表 6-12　转群具体操作表**

| 序号 | 步骤 | 标准操作 |
|---|---|---|
| 1 | 制订转群计划 | 育成场和产蛋场根据鸡群品种、日龄、健康状况、免疫、天气、数量、距离等因素制订转群计划，并且育成场和产蛋场要互相沟通彼此的转群计划<br>场区召开转群动员大会，告知员工转群计划和相关事项 |
| 2 | 联系车辆，准备转群物品 | 联系转群用车，准备转群小车、转群筐、劳保物品等 |
| 3 | 人员准备 | 场区根据本场工作安排，对转群过程中所需人员进行分工安排 |
| 4 | 育成场 | 转群前一天鸡群添加抗应激药物，转群前 3 h 进行禁食 |
| 5 | | 饲养员转群前 3 天对要用的车辆、转群筐、物资进行连续消毒处理 |
| 6 | | 饲养员把转群筐拉到鸡舍中 |
| 7 | | 抓鸡人员打开笼门抓鸡，抓两只腿，小心放置筐中，每筐放规定的数量 |
| 8 | | 拉车人员用车把装好鸡的筐拉到鸡舍外 |
| 9 | | 装车人员把筐放到车上 |
| 10 | | 装好车以后统计并计算转群数量，填写装车单 |

续表 6-12

| 序号 | 步骤 | 标准操作 |
| --- | --- | --- |
| 11 | 产蛋场 | 对鸡舍水、电、设备进行检查并报修 |
| 12 | | 前一天进行料槽铺料 |
| 13 | | 转群当天水线中添加抗应激药物 |
| 14 | | 拉车人员按要求将鸡筐拉到鸡舍中放到指定位置 |
| 15 | | 抓鸡人员按每笼标准数量小心放置鸡只和关闭笼门,防止折断翅膀 |
| 16 | | 拉车人员将空筐拉出鸡舍外 |
| 17 | | 转群结束后饲养员巡查鸡舍,检查饮水、采食情况,抓跑鸡并采取措施等 |
| 18 | | 拉车人员打扫鸡舍门口鸡粪、鸡毛,并消毒 |
| 19 | | 转群结束后管理人员清点转群数量,挑出不合格鸡只,及时和对方沟通,确定转群数量 |
| 20 | | 转群当天晚上听诊呼吸道情况,观察粪便,异常情况采取必要措施 |
| 21 | 转群结束后 | 对接报表,用药和免疫程序 |



**注意事项:**转群过程中人员佩戴手套、口罩,备创可贴,不准穿拖鞋;夏天转群备好饮用水、防暑药物,避免中暑;转群结束后,清扫门口垃圾、粪便;转群人员行走路径保持畅通,无障碍物、防止撞伤、碰伤;搬运时禁止暴力搬运鸡筐;抓鸡放鸡时轻拿轻放,防止折断翅膀和腿;转群卸筐时一定要摞好,避免摆放不整齐掉落;单位转群工具数量适合,防止闷鸡、伤鸡情况出现;注意转群天气,要在阳光明媚,温度适宜的天气进行转群;转群前后,要饲喂电解多维、预防呼吸道药物。转群筐及时冲洗消毒;转群车辆进入场区后彻底清洗消毒;转群司机在转群过程中,禁止下车;在转群期间,不得在其他养鸡场或养禽场所逗留;转群结束后,对生产场所,要进行彻底清扫、消毒;转群出现死亡,查找导致死亡的原因并进行纠正,及时调整每筐鸡数;恶劣天气禁止转群,例如,过冷、过热、大风、下雨、下雪天气;如果出现降温天气(降温前一天正常转群),需要白天转群,但是温度低于 18℃,需要推迟转群;接鸡时,产蛋场温度设定情况要和育雏育成场沟通,确保温度连续和协调,减少设定温度对鸡群的影响;在不同品种混装时,做好标识管理,分开放好避免放错。

**(三)死亡动物的流转**

死亡鸡只实行无害化处理，具体操作步骤如下：

(1)栋舍饲养员随时观察鸡群，及时发现死亡鸡只；

(2)发现死亡鸡只后报告驻场兽医，兽医人员在解剖室对鸡只进行剖检，并做初步诊断；

(3)初检后，属于非疫病导致鸡只死亡的情况，将鸡只装入密闭转运袋中，运往深埋井，统一处理；

(4)初检后，怀疑因病致死情况时，经相关机构鉴定，并根据相关要求进行处理；

(5)做好相应的登记，要求能够追溯至笼号。

## 五、科学饲养研究应用方案

近年来，我国蛋鸡饲养集约化、自动化、设施化养殖模式已成为主趋势，但同时也面临着严峻的疫病防控压力、食品安全与危机。在此背景下，该祖代种鸡场联合中国农业大学共同建设蛋种鸡本交笼养支撑技术及生物安全体系，以期成功应用本交笼养模式降低人员带来的生物安全风险以及种鸡授精应激等生产技术问题，完善生物安全体系，保障鸡群健康，建立兽药疫苗的科学使用体系，降低养殖成本，提升养殖效益。科学饲养主要对以下内容进行控制。



**(一)程序化饲养**

该场的饲养已程序化，饲养管理的具体步骤基于《海兰褐管理手册》。手册涉及内容包括：生产性能概述、生产性能表、运输到种鸡场管理、雏鸡到达前鸡舍的准备、育雏期建议、地面环行育雏管理、分栏鸡舍育雏管理、笼养育雏管理、育雏期光照管理、饮水系统管理、断喙管理、生长与发育管理、育雏体重—饲料消耗和一致性管理、饲养空间管理、公鸡的饲养管理、笼养系统饲养管理、平养系统饲养管理、全网床种鸡舍管理、栖木管理、密闭鸡舍的光照程序、开放鸡舍的光照程序、光照注意事项、开放式鸡舍中遮光板的使用、午夜喂料/光照程序、种鸡饲养管理要点、细心孵化种蛋、受精率检查、孵化和出雏、雏鸡羽色鉴别、分阶段饲喂以满足蛋鸡的营养需求、育雏阶段的营养推荐、从青年后备鸡到产蛋高峰的转变阶段、产蛋期营养建议、产蛋期饲料营养浓度、饮水量、空气质量、钙质颗粒大小、饲料颗粒大小、维生素和微量元素、水质、疫病控制、免疫建议、生产性能曲线图、饲料原料表等。

根据《海兰褐管理手册》的要求开展程序化饲养，近三年育雏成活率在99.93%，育成率99.9%。

### （二）饲养管理记录制度化

在生产饲养中，该场对于生产及相关记录执行记录制度化，其记录包括生产记录，详细记录日产蛋、日死亡淘汰、日饲料消耗、饲料添加剂使用等；种蛋孵化记录；健康巡查制度及记录等。

### （三）消除致病微生物管理

消除场区致病微生物是科学饲养，防病控病的基础。该祖代种鸡场消除致病微生物的主思路是加强人流消毒、物流消毒和无害化处理，建立了消毒和无害化有机结合以实现致病微生物的有效消除。人流消毒、物流消毒、无害化处理内容详见“消毒设计研究应用方案”和“病死畜禽、废弃物无害化处理研究应用方案”部分。

### （四）免疫减负方案

该祖代种鸡场在本场免疫方式的基础上，进行了免疫减负的研究和实践，力求基于群体健康为前提，减少疫苗的免疫次数，以达到滋养机体、减少应激的目的。免疫减负降低的不仅仅是疫苗成本、人员操作成本，更大的效益来自鸡群拥有强大的免疫系统、足够的免疫资源，继而产生精准免疫应答后所带来的健康和生产性能的稳定。科学减负不是盲目减负，是根据健康种源、环境保障、营养支持及严格管理等环节保障个体健康，并根据当地疫病发生情况，制定合理的减负免疫程序，配合科学的监测程序，评判免疫减负效果。多年的摸索，最终形成了免疫方案，应用于免疫程序中。



1. H9 免疫减负

（1）减负后免疫程序与标准程序对比情况见表 6-13。

**表 6-13　减负后免疫程序与标准程序对比表**

| 免疫日龄 | 减负后免疫程序（1808 批） | | 标准免疫程序（1609 批） | |
|---|---|---|---|---|
| | 免疫项目 | 疫苗厂家 | 免疫项目 | 疫苗厂家 |
| 7 | 新法流（ND＋IBD＋H9） | 易邦 | 新法流（ND＋IBD＋H9） | 易邦 |
| 35 | — | — | 新支流（ND＋IB＋H9） | 易邦 |
| 65 | 新支流（ND＋IB＋H9） | 普莱柯 | 新流（ND＋H9） | 易邦 |
| H9 免疫次数 | 2 次 | | 3 次 | |

（2）减负后免疫程序（1808 批）和标准免疫程序（1609 批）H9 抗体情况见图 6-2。

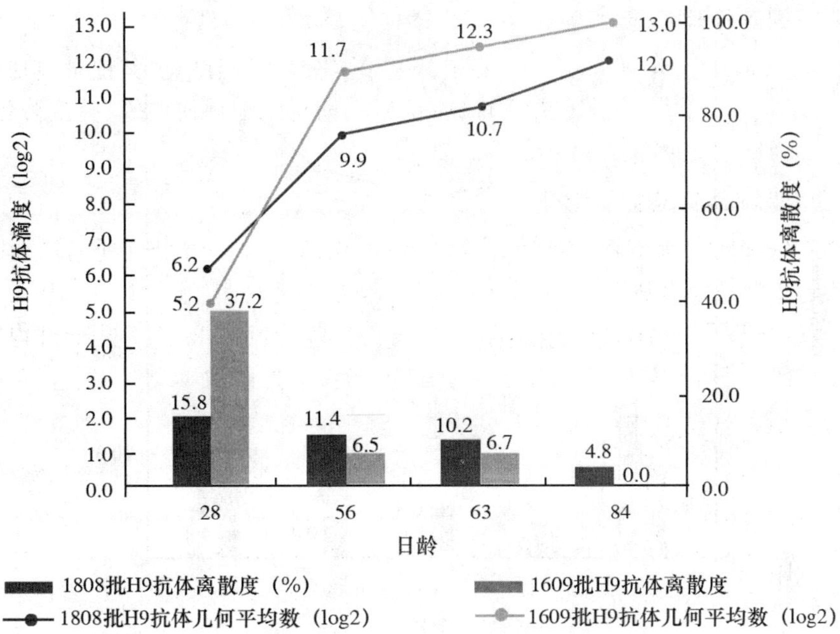


图 6-2 1609 批、1808 批育雏场鸡群 H9 抗体曲线图



2.ND 免疫减负

(1)减负后免疫程序与标准程序对比情况见表 6-14。

表 6-14 减负后免疫程序与标准程序对比表

| 免疫日龄 | 批免疫减负程序(1808 批) | | 标准免疫程序(1609 批) | |
|---|---|---|---|---|
| | 免疫项目 | 疫苗厂家 | 免疫项目 | 疫苗厂家 |
| 1 | 基因Ⅶ型弱毒＋QX | 扬大定制 | Ma5＋QX | 易邦 |
| 7 | Lasota＋H120 | 扬大定制 | T3(VG/GA＋Ma5＋QX) | 易邦 |
| | 新法流(ND＋IBD＋H9) | 易邦 | 新流法(ND＋IBD＋H9) | 易邦 |
| 35 | 基因Ⅶ型弱毒＋QX | 扬大定制 | 基因Ⅶ型＋Ma5(T5) | 易邦 |
| | — | — | 新支流(ND＋IB＋H9) | 易邦 |
| 65 | 新支流(ND＋IB＋H9) | 普莱柯 | 基因Ⅶ型＋Ma5(T5) | 易邦 |
| | — | — | 新流(ND＋H9) | 易邦 |
| ND 免疫次数 | 5 次 | | 6 次 | |

(2)减负后免疫程序(1808 批)和标准程序(1609 批)ND 抗体情况见图 6-3。

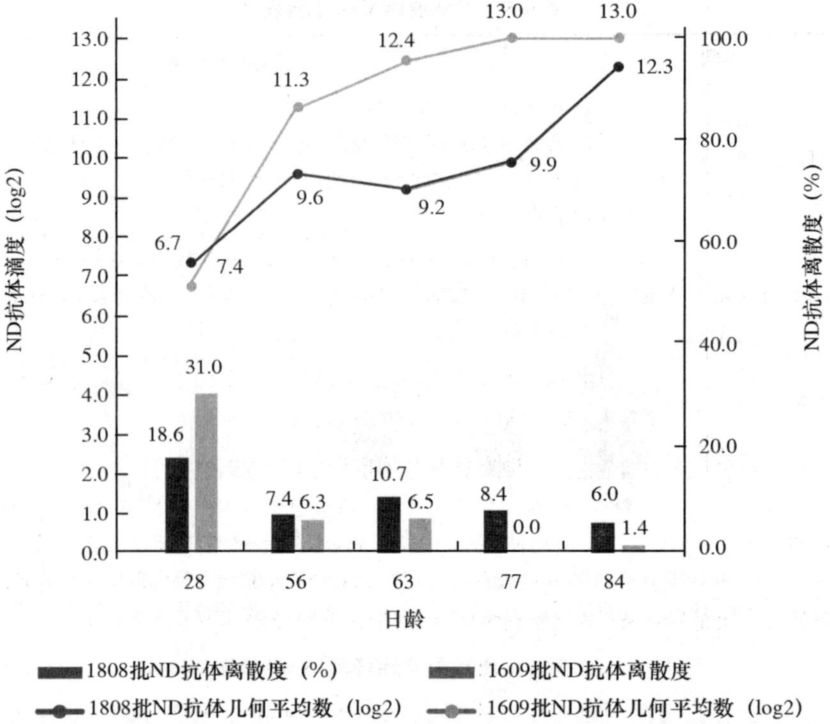


**图 6-3　1609 批、1808 批育雏场鸡群 ND 抗体曲线图**

3. IB 免疫减负

(1)减负后免疫程序与标准程序对比情况见表 6-15。

**表 6-15　减负后免疫程序与标准程序对比表**

| 免疫日龄 | 高家免疫减负程序 | | 标准免疫程序(1805 批) | |
|---|---|---|---|---|
| | 免疫项目 | 疫苗厂家 | 免疫项目 | 疫苗厂家 |
| 1 | 基因Ⅶ型弱毒＋QX | 扬大定制 | Ma5＋QX | 易邦 |
| 7 | Lasota＋H120 | 扬大定制 | T3(VG/GA＋Ma5＋QX) | 易邦 |
| | 新法流(ND＋IBD＋H9) | 易邦 | 新流法(ND＋IBD＋H9) | 易邦 |
| 35 | 基因Ⅶ型弱毒＋QX | 扬大定制 | 基因Ⅶ型＋Ma5(T5) | 易邦 |
| | — | — | 新支流(ND＋IB＋H9) | 易邦 |
| 65 | 新支流(ND＋IB＋H9) | 普莱柯 | 基因Ⅶ型＋Ma5(T5) | 易邦 |
| | — | — | 新流(ND＋H9) | 易邦 |
| IB 免疫次数 | 4 次 | | 5 次 | |

(2)减负后免疫程序(1808 批)和标准程序(1609 批)IB 抗体情况见图 6-4。

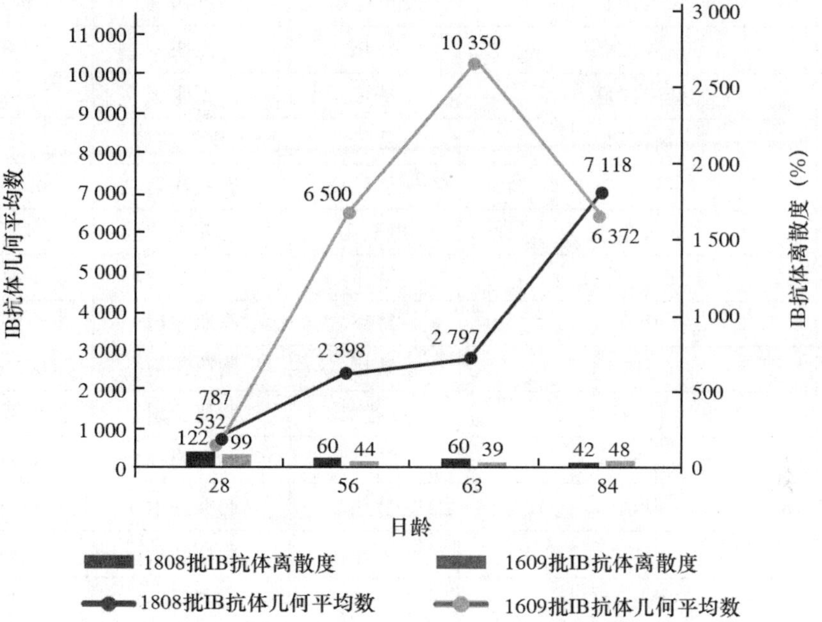


**图 6-4 1609 批、1808 批育雏场鸡群 IB 抗体曲线图**

(4)减负后免疫程序中的 ND、H9 抗体滴度低于标准免疫、离散度较标准免疫比不整齐,但是结果能够满足疫病防控。免疫减负程序中,IB 抗体呈缓慢上升趋势,离散度稳步下降,对比标准程序中 IB 抗体的滴度和离散度大起大落,更有利于该病的防控。免疫减负后在试剂生产中推广后,较标准免疫病例数的变化无显著的差异。

## 六、疫病防疫研究应用方案

该祖代种鸡场对于疫病的防疫采用了基础免疫与疫情预案有机结合的主控方式,在疫病净化和整体防疫中,取得了显著的成效。

### (一)免疫方案

本方案为暂行方案,视具体情况而调整,见表 6-16。

表 6-16　免疫程序表

| 日龄 | 免疫项目 | 疫苗厂家 | 方法 | 剂量 |
|---|---|---|---|---|
| 1 | 新支二联 | 易邦 | 点眼 | 1 羽份 |
| 7 | 新支二联 | 易邦 | 点眼 | 1 羽份 |
| | 新流法 | 易邦 | 颈皮下注射 | 0.35 mL |
| 15 | H5-6-7 | 易邦 | 胸肌注射 | 0.3 mL |
| | 鸡痘 | 梅里亚 | 左翅 | 刺种 |
| 30 | La Sota ＋H120 | 易邦 | 点眼 | 1 羽份 |
| | 新流 | 易邦 | 胸肌注射 | 0.5 mL |
| 45 | H5 | 易邦 | 胸肌注射 | 0.5 mL |
| | S1133(呼肠孤活苗) | 英特威 | 胸肌注射 | 1 羽份 |
| 55 | La Sota | 易邦 | 点眼 | 1 羽份 |
| 75 | 新流 | 易邦 | 胸肌注射 | 0.5 mL |
| 95 | H5 | 易邦 | 胸肌注射 | 0.5 mL |
| 105 | La Sota ＋H120 | 易邦 | 点眼 | 1 羽份 |
| | 新支法关 | 梅里亚 | 胸肌注射 | 0.5 mL |
| 115 | 减蛋综合征 | 梅里亚 | 胸肌注射 | 0.5 mL |
| 125 | H5 | 易邦 | 胸肌注射 | 0.5 mL |
| 135 | La Sota | 易邦 | 点眼 | 1 羽份 |
| | 新流 | 易邦 | 胸肌注射 | 0.5 mL |
| 180 | La Sota ＋H120 | 易邦 | 饮水 | 2 羽份 |
| 225 | H5 | 易邦 | 胸肌注射 | 0.5 mL |
| | La Sota | 易邦 | 饮水 | 2 羽份 |
| 250 | 新流 | 易邦 | 胸肌注射 | 0.5 mL |

备注：250 日龄以后的免疫可以参考抗体检测结果进行调整。

### (二)疫病防控三级预案

1.第一级预警方案

第一级预警方案，即绿色预警方案，适用于周边省发生疫情，但本省无疫情发生。疫情判断：经权威机构通过检测方法确诊，或经非权威机构人员初步判断。

(1)各场区与发病场区保持隔离状态

①各场区人员不接触发病场区人员、物品。

②各场区种蛋、饲料运输车辆、运雏车不进发病场区。

(2)各场区执行常规生物安全制度。

(3)疫情通报　每天了解疫情信息，给场区发布疫情通报，如果有向其他省的蔓延趋势，则执行第二级(黄色)预警方案。注：疫情平息后一个月，场区可解除与发病市场区的隔离状态。

2.第二级预警方案

第二级预警方案，即黄色预警方案，周边市、县、村有疫情，但本场正常时执行。疫情判断：经权威机构通过检测方法确诊，或经非权威机构人员初步判断。

(1)各场区与发病场区保持隔离状态

①各场区人员不接触发病场区人员、物品。

②各场区种蛋、饲料运输车辆、运雏车不进发病场区。

(2)各场区执行常规生物安全制度

(3)消除受威胁禽　根据各场区抗体监测结果和免疫时间判断是否存在受威胁禽(产蛋期)，如果有针对发生疫情的受威胁禽(如抗体结果与上次相比呈下降趋势或免疫时间超过50天)，可提前一个月进行加强免疫。

(4)疫情通报　每天了解疫情信息，给场区发布疫情通报，视疫情发展趋势，向第一级(绿色)或第三级(红色)方案转换。

3.第三级预警方案

第三级预警方案，即红色预警方案，本场有疫情时，开始执行此方案。疫情判断：经权威机构通过检测方法确诊，并执行权威机构相应的防疫措施；通过临床诊断，如发现一栋禽，死淘一天内超过0.5%(常规淘汰、人为原因或天灾等不可抗力原因除外)，且鸡群发病情况具有逐渐增多趋势，则初步判断鸡群有疫情发生。

(1)各场区与发病场区保持隔离状态

①各场区人员不接触发病场区人员、物品。

②各场区种蛋、饲料运输车辆不与发病场区混用。

③发病场区鸡蛋、饲料运输车离开时，要对车身及轮胎进行全面的消毒(惠洁1:600或澳洁康1:50或安灭杀1:100)，由发病场区工作人员负责。同时在车辆返回到公司蛋库及饲料场时需进行二次全面消毒(惠洁1:600或澳洁康1:50或安灭杀1:100)，由公司蛋库及饲料场工作人员负责。

(2)加大发病场区消毒的力度和频率　执行发生疫病的紧急消毒制度。对重点部位，如车辆消毒通道、人员通道、鸡舍内外环境、种蛋库等进行多频次严格消毒，必要时进行空场消毒，并设置空舍期，做病原消除评估后再决定引入禽群。

(3)各场区消除受威胁禽　根据各场区抗体监测结果和免疫时间判断是否存在受威胁禽（产蛋期），如果有针对发生疫情的受威胁禽（如抗体结果与上次相比呈下降趋势或免疫时间超过 50 天），可提前一个月进行加强免疫。对接触发病禽或污染物的禽进行无害化处理。同场区，但未直接接触发病禽的禽群，做隔离并观察一个潜伏期，一旦发现发病迹象，及时做无害化处理。

(4)疫情通报　每天了解疫情信息，给场区发布疫情通报，视疫情发展趋势，向第二级（黄色）或第一级（绿色）方案转换。

### （三）防鼠防鸟措施

鸡舍通风小窗增设过滤装置、增加驱鸟装置、与灭鼠公司合作，实现每年两次专业人员灭鼠，同时设置灭鼠装置，定期安排人员查看鼠饵消耗情况并及时添加鼠饵，根据实际填写记录。防鸟职责、权限和作业流程见表 6-17 和表 6-18。防鼠职责、权限和作业流程见表 6-19 和表 6-20。



**表 6-17　防鸟职责和权限表**

| 序号 | 流程步骤描述 | 责任人 | 批准人 | 支持者 | 知悉人 |
|---|---|---|---|---|---|
| 1 | 制订防鸟计划 | 场长 | 经理 | 助理 | |
| 2 | 准备物资和工器具 | 场长 | 经理 | 助理 | |
| 3 | 设置各防鸟器具 | 男工 | 场长 | 助理 | 经理 |
| 4 | 器具安装完成后检查 | 助理 | 厂长 | 助理 | |
| 5 | 经常性的巡检防鸟网 | 男工 | 场长 | 助理 | |

**表 6-18　防鸟作业流程**

| 序号 | 步骤 | 标准操作 |
|---|---|---|
| 1 | 制订防鸟计划 | 场长制订防鸟计划，防鸟计划包含时间、设备安装先后顺序、人员安排、物资与工器具数量等 |
| 2 | 准备物资和工器具 | 准备足够的防鸟网、木棍、笤帚、防护手套、簸箕、泡沫胶等； |
| 3 | 清扫 | 彻底打扫料塔顶部和料塔基座的饲料 |
| 4 | 安装 | 在厂区周围安装防鸟网<br>在厂区四周安装彩带<br>在鸡舍内的小窗处安装防鸟网 |

表 6-19 防鼠职责和权限

| 序号 | 流程步骤描述 | 责任人 | 批准人 | 支持者 | 知悉人 |
|---|---|---|---|---|---|
| 1 | 制订灭鼠方案 | 场长 | 经理 | 助理 | 经理 |
| 2 | 准备灭鼠药和捕鼠器 | 场长 | 经理 | 助理 | 经理 |
| 3 | 执行灭鼠计划 | 男工 | 场长 | 助理 | 经理 |
| 4 | 灭鼠效果评估 | 助理 | 场长 | 助理 | 经理 |

表 6-20 防鼠作业流程图

| 序号 | 步骤 | | 标准操作 |
|---|---|---|---|
| 1 | 制订灭鼠方案 | | 场长根据鸡群周转计划，制订灭鼠方案。包括灭鼠时间、周期、人员安排、捕鼠器具和防鼠板如何采购和布置等；使用毒饵灭鼠外包给专业公司 |
| 2 | 准备灭鼠药和捕鼠器 | 器具准备 | 选择符合场区实际情况，捕鼠效果好，质量可靠的捕鼠器，防鼠板、铲子、防护手套、口罩 |
| 3 | | 联系外包 | 专业灭鼠公司提供鼠药及人员上门服务 |
| 4 | | 购置捕鼠器 | 场区根据实际需要、决定采购捕鼠器种类和数量，制定布置方案 |
| 5 | | 定制防鼠板 | 根据鸡舍实际情况定制尺寸合理、实用效果好的防鼠板 |
| 6 | | 合理放置捕鼠器 | 在老鼠经常活动的路线和地点合理放置捕鼠器，发挥最佳的捕鼠效果，并根据捕鼠情况适时调整 |
| 7 | | 安置防鼠板 | 在鸡舍的前后门处和鸡舍外部斜向传送带出口处安置防鼠板，同时彻底封闭粪沟 |
| 8 | | 外包灭鼠 | 按照年度灭鼠计划灭鼠公司定期上门服务 |
| 9 | | 做好记录 | 每天记录毒饵消耗情况并及时补充，记录场区每天的灭鼠和捕鼠情况 |
| 10 | | 总结 | 每周做一次小总结 |



## 七、疫病监测研究应用方案

该祖代种鸡场是国外无特定病原祖代鸡引入饲养，进场后主要采取维持净化监测方案。监测方案借鉴于美国海兰公司的监测方案，并与行业内专家沟通，根据不同疫病的潜伏期不同，制定了对不同疫病不同的时间段检测程序，旨在更好地了解鸡群的健康状况，从而为鸡群提供更好的防控措施和疫病检测程序，具体措施见表 6-1。

监测中注意事项：

(1)白血病 P27 抗原判断标准　肛拭子 P27 抗原阳性率标准为≤1%，如果超出 1%，则要对上一代次蛋清(460 份)进行 P27 抗原检测。收集种蛋时，要对应笼号，如果上一代次蛋清检测样本超标，追踪对应笼号，采集阳性笼中的所有鸡只的抗凝血样本送总部化验室检测。

蛋清 P27 抗原阳性率标准为≤1%，如果超出 1%，增加检测量至 460 个种蛋，进行 P27 抗原检测，收集种蛋时，要对应笼号(对于大笼本交的场区，根据笼具特点，将大笼隔成 2～4 个小笼，对于人工输精笼，正常采样)，如果检测阳性率超标，追踪对应笼号，采集阳性笼中的所有鸡只抗凝血样本送总部化验室检测。

精液 P27 抗原阳性率标准为 0，采集精液时，精液要与公鸡编号一一对应，如果有阳性鸡只，追踪对应公鸡，采集抗凝血送检总部确诊。根据检测结果采取措施。



(2)REV 抗体判断标准　血清阳性率＜10%，如果超出 10%，随机采取阳性栋次 30 只公鸡和 30 只母鸡的抗凝血，送检总部化验室检测，根据检测结果采取措施。

(3)换羽后检测 PULL 抗体、白血病 P27 抗原、REV 抗体，检测结果的判定以及后续处理措施，按照开产时检测的标准。

(4)12 周监测 CAV 抗体，根据抗体阳性率决定鸡群是否需要免疫，当抗体阳性率低于 70%时，结合鸡群免疫程序，在 90 日龄前后进行 CAV 疫苗免疫。

(5)雏鸡开始饲养后，MS 抗体和病原的监测频率按照以上检测程序(表 6-1)进行，监测密度按以下原则调整：①0 日龄时：抗体和病原为每栋监测。②病原监测阳性率低于 80%时，病原监测为每栋监测，当各栋病原阳性率均超过 80%时，一个场区固定保留两栋监测病原。③各栋次病原监测均为阴性时，一个场区抗体监测选择两栋(不固定，轮换)；当场区病原监测出现阳性后，抗体监测改为每栋监测。

(6)祖代场 MS 监测频率按照程序频率进行(表 6-1)；密度始终按照最大监测密度进行，即一直为每栋采样监测，不受以上第 4 点限制；采样数量为每栋采样 30 份血清和 10 份环境样品，环境样品包括墙壁、地面、料槽壁、粪带、风机。每个祖代场区人员检测样本为 4 份/人，样本采集包括鼻腔拭子、耳道拭子、头发拭子、咽拭子。祖代场环境、人员采样频率与鸡群 MS 病原检测同步，即 0 天、4 周、8 周、10 周、12 周、14 周、16 周、20 周，以后每 4 周一次。

(7)IB/IBD 抗体每个场区检测一栋,该栋固定选择该场区日龄最小的一栋作为监测对象。当其他栋舍出现 IB/IBD 的临床症状、解剖变化,或怀疑有该病感染时,再将该栋舍的血清取出检测,进行回顾性诊断。

(8)沙门氏菌分离培养、细菌总数计数、卫生检测的采样方法及采样数量,详见环控检测操作规程。

(9)ND/AI/IB 三类病毒分离采样:每栋采样 30 只鸡,分别采集咽拭子和肛拭子,共 60 个样,每 5 个咽拭子为一个混合样,每 5 个肛拭子为一个混合样,即共形成 12 个混合样。

(10)全血凝集反应由场区现场操作;病毒分离送外检,具体外检单位由技术部联系;ND/AI/PULL 抗体检测、鸡场环境中沙门氏菌分离培养,如果场区有检测条件,则在场区化验室检测,如果场区没有条件检测,则由总部化验室检测;其他检测项目主要由总部化验室检测。江西公司、重庆公司能够检测的项目均在本公司化验室检测,不能开展的项目,由总部化验室检测或送检(1 日龄监测全部由总部化验室完成)。



## 八、病死畜禽、废弃物无害化处理研究应用方案

### (一) 病死禽无害化处理方案

1.目的

规范鸡场病死鸡的处理流程,保证病死鸡处理的质量和生物安全。

2.人员防护

(1)处理前,穿戴工作服(防护服)、口罩、橡胶手套、胶靴等个人防护用具。

(2)处理后,无害化处理一次性个人防护用品,其他用品消毒后再次使用。

3.物品准备

物品包括:死鸡桶、个人防护用品、消毒药等辅助材料。

4.收集死禽步骤

(1)一旦发现死鸡,及时拿出笼中死鸡,防止对留存健康鸡产生影响。

(2)死鸡的收集:工人发现死禽后,通过后门的洞口将死禽扔入桶中(加有消毒药),工作时不要发出大的、刺耳的声音,以免产生鸡群应激。

(3)死鸡的转运:在转运过程中,死鸡放在密闭桶中放置,不得拿到相邻鸡舍集中转运,每日清粪时,男工把死鸡桶拿到传送带附近,传送鸡粪时把死鸡放在传送带上传送到鸡粪车上,之后,粪车把鸡粪和死鸡拉到有机肥厂发酵无害化处理场。

(4)死鸡的发现、收集和转运整个过程工作人员应全程负责,防治工作疏忽,污

染场区和鸡舍。

(5)现场消毒:对死鸡桶和死鸡及死鸡桶接触的地面、器具、周边用配置好的消毒药喷洒消毒。

(6)记录:对处理时间、处理数量、所属鸡舍、处理过程、处理方式、处理物资器具以及处理人等情况,进行详细、及时、准确的记录。记录表放置在便于记录和查阅的位置。

(7)异常汇报:对死鸡数超标鸡舍和异常情况向场长或助理汇报。

**(二)废弃物处理**

1.目的

对种鸡饲养过程中产生的废弃物进行无害化处理,减少污染和鸡病的发生。

2.废水、污水处理

(1)提倡节水意识,减少水源浪费。



(2)生活废水和雨水通过粪道排入指定地点进行集中处理。

(3)饲养人员经常检查饮水管,杜绝跑、冒、滴、漏现象。

(4)各栋通过执行清干粪制度,尽量杜绝污水排放。

(5)冲洗鸡舍的污水通过罐车送往场外集中处理。

(6)维修组负责废水处理的执行与监督。

(7)配合当地环保局,定期检测本部门废水排放情况,做好废水处理工作确保其达到国家污水排放标准。

3.鸡粪处理

各栋舍负责本栋鸡粪的清理,包括舍内清理,通过传送带运送到舍外,由粪车把鸡粪和死鸡拉到有机肥厂发酵无害化处理场。

4.蛋壳、蛋托处理

饲养人员及蛋库保管,每天将破碎的蛋壳和使用过的废旧蛋托,放到指定地点,由消毒人员负责将蛋壳、蛋托运送到焚烧炉焚烧处理。

5.对报废器具的处理

(1)各场对报废的零件和工具等集中消毒后放入库房,年末集中处理。

(2)兽医室对所使用过的兽药和疫苗容器集中焚烧处理。

(3)雏鸡盒和笼内垫纸以及旧蛋托用完后焚烧处理。

# 第四节　祖代种鸡场管理模式

## 一、禽群管理

禽群管理主要包括雏鸡引入管理、转群管理以及鸡群环境管理，具体内容详见“动物移动控制研究应用方案部分”。

禽群的环境控制主要包括合适的饲养密度、合理的通风换气、适宜的温度、湿度及光照等，这是促进鸡群健康生长的必要条件，主要参照《海兰褐管理手册》内容执行。

## 二、人员管理

根据不同区域生物安全等级进行人员管理，人员遵循单向流动原则，禁止逆向进入生物安全更高级别区域。



### （一）入场人员审查

外部人员到访需提前 24 h 向场区相关负责人提出申请，经近期活动背景审核合格后方可前来访问。场区休假人员返场需申请，汇报近期活动后方可返场。人员在进场前一周不得去其他禽场、禽屠宰场、无害化处理场及动物产品交易场所等生物安全高风险场所。

### （二）人员进入办公区/生活区流程

每个流程分区管理，责任到人，监督落实，关键点安装摄像头进行实时管理。

（1）入场证明　入场人员到达鸡场大门处需填写入场调查表。

（2）登记　在门卫处进行入场登记，包括日期、姓名、单位、进场原因、最后一次接触鸡只日期、离开时间及是否携带物品等，并签署相关生物安全承诺书。

（3）淋浴　洗澡后，更换干净衣服及鞋靴入场，注意头发及指甲的清洗。

（4）携带物品　携带物品经消毒后入场，严禁携带禽类动物肉制品入场。

（5）隔离　在规定区域活动，完成 72 h 以上隔离，未经允许，禁止进入生产区。

### （三）人员进入生产区流程

参考“人员进入办公区/生活区流程”流程，并在生活区隔离 72 h 后进入生产区。注意人员在生产区洗澡间洗澡的同时，携带物品须经生产区物资消毒间消毒后进入。

### (四)人员进入生产单元流程

人员按照规定路线进入各自工作区,禁止进入未被授权的工作区。进出生产单元均清洗、消毒工作靴,在脚踏消毒盆浸泡消毒。人员离开生产区,将工作服放置指定收纳桶。疫情高风险时期,人员应避免进入不同生产单元。如确需进入,更换工作服和工作靴。

## 三、车辆管理

鸡场车辆包括雏鸡运输车、种蛋运输车、散装料车、死鸡/鸡粪运输车以及私人车辆等。

### (一)雏鸡运输车

雏鸡运输车为公司自有、专用。

1.清洗与消毒



具体流程参见"入场区的车辆、人员、物品消毒"部分。流程包括:高压冲洗,确保无表面污物;清洁剂处理有机物;消毒剂喷洒消毒;充分干燥。

2、司乘人员管理

司乘人员均为专职人员,实行统一管理,穿戴干净且消毒的工作服。不参与鸡只或种蛋的装卸,严禁司机下车或由除本车司机以外的人员驾驶。

3.运输路线

雏鸡运输车在隔离场和祖代种鸡场之间按规定路线行驶。避免经过鸡场、其他动物饲养场及屠宰场等高风险场所。

### (二)种蛋运输车

鸡场设置种蛋运输车,公司自有,专用。

1.清洗与消毒

同雏鸡清洗消毒程序。

2.司乘人员管理

同运雏车司乘人员管理。

3.运输路线

雏鸡运输车在祖代种鸡场和孵化厂之间按规定路线行驶。避免经过鸡场、其他动物饲养场及屠宰场等高风险场所。

### (三)散装料车

鸡场设置散装料车,公司自有,专用。车辆不进入生产区。

1.清洗与消毒

同雏鸡清洗消毒程序。

2.司乘人员管理

同运雏车司乘人员管理。

3.行驶路线

散装料车在鸡场和饲料厂之间按规定路线行驶。避免经过鸡场、其他动物饲养场及屠宰场等高风险场所。散装料车每次送料尽可能满载,减少运输频率。

4.打料管理

散装料车不进入生产区内,打料工作由场区人员操作,司机严禁下车。

#### (四)死鸡/鸡粪运输车

死鸡/鸡粪运输车专场专用。交接死鸡/鸡粪时,避免与外部车辆接触,使用后,车辆及时清洗、消毒及干燥,并消毒车辆所经道路。



#### (五)私人车辆

私人车辆禁止靠近场区。

### 四、物资管理

祖代种鸡场物资主要包括食材、兽药疫苗、饲料、生活物资、设备以及其他物资等。

#### (一)食材

1.食材的选取

食材生产、流通背景清晰、可控,无病原污染。禽类动物生鲜及制品禁止入场,禁止食用。

2.饭菜进入生产区

由厨房提供熟食,生鲜食材禁止进入。饭菜容器经消毒后进入。

#### (二)兽药疫苗

1.进场消毒

疫苗及有温度要求的药品,拆掉外层纸质包装,使用消毒剂擦拭泡沫保温箱后,转入生产区药房储存。其他常规药品,拆掉外层包装,经臭氧或熏蒸消毒,转入生产区药房储存。

2.使用和后续处理

严格按照说明书或规程使用疫苗及药品，做到一鸡一针头，疫苗瓶等医疗废弃物及时无害化处理。

**（三）饲料**

饲料无病原污染。散装料车在场区外围或生活区打料，降低疫病传入风险。

**（四）生活物资**

生活物资集中采购，经臭氧或熏蒸等消毒处理后入场，减少购买和入场频率。

**（五）设备**

风机、钢筋等可以水湿的设备，经消毒剂浸润表面，干燥后入场。水帘、空气过滤网等不宜水湿的设备，经臭氧或熏蒸消毒后入场。

**（六）其他物资**

五金、防护用品及耗材等其他物资，拆掉外包装后，根据不同材质进行消毒剂浸润、臭氧或熏蒸消毒，转入库房。

# 第七章　北京大风家禽育种有限责任公司易县第一种鸡场禽白血病净化案例

北京大风家禽育种有限责任公司(以下简称:公司)成立于2002年,专门从事祖代白羽肉种鸡的生产经营。2002年在国内率先引进罗斯308祖代肉种鸡。公司主要生产和销售罗斯308和科宝父母代种鸡。公司的祖代白羽肉种鸡生产经营能力位居全国前列。

公司现有员工580人,畜牧兽医专业大中专毕业120多人,占员工总数的20%,30多人具有中高级专业技术职称。公司聚集了一大批立志于肉种鸡事业、有技术、管理经验丰富、年富力强的专业技术人才。公司管理团队认同感极强,实践经验丰富,具有开拓进取精神。

公司总部位于北京临空经济开发区。公司在北京、天津、河北、河南、内蒙古设有4个分公司,拥有10个独立的、具有良好隔离条件的祖代种鸡场,2个祖代孵化场。祖代肉种鸡设计饲养规模21万套,单批供种能力10万套。公司是国内成长性强、有持续竞争力的祖代肉种鸡生产企业。2016年起,公司被北京市科委联合认定为《北京市高新技术企业》。

公司将“以人为本,追求卓越”作为企业精神,立足于精品战略,所有管理环节、生产环节、销售环节层层把关,本着对客户负责的严谨作风去生产精品、销售精品。公司通过严谨的客户服务体系,依据详尽的技术服务标准,对客户实行标准化的技术服务。公司以高超的技术优势,通过多种渠道向客户提供及时、准确、周到的服务,创造共赢的局面。

从源头上对动物重大疫病、垂直传播性疫病和人畜共患病进行净化,不仅能促进养殖业健康发展,提升公司竞争力,还能维护公共卫生安全,为此公司决定开展动物疫病净化创建场申报工作。

北京大风家禽育种有限责任公司易县第一种鸡场始建于2012年,为了禽白血病净化工作的顺利开展,公司成立了禽白血病净化工作领导小组,明确分工,责任到人。生产部总经理全面负责疫病净化统筹调度工作，生产部河北区经理和兽医经理具体负责鸡场的生产技术和疫病净化指导工作，主管兽医师负责生产场疫病净化具体技术工作，生产场场长负责具体的生产管理工作，生产场技术人员协助场长完成生产管理工作，兽医检测实验室技术人员负责疫病净化相关检测工作。

公司聘请山东农业大学崔治中教授为禽白血病净化顾问专家，全面指导净化技术工作。科技部“十三五”项目课题组赵鹏教授等专家提供具体净化技术指导。在河北省动物疫病控制中心路广计主任、山东农业大学崔治中教授、赵鹏教授的悉心指导下，制定和完善了禽白血病净化技术方案，为疫病净化实施提供了科学依据。2018 年，易县第一种鸡场顺利通过评估，荣获河北省首批“动物疫病净化创建场”。

## 第一节　禽白血病净化技术研究



禽白血病病毒(ALV)属于反转录病毒科、α 反转录病毒属的一类病毒。ALV 能够引起传染性的良性和恶性肿瘤。ALV 不仅能诱发免疫抑制和生长迟缓，还能诱发相当高比例的感染鸡发生各种不同表现形式的肿瘤。根据临床症状分为淋巴细胞性白血病、成红细胞性白血病、成髓细胞白血病、髓细胞样白血病、结缔组织性肿瘤等。大多数肿瘤与造血系统有关，少数侵害其他组织(殷震等，动物病毒学，1997；BW 卡尔尼克. 禽病学，1991)。

根据感染谱、干扰谱和囊膜抗原的不同，可将 ALV 分为 A～K 共 11 个亚群，自然能感染鸡群的 ALV 为 A、B、C、D、E、J 和 K 7 个亚群，其中 ALV-J 亚群对鸡的传播性、致病性和危害性最强。

ALV 对外界环境抵抗力较低，其横向传播能力较弱。尤其是在夏天，即使不做任何消毒措施，病毒也会很快失去传染性。ALV 主要通过种蛋垂直传播、出壳后带毒雏鸡在孵化厅或者运输过程接触横向传播。另外，疫苗污染 ALV 也是重要的传播途径。禽白血病垂直传播可在祖代—父母代—商品代传播过程中逐代放大，具有重要的流行病学意义(崔治中，2012)。因此，种鸡场清除 ALV 是最有效的控制禽白血病的方法。

ALV 感染的根除依赖于阻断病毒从亲代到子代的垂直传播。要建立一个无白血病感染的鸡群，必须保证无先天性感染的鸡群在孵化、培育到饲养过程中保持高度隔离状态。要做到这一点，必须从那些不能产生传染性病毒给子代的母鸡中获取鸡胚(李传龙，2012)。

仅用一种实验不大可能检出所有潜在性的排毒母鸡。在用 ELISA 检测蛋清时存在一个问题，即需要区分所产生的阳性是由内源性病毒产生的 gs 抗原所引起的，还是发生反应的部位存在外源性 ALV 感染。外源性 ALV 感染(Ignjatovic J，1986)引起的反应一般很高，但内源性和外源性病毒感染的分界线有时难以确定，一定程度上是根据个人观点。外源性病毒所产生的高反应性，在测定蛋清样品时比测定拭子样品时更清楚(Crittenden，L. B，1984)。如果抗 P27 蛋白单克隆抗体能用于 ELISA，则有希望区分内源性和外源性感染(Lee，L. F，1986)。

禽白血病净化技术方案需要根据种鸡来源类型制定，原种鸡群要结合育种需要严格进行 ALV 净化，祖代鸡群(进口或者国内引进)要加大种源 ALV 监测和维持净化状态。

我国现有条件下原种鸡群净化方案：

方案 A(国际金标准)：对核心鸡群全部采血浆接种 DF-1 细胞，9 天后检测 P27 抗原，凡阳性者全部淘汰。分别在 68 天和 168 天至少做 2 次采血分离病毒。对核心鸡群下一代刚出壳的鸡进行泄殖腔 P27 检测，淘汰所有阳性鸡。如此反复。



优点：检测特异性和检出率很高，如严格实施 4～5 年，就可能基本净化，此后只需要抽检，不需全面检测。缺点：需要投入的资金、设备和人力较大，而且还没有足够训练有素的有经验的技术队伍。

方案 B：根据泄殖腔棉拭子及蛋清中 P27 抗原检测，阳性者全部淘汰。

优点：方法简单，成本相对较低，每次可以检测所有样品。缺点：不能区别内源性和外源性 ALV，会把感染 E 亚群的鸡给淘汰了。但是当阳性率高时对选种不利，很难被育种专家接受。检测灵敏度尚不足以检测出所有感染鸡。

方案 C：将泄殖腔棉拭子 P27 阳性和阴性的鸡分开饲养，P27 阳性鸡分别取血清或蛋清在 DF-1 细胞上分离外源病毒，仅淘汰外源性鸡只。

优点：能区别内源性与外源性 ALV 感染鸡只。缺点：对鉴别性细胞培养技术要求较高，人力成本，试剂成本及实验室设备较高。

北京大风家禽育种有限责任公司易县第一种鸡场自建场以来均从国外引进祖代肉种鸡。国外开展禽白血病净化工作多年，种源已经实现净化，因此公司引进的祖代肉种鸡无禽白血病，所以引进雏鸡只需开展净化维持相关措施。结合公司生产实际，制定了进口祖代肉种鸡 ALV 净化技术路线、技术方案以及监测程序。

## 一、禽白血病净化技术路线

根据禽白血病病毒特性，结合肉种鸡生产实际和种禽场状况，制定出科学合理的净化技术路线(图 7-1)，确保净化工作顺利开展。

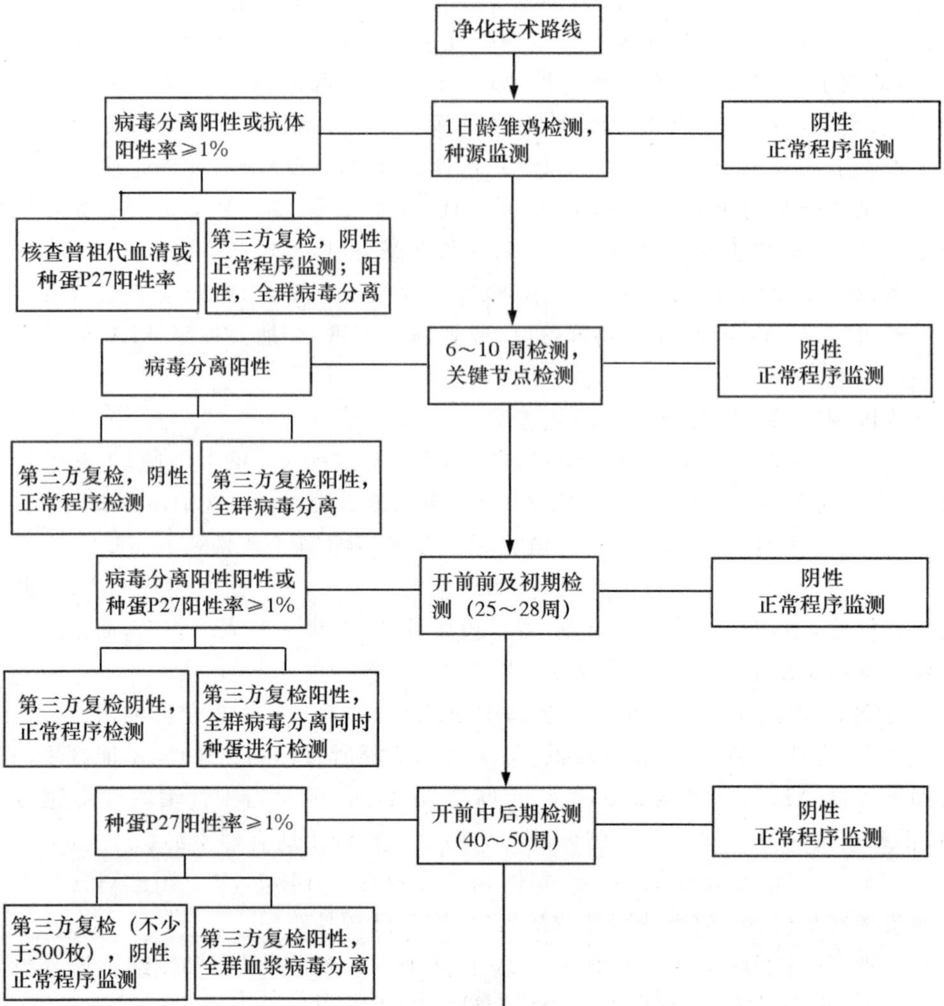




图 7-1　易县第一种鸡场 ALV 净化技术路线

## 二、禽白血病净化技术方案

相对于鸡马立克氏病，禽白血病在我国鸡群中的感染率和发病死亡率均要高得多，由于没有疫苗能用来预防禽白血病，所以实施 ALV 净化是预防鸡白血病的最重要措施。

我国饲养的祖代白羽肉种鸡全部依靠从欧美国家进口，早期由于监控体系不完善、检测技术不成熟、认识不到位等原因，禽白血病病毒随引进的白羽肉种鸡带入我国。各个跨国育种公司先后实现了种源禽白血病的净化，我国引进的白羽肉种鸡基本上不再带有禽白血病病毒，但是2010年张青禅等从某进口祖代肉种鸡中分离到禽白血病，因此还是需要加强进口雏鸡检测力度，一方面保证引进雏鸡不携带外源性禽白血病病毒；另一方面可以作为考察外国肉种鸡供应商依据。

(1)对新引进雏鸡1日龄采集血浆进行病毒分离(≥100份)，同时收集血清进行ALV-A/B,ALV-J抗体检测(≥100份)，监测进口种鸡ALV的洁净度。如果病毒分离和抗体检测阴性，按正常程序监测；如果血浆病毒分离出现阳性或者抗体阳性率高于1%，一方面外国供应商曾祖代鸡血清对ALV-J和ALV-A/B抗体的阳性率及相应种鸡蛋清P27阳性率，另一方面委托第三方禽白血病专业检测实验室进行复检，根据第三方实验室的建议进行淘汰或者继续饲养。

(2)育雏后期(6～10周龄)按5%～10%比例(根据鸡群总体数量决定抽样比例)对全群种鸡采集血浆进行ALV病毒血症检测。同时，每栋采集46份血清进行ALV-A/B,ALV-J抗体检测。如果血浆病毒分离阴性，按正常程序监测；如果血浆病毒分离出现阳性，该鸡群重新进行采样，委托第三方禽白血病专业检测实验室进行复检，如果阴性，按正常程序监测；如果阳性，该品系全群进行血浆病毒分离，根据第三方实验室的建议进行淘汰或者继续饲养。



(3)开产前按5%～10%的比例对公鸡血浆和精液同时进行病毒分离。开产初期(25～28周龄)对初产蛋(每栋不少于100枚)进行蛋清p27检测(GB/T 26436)。同时，每栋采集46份血清进行ALV-A/B,ALV-J抗体检测。如果血浆病毒分离和种蛋检测阴性，按正常程序监测；如果血浆病毒分离阳性或者种蛋检测阳性率高于1%，该鸡群重新进行采样，委托第三方禽白血病专业检测实验室进行复检，如果阴性，按正常程序监测；如果依然出现阳性，该品系全群进行血浆病毒分离同时收集当日该栋所产所有种蛋进行P27检测(不少于500枚)，根据第三方实验室的建议进行淘汰或者继续饲养。

(4)产蛋中后期(40～50周龄)对种蛋(每栋不少于100枚)进行蛋清p27检测(GB/T 26436)。同时，每栋采集46份血清进行ALV-A/B,ALV-J抗体检测。如果种蛋P27检测阴性，按正常程序监测；如果种蛋检测阳性率高于1%，该鸡群重新进行采样，要求收集当日该栋所产所有种蛋进行P27检测(或不少于500枚)，委托第三方禽白血病专业检测实验室进行复检，如果阴性，按正常程序监测；如果依然出现阳性，该品系全群进行血浆病毒分离，根据第三方实验室的建议进行淘汰或者继续饲养。

(5)种鸡场所有活疫苗使用前必须进行严格的外源病毒检测，确保疫苗无外源性禽白血病病毒污染。

## 三、禽白血病净化监测计划

公司净化小组根据禽白血病的流行病学特点、病毒排毒规律和种鸡场生产实际情况，对净化技术方案和检测程序进行了科学优化(表 7-1)，在原有检测计划上增加了禽白血病病毒细胞分离培养环节。



**表 7-1　易县第一种鸡场监测计划**

| 日龄 | 检测项目 | 样本类型 | 检测方法 | 检测单位 |
|---|---|---|---|---|
| 1 | ALV-A/B, ALV-J, SP, REV,病毒分离 | 血清/血浆 | ELISA | 中国农大/公司化验室 |
| 4 | SP | 血清 | 平板凝集 | 公司化验室 |
| 45 | SP,H9,ND,RE-6,RE-8,H7 | 血清 | HI/平板凝集 | 公司化验室 |
| 74 | ALV-A/B, ALV-J, SP, REV,病毒分离 | 血清/血浆 | ELISA | 中国农大/公司化验室 |
| 77 | SP,H9,ND,RE-6,RE-8,H7 | 血清 | HI/平板凝集 | 公司化验室 |
| 104 | H9,ND,RE-6,RE-8,H7 | 血清 | HI | 公司化验室 |
| 123 | ALV-A/B,ALV-J,SP,REV | 血清 | ELISA | 中国农大 |
| 139 | H9,ND,RE-6,RE-8,H7 | 血清 | HI | 公司化验室 |
| 151 | ALV-A/B,ALV-J,SP,REV | 血清 | ELISA | 中国农大 |
| 160 | SP,H9,ND,RE-6,RE-8,H7 | 血清 | HI/平板凝集 | 公司化验室 |
| 175 | P27, ALV-A/B, ALV-J, SP, REV | 种蛋/血清 | ELISA/平板凝集 | 中国农大 |
| 198 | H9,ND,RE-6,RE-8,H7 | 血清 | HI | 公司化验室 |
| 223 | H9,ND,RE-6,RE-8,H7 | 血清 | HI | 公司化验室 |
| 249 | H9,ND,RE-6,RE-8,H7 | 血清 | HI | 公司化验室 |
| 268 | P27, ALV-A/B, ALV-J, SP, REV | 种蛋/血清 | ELISA | 中国农大 |
| 273 | H9,ND,RE-6,RE-8,H7,SP | 血清 | HI | 公司化验室 |
| 318 | H9,ND,RE-6,RE-8,H7,SP | 血清 | HI | 公司化验室 |
| 345 | P27 | 种蛋 | ELISA | 中国农大 |

## 四、禽白血病横向感染的预防

北京大风家禽育种有限责任公司易县第一种鸡场均从国外进口祖代肉种鸡，维持净化的主要工作是持续保持鸡群禽白血病阴性状态，重中之重就是避免鸡群内发生横向感染，避免育雏期感染和疫苗污染。

### （一）避免同场鸡群的横向感染

种禽场引种时要对引进雏鸡进行严格的检疫，防止从国外或者引种地将禽白血病病毒带入鸡场。种禽场要严格遵守“全进全出”的饲养模式，严禁不同来源、不同批次、不同代次鸡只在同一鸡场饲养。

育雏阶段尤其是30日龄以内的雏鸡最容易发生横向感染，该阶段最好能够小群体饲养，避免发生横向感染。北京大风家禽育种有限责任公司易县第一种鸡场采用地面平养的饲养方式，育雏阶段根据A、B、C、D四个品系鸡只数量和栋舍情况，将同一品系鸡只饲养在同一栋舍。每栋鸡舍引进雏鸡前要设置饲养小圈，每个小圈能饲养500～600只祖代雏鸡，每个饲养小圈之间用铁丝网进行隔离，铁丝网内侧用铁皮进行隔断，此措施能有效防止雏鸡直接接触发生交叉感染。育雏阶段，每小时更换一次饮水和饲料，同时对水壶进行清洗和消毒。



孵化厅是雏鸡发生横向感染的另一个重要场所，因此孵化厅在做好生物安全措施的前提下，务必做好雏鸡的隔离工作，最好建立独立的孵化厅。如果做不到，尽量将不同品系、不同场次、不同日龄的种蛋单独孵化，做好设备设施以及人员的消毒隔离工作。孵化用种蛋要进行严格得挑选和消毒，每台孵化器只允许孵化同一栋舍来源的种蛋，严禁混孵。孵化相关人员（入孵员、照蛋员、落盘员等）在孵化过程中需要操作不同来源种蛋时，务必做好消毒工作，尤其是手部消毒，避免交叉感染。种鸡出雏阶段，需要按栋依次进行出雏，不同来源种蛋采用不同颜色（标记）的出雏筐，每个出雏筐存放不大于30只雏鸡。不同来源的雏鸡要放置在不同区域，各区域要有明显标识。鉴别过程中，鉴别人员要每鉴别完一出雏筐雏鸡，必须进行手部清洗和消毒，防止交叉感染。胎粪收集人员在采集胎粪时也要注意清洗与消毒，防止交叉感染。

雏鸡运输也是禽白血病早期发生横向感染的重要环节，在保证通风和保温的前提下，运输纸盒上孔隙尽量少而小，最好能做到“只闻其声，不见其鸡”，垫纸要结实同时吸水性要强，防止运输过程中胎粪洒落污染其他盒内雏鸡。

另外，要高度重视公鸡的检测，尤其是在6～8周、开产前、40～50周，要对公鸡血浆和精液要同时进行病毒分离，因为二者往往不同步，呈现病毒血症公鸡这个时期不一定向精液中排毒或者分泌P27，反之亦然。母鸡血浆病毒分离和种蛋

P27 同时进行检测也是基于该种原因。

**(二)避免使用禽白血病病毒污染的疫苗**

尽管使用 ALV 污染的疫苗危害程度不尽相同,但是它可以破坏种鸡群原有的净化状态,感染鸡群可能产生肿瘤或者影响生产性能,更重的可能会造成一些鸡带毒,垂直传播给后代,在后代当中诱发更高比例的的感染率和发病率。

在疫苗种类上,应高度关注雏鸡阶段特别是 1 日龄通过注射法使用的疫苗,日龄越小对禽白血病病毒越易感,造成的危害越大,注射比其他途径更易感。孵化厅使用的所有活疫苗必须进行外源性禽白血病病毒检测,注射器和注射人员要做好消毒工作,同一人员同一注射器只进行同一来源雏鸡,每 100 只鸡进行一次消毒和针头更换。随着日日龄的增加,鸡只对禽白血病的的易感性下降,但是不能完全排除通过免疫注射枕头传播禽白血病的可能,因为 2012 年李传龙等通过实验证实针头刺种可以造成急性纤维肉瘤,最好使用无针头注射器。



种鸡群使用的每个种类每个批次的活疫苗都必须进行严格的外源病毒检测,尤其是禽白血病外源病毒检测,要求检测方法和检测试剂要准确,灵敏度、特异性和检出率也都要高。有 3 种方法可以用来对疫苗中外源性禽白血病病毒检测,细胞培养分离病毒、核酸检测法和 SPF 鸡体接种法。DF-1 细胞病毒分离培养最基本也最可靠,灵敏度和特异性也很好,但是不适用于所有疫苗,比如对细胞有损失的禽痘疫苗。分了生物学检测方法应用最多,操作得当,具有很高的灵敏度;但是该检测方法标准不统一,可重复性不高,也会出现很高的非特异性结果,即假阳性。SPF 鸡的接种试验,技术相对简单,结果可重复性也高,但是检测周期较长,成本较高。

基于以上分析可以看出,没有一种检测方法是绝对可靠,建议采用多种检测方式相结合进行疫苗外源性禽白血病病毒检测,最低限度降低一种方法带来的漏检,比如采用斑点杂交和细胞病毒分离、PCR 和斑点杂交。此外,可以委托禽白血病专业实验室、高校和有资质的第三方实验室进行检测。由 ALV 呈间歇性排毒,多种检测方法一次也不能完全把禽白血病病毒全部检出,即使多种方法也要进行多次检测。

## 第二节　种鸡场生物安全体系建立

种鸡场可能经历的风险主要包括养殖风险和市场风险,生物安全体系是保障养殖风险的重要手段。生物安全体系是一个系统性的安全保障体系,以控制疫病发生为前提，最终目标是获得最大生产效益。

禽白血病净化是一项集成性很强的较复杂的系统性工程，包含孵化与出雏、胎粪检测、运输环节、育雏环节阻断隔离、公鸡检测要点、母鸡检测要点、生物制品安全性、免疫环节以及综合性生物安全措施。北京大风家禽育种有限责任公司易县第一种鸡场均从国外无禽白血病的种源场引进祖代肉种鸡，所以保持种鸡群不受外源病毒感染是关键的工作，而完善生物的安全体系是保障禽白血病净化的重要环节。

易县第一种鸡场依山而建，该场东西南三面环山，场区与村庄之间有一山之隔，形成了天然的防御屏障，自然防疫条件良好。该场区全部实现硬化，各功能区严格分开，各区域具有明显标识。

为最大限度地保证种鸡群健康，发挥优良品种的各项生产性能，除了必备的硬件设施以外，在生产管理上制定《祖代种鸡免疫程序》《种鸡健康监测计划》《疫病净化制度》《兽药使用管理制度》等各项规章制度并有效实行。同时建立健全了各生产环节的作业指导书和生产记录体系。



## 一、种鸡场场区选址、布局及相关配套设施

### （一）鸡场选址

种鸡场的地址首先要符合《中华人民共和国畜牧法》和《中华人民共和国动物防疫法》的有关规定。种鸡场的选址是生物安全建设的根本，其选址的依据包括：充分考虑人和动物的安全；方便鸡群进行科学合理的饲养管理；符合食品安全和动物福利的要求。选址的主要目的是在良好的隔离条件下，确保鸡群的健康。种鸡场越独立，就越容易创造出更好的生物安全。种鸡场选址主要考虑以下几个因素：

（1）地形地貌　种鸡场的场地应该选择在地势较高、平坦、开阔、干燥的地方。北京大风家禽育种有限责任公司易县第一种鸡场依山而建，地势较高有利于排水。

（2）地理和交通　种鸡场应远离铁路、交通要道、车辆来往频繁的地方，距离在500 m以上，与次级公路也应有100～200 m的距离，离居民点和其他家禽场15 km，种鸡场应距离商品鸡场3 km以上。种鸡场附近无产生噪声和化学气味的工厂，因为这些工厂排放的废水、废气中，经常含有重金属、有害气体及烟尘，污染空气和水源。它不但危害鸡群健康，而且这些有害的物质在蛋和肉中积留，对人体也是有害的。但是，种鸡场应交通方便、以便运入原料和产品，且最好靠近消费地和饲料来源地。

（3）土壤和水源　种鸡场土壤应符合鸡场的卫生防疫要求以及建场要求。鸡场水源要充足，能满足场内人员、动物饮水和生产、管理用水。种鸡饮用水要用净

化剂进行消毒，定期取水样检查，水质良好符合人畜饮水卫生标准（NY 5027—2008）。

（4）电源　种鸡场要求电力能够24 h供应，特别是鸡群的光照和鸡舍风机需要有不间断的电力。因此，对于较大型的种鸡场，必须配备备用电源，如双线路供电或发电机等。

（5）气候　气候条件和风向对种鸡的生产有很大影响。北半球的种鸡场一般都位于北方和南方，主要是为了防止冬季的西北风造成鸡的冷应激。如果有条件，鸡舍最好选择温度差异不大的地区。因此，气候因素在某些情况下对疫病的影响是非常可怕的，有时甚至会引起流行病。

（6）周围环境　鸡舍周围的环境应保持良好的卫生条件，以确保养殖场不受外界污染。防止鸡舍周围的积水现象，这可能是一些虫媒疫病的来源，例如蚊子传播的禽流感病毒。鸡舍四周的所有地面都要平整、清洁，以便快速、方便地除草，以减少和杀死鸡舍的病原体，达到清洁和消毒的目的，从而更好的保持环境卫生。



## （二）鸡场规划布局

北京大风家禽育种有限责任公司易县第一种鸡场规划布局要符合《动物防疫条件审查办法》的相关要求。鸡场在考虑规划布局问题时，要以利于防疫、排污和生活为原则。在综合考虑风向和地势基础上，按照生产过程顺序和连续性来规划和布置建筑，通过鸡场内各建筑物的合理布局来减少疫病的发生和有效控制疫病，鸡场布局基本原则：地势和风向符合防疫要求，以人、鸡、污顺序排列房舍；地势和风向不一致时，以风向为主。

（1）种鸡场生活区、行政区和生产区应严格分开并相隔一定距离，便于管理，提高效率，最重要的是利于防疫。

（2）种鸡场生产区是鸡场布局中的主体，应慎重对待。孵化室应与所有的鸡舍相隔一定距离，最好设立于整个鸡场之外，种蛋进行独立孵化。由于孵化室出壳的雏鸡最易受到外界各种细菌、病毒、寄生虫尤其是来自于各种鸡场病原微生物的污染。另外，孵化室由于各类人员、运输车辆进出比较频繁，孵化室的蛋壳、死鸡、死胎、绒毛等也导致孵化室成为一个潜在的污染源，从而间接污染鸡场的鸡群。

（3）种鸡场生产区内，应按规模大小、饲养批次、当地风向来划分不同的鸡舍布局，每栋鸡舍之间应有隔离措施，如围墙或沙沟等，鸡舍间距以防疫、排污、防火三方面要求的距离为主，主要为了满足防疫要求，如采用全进全出饲养模式，鸡舍间距可以适当减小。从上风方向至下风方向，按代次划分应依次安排祖代、父母代、商品代，按鸡的生长期应安排育雏舍、育成舍和成年种鸡舍。这样有利于保护重要鸡群的安全。

(4)种鸡场内道路应分清洁道和脏污道，各舍有入口连接清洁道。清洁道和脏污道不能交叉，以免污染，否则容易爆发传染病，可以用铁丝网隔开。

(5)种鸡场区路面全部实行硬化，不仅有利于消毒，同时能防止老鼠等生物媒介传播疫病。

(6)北京大风家禽育种有限责任公司易县第一种鸡场采用“全进全出”密闭式饲养模式。鸡舍采用隔热性能良好的材料建造房顶，不设窗户，只有能遮光的通风孔，舍内小气候通过各种调节设备进行控制。这种设计可以最大限度地降低外界气候对鸡群的影响，有利于采取先进的饲养管理技术和防疫措施，同时有利于育成期饲养管理。

**(三)独立孵化厅**

孵化厅期初设计要优先考虑生物安全性和种蛋的安全输送问题；其次要考虑孵化厅各主要功能单元的设计和顺序：蛋库，熏蒸室，孵化室，出雏室，捡雏室和存雏发雏室等；再就是要考虑孵化厅空气处理需要的相关设备(如空调机组，热量回收装置等)。为了禽白血病净化工作顺利开展，孵化厅必须独立孵化模式，防止雏鸡与其他种鸡场的雏鸡发生交叉感染。



外源性禽白血病病毒可以产生具有感染性能力的病毒粒子，既可以通过种母鸡介蛋感染子代的垂直传播，也可以通过鸡只间直接或间接接触水平传播。水平传播主要是通过密切接触，如口、鼻、结膜等黏膜接触到含有病毒的粪便和唾液而传播。研究表明雏鸡 30 日龄以内发生水平传播的危害最大，随着日龄的增加雏鸡对禽白血病的易感性降低。孵化厅作为雏鸡鉴别、储存、免疫等操作的共同场所，是事关净化工作成败的重要环节。

孵化厅只有唯一的通道，员工必须淋浴更衣后方可进入孵化厅；要定期检测空气、水、机器内壁、拖布、绒毛上的细菌，掌握冲洗和防疫的效果；要保证良好的通风系统，良好通风可抑制细菌滋生，同时保证孵化机的新风需求；孵化厅(场 )位置要远离饲养、加工等家禽场所，要有良好的排水系统，以免污染；要考虑水电 、运输便利，保证种蛋能安全快捷的运到孵化场。

**(四)兽医检测实验室**

随着养殖业规模化和集约化程度的提高，鸡群健康得到了极大的改善，但是疫病也复杂多变，仅仅通过临床很难直接进行诊断，需要借助实验室诊断方法和技术，协助种鸡场技术人员进行确诊。较大型鸡场建立自己的兽医检测实验室可以对鸡群健康状况进行实时监测，更重要的是可以对一些疫病进行确切诊断，利于疫病的快速防控。

兽医检测实验室要远离生产区,公司在廊坊市大厂县建立了独立的兽医检测实验室。实验室现有员工 9 名,管理人员 1 名,其他人员均具有大专以上畜牧兽医专业学历,实验室配备的仪器设备,能满足疫病净化检测要求。公司为加强疫病净化检测能力,与山东农业大学共建一检测实验室,现有博士研究生 1 名,硕士研究生 1 名,本科生 1 名,实验室也配备了先进的仪器设备,能开展疫病净化相关的技术研究。

公司自成立之日起就致力于产学研结合,中国农业大学、山东农业大学共同承担种鸡疫病的临床诊断、血清学调查、免疫学等研究,切实有效地满足客户的技术服务需求。

**(五)鸡场场区设施**

北京大风家禽育种有限责任公司易县第一种鸡场按照中华人民共和国农业工程建设标准《种鸡场建设标准》(NYJ/T 02—2005)建设。该场始建于 2012 年,位于河北省保定市易县梁格庄镇北石门村东,场区占地总面积 26 680 $m^2$,生产区面积 20 000 $m^2$,该场东西南三面环山,北面为小路,路北为农田,场区与村庄之间有一山之隔,形成了天然的防御屏障,自然防疫条件良好。



该种鸡场建设借鉴了国内外先进经验,具有合理的生产布局和世界先进的生产设备。该场栋舍采用全套自动通风系统、自动喂料系统、自动饮水系统;孵化厅环境和设备均采用电脑自动控制。种鸡场在建设方面充分考虑防疫要求,生产区和生活区严格分开,污道净道分离;场内建有全密闭鸡舍 7 栋,每栋鸡舍采用负压通风系统、水帘降温系统、自动料线给料系统、乳头饮水系统,为鸡群健康、生产性能发挥提供良好保证。

为响应国家环保政策,发展绿色无污染养殖生产,加大节能减排力度,减少环境污染,易县第一种鸡场自 2017 年初将供暖设备进行全面升级改造,由原来的燃煤供暖改造升级为天然气供暖,同时安装了先进的废气再利用的热回收机组。

该场区大门口设有明显的防疫标识,有符合防疫规定的消毒池,车辆进出配备完整的消毒设施(如高压水枪喷洒消毒液消毒)。人员进出必须进行一次洗澡、更衣,方可进入生活区,所有随身物品必须经过紫外线臭氧消毒 15 min 以上,人员至少隔离 24 h 后方可二次洗澡更衣进入生产区。每栋鸡舍门外及操作间都设有脚踏盆和挡鼠板,鸡舍门口配备酒精喷壶。场内设有正常运转的焚烧炉,每天下午将死淘鸡只进行无害化处理。

## 二、种鸡场进出控制

### (一)入场物品控制

生物安全体系建立过程中,控制各种进入鸡场物品的流通显得尤为关键,因为入场物品流通过程比较复杂,可能携带病原微生物,给鸡群造成较大威胁。

(1)进入生产区所有物品必须经紫外臭氧消毒(至少 15 min)或熏蒸消毒(至少 30 min)。

(2)无法熏蒸或紫外线灯照射的物品必须用 75%酒精或者其他消毒液喷洒消毒。

(3)对于大型生产物资,需要使用冲洗消毒机进行消毒。

### (二)饲料与稻壳控制

为了确保饲料的安全,采购的饲料及其原料必须符合微生物检测指标,禁止使用动物性蛋白饲料,如鱼粉、肉骨粉等做为饲料原料,主要是为了防止沙门氏菌的感染。使用稻壳要进行严格管理和消毒。

(1)卸料结束后所有人员必须洗澡更衣后才能进入生产区。

(2)用甲醛+高锰酸钾熏蒸消毒至少 30 min。

(3)运输车辆需采用消毒机消毒,通过消毒池方可进入。

(4)严禁车辆人员下车。

(5)及时收集地面的散料与稻壳,地面进行喷洒消毒。

(6)避免受潮,避免病原微生物污染。

### (三)疫苗控制

当前畜禽传染病的流行,特别是发病率、死亡率高的烈性传染病的流行,仍是困扰我国养殖业健康发展的主要问题。我们国家采取的疫病防控政策是以疫苗为主的综合性防控措施,疫苗在动物传染病防控中确实发挥了重要作用。国际动物疫病的防控实践提示我们,任何时候都要依据传染病防控科学原理,正确评价疫苗作用,科学使用疫苗才能达到很好的疫病防控效果。

(1)由公司兽医依据国家规定的强制免疫病种以及本地流行和新发现的疫病制定免疫程序。

(2)按免疫程序提前做好疫苗计划,包括数量、名称、使用日期;要选择优质的疫苗,疫苗必须符合安全、高效、稳定、均一,疫苗生产企业应在 GMP 条件下严格按照产品生产工艺规程及质量标准生产供应优质疫苗。

(3)由疫苗专用运输车辆和专门人员负责配送,运输过程中要注意冷藏。

(4)要配备冷藏冷冻等疫苗保管设施。

(5)建立健全保管制度。避免疫苗保存过程中出现结冰或温度过高使疫苗效价降低或失效。

(6)免疫接种均由公司专业免疫人员统一进行。

(7)免疫人员严格按生产部《鸡群免疫作业指导书》的操作规程执行,认真做好鸡群的防疫工作。

(8)建立健全免疫档案,主要信息包括:免疫时间,免疫数量,疫苗名称,生产厂家,批号,免疫剂量,免疫人员等。

(9)所有废弃疫苗瓶必须经焚烧处理。

**(四)药品使用控制**

兽用药品在防治动物疫病、提高生产效率、改善畜产品质量等方面起着十分重要的作用。然而,由于养殖人员对科学知识的缺乏以及一味地追求经济利益,致使滥用兽用药品现象在当前畜牧业中普遍存在。



滥用兽用药品主要存在以下危害:长期食用兽药残留超标的食品后,当体内蓄积的药物浓度达到一定量时会对人体产生多种急慢性中毒;动物机体长期反复接触某种抗菌药物后,其体内敏感菌株受到选择性的抑制,从而使耐药菌株大量繁殖;具有致癌、致畸、致突变作用;多抗菌药物如青霉素、四环素类、磺胺类和氨基糖苷类等能使部分人群发生过敏反应甚至休克,并在短时间内出现血压下降、皮疹、喉头水肿、呼吸困难等严重症状;有抗菌药物残留的动物源食品可对人类胃肠的正常菌群产生不良的影响,使一些非致病菌被抑制或死亡,造成人体内菌群的平衡失调,从而导致长期的腹泻或引起维生素的缺乏等反应;动物用药后,一些性质稳定的药物随粪便、尿被排泄到环境中造成环境中的药物残留;易造成畜禽机体免疫力下降,影响疫苗的接种效果,还可引起畜禽内源性感染和二重感染。

2012 年我国出台《国家中长期动物疫病防治规划(2012—2020 年)》,通过净化 16 种动物疫病,旨在减少养殖场抗生素的使用。2018 年 4 月,农业部要求加快推进兽用抗菌药使用减量化行动,逐渐实现全国兽用抗菌药用量“零增长”。根据《农业农村部办公厅关于开展兽用抗菌药使用减量化行动试点工作的通知》(农办医〔2018〕13 号)文件精神要求,推动绿色发展理念,促进养殖环节科学安全合理用药,维护食品和公共安全,保障健康养殖。

(1)配备一名具有相关资质的执业兽医师。

(2)配备独立的兽用药品储存室,处方药、非处方药和消毒液等不同类型物品分区域存放,且标识明显。

(3)配备独立的兽医室,能正常开展临床诊疗和采样,记录完整。

(4)由兽医室根据生产安排,提前2周报药品购置计划,经批准后,由兽医室统一购置。要选择有资质的供应商提供兽用抗菌药,力争做到使用的药物可追溯。

(5)建立科学合理的兽用抗生素管理制度,具有完整的出入库、储存和使用记录。药品存放环境须放置阴凉干燥处,合理温湿度条件下,避免光热辐射。

(6)药品使用应根据兽医处方执行,无兽医处方不得随意用药,考虑家禽生理特点,科学合理的选用药物。

(7)药品使用人必须持有公司培训授权书,其他任何人无权使用药品。

(8)各场严格掌握用药剂量和用药时间,同时注意药物之间的相互作用,避免给鸡群造成不必要的伤害。

(9)严格控制药物残留,避免危害人类健康。

**(五)老鼠、虫、鸟控制**

种鸡场周围的动物尤其是老鼠、虫与鸟是很多疫病的携带者和传播者,有些事疫病的中间宿主。控制好种鸡场周围的老鼠、虫与鸟防止疫病爆发和扩散。



1.老鼠控制

(1)种鸡场最好能够实现路面全部硬化,即使不能实现全部硬化,鸡舍周围铺设50 cm厚的石子,围墙周边也可以铺设石子防止老鼠进出。

(2)应防止老鼠进出的场所为:变、配电室、鸡舍和料库。

(3)在变、配电室与外界交界处,安装固定的挡鼠板。在鸡舍、料库与外界的交界处的进出门口安装活动的挡鼠板,在每次物料、器具进出完毕后,立即放下挡鼠板。除物料进出时间外,不得拿开挡鼠板。

(4)定期进行灭鼠,可以选择投饵药,灭鼠器,也可以聘请专业灭鼠队进行灭鼠。

(5)除采取上述预防措施外,定期检查围墙、排水口、单元门窗等,发现损坏,及时修补,防止老鼠进出。

(6)人员进出生产车间,必须遵守“两门不可同时打开”的原则。

(7)所有门窗出入口必须能关死,不留缝隙,以免鼠患。

(8)记录的填写,分析记录数据,以便采取措施。

2.蚊蝇控制

(1)源头检查与鉴定,尤其是厕所、垃圾桶等地方容易成为蚊蝇的滋生地。

(2)做好滋生地的卫生管理,垃圾桶一定要加盖,厕所定期进行药物喷洒,鸡舍悬挂灭菌板等诱捕措施。

3.野鸟控制

(1)种鸡场周围和场区内禁止种植高大植物,防止人为提供野鸟栖息地。

(2)饲料运输与储存最好采用密闭方式,最好采用料塔和料线传输饲料。

(3)定期检查饲料储存地点的密闭性,及时修补。

(4)种鸡场区内定期除草。

(5)重点单元和料库安装驱鸟器或者安装防鸟网。

(6)及时将散料进行清除,及时进行消毒。

## 三、种鸡场消毒设计研究

### (一)人员消毒

由于人员流动性大,作为污染源,对环境污染的威胁较大。有很多的消毒设施无法用于人体,只能通过淋浴的方式才能达到人员清洁的目的。为了保证鸡群的健康,严禁不淋浴进入生活区,更不允许进入生产区。养殖场内有淋浴和洗涤设施,淋浴设施包括被污染更衣室、淋浴间和清洁更衣间。这就要求人员进入鸡舍时在被污染的更衣室换上衣服,在淋浴室洗澡后,进入清洁间换上干净的专用服后即可进入鸡舍。进场人员要严格按遵守进场流程(图 7-2)和相关防疫规定。



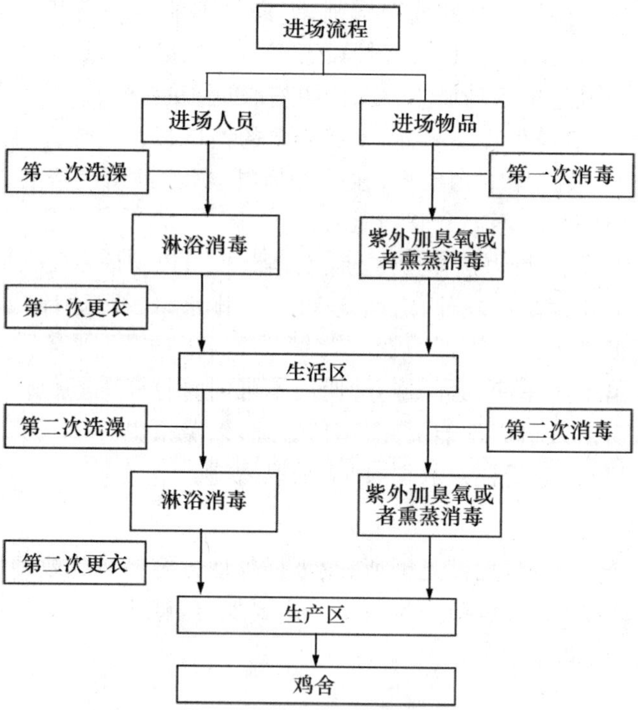


图 7-2　易县第一种鸡场进出场流程

(1)鸡场入口设立明显警示牌,标明“防疫重地,闲人免进”。外来人员不准随便进入生产区,特殊情况需要进入生产区的,需经严格的卫生消毒隔离后方可入内,并严格限定其行径范围。

(2)所有人员进入生活区前,随身物品应放到紫外线消毒柜内,进行紫外臭氧消毒至少 15 min 或高锰酸钾与甲醛熏蒸消毒 20 min 以上。

(3)所有人员进入生活区前要在一次更衣室洗澡,洗澡时要严格地用洗发液和香皂洗 10 min 以上,然后换上生活区制服后方可以进入生活区,严禁发方向逆行。

(4)进出浴室要登记,注意随手关门,不得逆行。随身衣物不得带入生活区,若是本场员工,需在清洗和紫外线消毒后方可带入。

(5)所有人员回场后需要在生活区域隔离 24 h 以上方可进入生产场区。回场人员不得携带任何形式的禽类制品回场。

(6)所有人员进入生产区需在二次更衣室洗澡、更衣后,方可进入生产区,严禁发方向逆行。



**(二)车辆消毒**

运输工具来往于不同养鸡场之间,有可能带来被污染的器具、饲料、种蛋、商品蛋、灰尘等。而将病原微生物带入鸡场,这是特别危险的因素,因此种鸡场应设有很好的隔离条件。种鸡场要建有围墙,并且只有一个用于车辆和人员进出的控制入口。运输工具出入场区和生产车间、鸡舍的主要通道必须设置消毒池,消毒池的宽度与门同宽。

(1)车辆进入场区,需停在场区门口指定位置,等待值班人员对车辆进行喷洒消毒。

(2)对车辆的外部进行喷雾消毒,标准为车辆的外部全被消毒液浸湿对所有车辆的轮胎进行彻底冲洗消毒,标准为轮胎无脏物且全部附有消毒液。

(3)值班人员要对进入场区车辆执行消毒程序。

①清水冲洗:按前脸—两侧—底盘—车轮的顺序,用清水将车辆表面彻底冲洗干净,特别是污染严重的车轮(冲洗枪调成喷射状)。

②消毒液冲洗:按前脸—两侧—底盘—车轮的顺序,用消毒液将车辆表面冲洗一遍,特别是污染严重的车轮(冲洗枪调成雾状)。

③清水冲洗:按前脸—两侧—底盘—车轮的顺序,用清水再次将车辆表面彻底冲洗干净,特别是污染最严重的车轮(冲洗枪调成喷射状)。

④整个消毒过程中,消毒人员不得接触车辆,如却有必要接触,应是对车辆消毒结束后。

⑤消毒结束后随车人员要随值班人员到隔离室进行登记。

### (三)鸡舍消毒

1.带鸡消毒

在鸡舍内有鸡的情况下进行消毒,可杀死在空气中悬浮和附着于鸡表面的病原体。消毒时应使用对鸡无害或者刺激小的消毒药(如新洁尔灭、过氧乙酸等)在鸡的上方喷雾,雾滴落于鸡的体表,使鸡的羽毛达到微湿的程度每立方需要 30 mL 消毒液,雾滴直径要求 50～100 μm.雾滴过小,易被鸡吸入呼吸道而造成一定的损伤。一般每 1～2 天 或者每周 1 次,喷雾时舍温应提高 2～3℃。若舍内过于干燥,要在舍内撒水,以增加舍内湿度,消毒完成后要尽快通风换气,免疫前后 3 天禁止喷雾消毒。

2.空舍期消毒

鸡群转出后,立即将鸡舍进行冲洗和消毒。

(1)鸡舍的第一遍消毒　用消毒液按说明稀释完毕,把冲洗机的枪调成雾状,对鸡舍进行喷洒消毒。消毒药种类、用量及消毒方法由主管兽医确定。



(2)鸡舍的第二遍消毒

A.把维修保养完的电机安装好。

B.把以前拆的乳头用消毒液浸泡后安装。

C.鸡舍内铺上约 5 cm 厚的垫料(如刨花、麦秸、稻壳……)要求干燥、干净、无霉菌,且具有良好的吸湿性。

D.把冲洗完建圈用的挡网放鸡舍内。

E.安装灯泡、灯伞、遮光罩、公鸡料盘。

F.冲洗干净的栖架按需求放入各栋。

G.安装喂料设备,检修并调试完毕。

消毒方法:甲醛熏蒸法—按鸡舍空间算出甲醛的用量,把甲醛分批溶于盛水的塑料桶内,把冲洗机调成雾状进行喷洒,喷洒完毕后关闭鸡舍门窗,给鸡舍供暖,使温度升至 35℃以上,48～72 h 后排风。

### (四)场区消毒

场区消毒就是通过消毒的方式,将环境中的病原微生物消灭或者清除。科学的消毒是保障规模化鸡场生产安全运营、减少疫病发生、降低疫病损失的强有力保障。对于场区来说,可以采取烈性消毒剂,这样可以是消毒区域内的病原微生物都被杀灭,包括细菌、孢子、真菌和病毒。

(1)场大门消毒池必须使用浓度为 2%的火碱,消毒池水深度 10 cm,宽度与大门同宽,先加入清水后再洒火碱最后进行搅拌溶解,保持消毒液清洁,定期更换(原则上 2～3 天一次)，特殊情况增加更换频次。

(2)整个场区每天用 3%的火碱水全部溶解(冬季热水溶解)后泼洒消毒，整个场区水泥路面要均匀全部喷湿，晒干后以地面要能看到白色粉末为准。具体由值班人员负责执行。

(3)生产区各净道由鸡舍人员每天分段清扫和消毒，清扫干净后，再用 3%火碱水均匀泼洒路面。

(4)污区每周日、周三用 3%火碱水全部溶解后喷洒消毒，整个污区路面要全部洒湿，脚踏消毒盆必须使用 5%浓度的火碱，保持清洁每天早晨鸡舍开灯之前更换一次，如有临时污染随时更换。

(5)净道区下水道保障畅通，不定期用火碱水消毒。

**(五)种蛋消毒**

种蛋产出后，经过泄殖腔会被泌尿和消化道的排泄物所污染，当蛋产到塑料垫上时也能被污染，所以刚从母鸡体内产出种蛋的蛋壳上可能含有细菌。蛋壳表面可能存在许多细菌，包括沙门氏菌、巴氏杆菌、大肠杆菌等。刚产出的蛋温度较高，随着时间的推移，细菌繁殖很快，若不及时收集则导致细菌在蛋壳上大量繁殖。虽然种蛋有胶质层、蛋壳和内膜等几道自然屏障，但它们都不具备抗菌性能，当细菌达到一定数量时则会侵袭到蛋的内部，所以部分细菌可以通过一些气孔进入蛋内，严重影响种蛋的质量，对孵化极为不利，降低雏鸡的成活率。因此，需要对种蛋进行认真消毒。种蛋的细菌数量与种蛋产出的时间和种蛋的污染程度呈高度正相关。如刚产出的蛋细菌数为 300～500 个，1 h 后增至 20 000～30 000 个；清洁的蛋细菌数为 3 000～3 400 个，沾污蛋细菌为 25 000～28 000 个，脏蛋为 39 000～43 000 个(吴万庆，2015)。母鸡产蛋后 30 min 内为种蛋消毒的最佳时机。



(1)当产蛋率达到 5%以后，便可开始收集种蛋，每日收集 4 次，地面蛋增加收集次数，要对所有种蛋进行挑选分类。

①合格种蛋挑选：外形及颜色正常、完整、壳质坚硬、表面洁净。

②不合格种蛋的分类

A. 脏蛋：蛋壳表面受到污染物(如鸡粪、灰尘、蛋白、蛋清等)污染的鸡蛋。

B. 破蛋：蛋壳表面受损的鸡蛋。

C. 畸形蛋：外形不正常(如双黄蛋、无黄蛋、皱纹蛋、薄 壳蛋、沙壳蛋、钢皮蛋、扁平蛋、圆蛋等)的鸡蛋。

(2)对鸡群生产的合格种蛋每日进行一次称重，称重比例为合格种蛋数的 10%以上，算出平均蛋重，称重情况由鸡场做记录。

(3)捡蛋时合格蛋与脏蛋分盘放置，种蛋大头朝上。

(4)要保持鸡舍种蛋处理操作间和蛋库的干净、整洁。尽快将种蛋从鸡舍运至鸡场蛋库,当天产出的种蛋,时间再晚也不应留在鸡舍产蛋箱中过夜。

(5)种蛋消毒采用福尔马林熏蒸法。要求鸡场要有专门的种蛋熏蒸柜和熏蒸剂放置容器,熏蒸柜的密闭性能要好,熏蒸的浓度一般按照每立方米空间用 42 mL 福尔马林加 21 g 高锰酸钾,熏蒸 20 min,然后迅速放气排风。熏蒸的环境温度要求在 24℃以上,相对湿度在 75%以上。

(6)及时增添蛋窝垫料和地面垫料,以减少种蛋污染。

(7)孵化厅根据收蛋数量,提前将已经冲洗消毒的孵化蛋盘和蛋车放到收蛋间,逐个检查蛋车,确保翻蛋正常。

(8)将种蛋卸到脚轮车上,清点数量无误后:

A. 将种蛋拉到收蛋间,由自动选蛋机分级后分别码盘上车,(选蛋机最多 5 人一组)。挑出其中的不合格种蛋,放到纸蛋盘中。在蛋车开始位置贴一纸条,写明生产场、日期、栋号、操作人姓名,然后拉到熏蒸室。



B. 立即将种蛋用雾佳宝喷雾消毒。当下采用乐福醛 1∶40 喷雾消毒,喷雾时间 5 min,静 20 min 以后排风。

**(六)饮水消毒**

鸡群的健康成长离不开干净的饮用水。鸡的饮用水应清洁无毒、无病原菌,符合人饮用水标准,生产过程中最好使用干净的自来水或深井水。

为了确保饮用水的卫生,通过饮水消毒,可以防止病原经饮水向鸡群扩散。常用的饮水消毒剂多为氯制剂、碘制剂和复合季铵盐类等。实验表明,氯的浓度 0.3 mg/L 可以杀死细菌,而不会影响鸡的适口性。

此外,定期检查水中的微生物含量。在生产过程中,饮用水系统的问题导致了许多流行病的发生。所以员工应该定期清洗水槽。

(1)定期清刷水箱和水线,要求水箱内无绿苔、无杂物;原则上一周两次用消毒剂擦洗水线及乳头。

(2)严格遵守消毒药的使用浓度,定期检查消毒药的使用浓度和消毒效果。

(3)选择对鸡病病原菌和病毒有杀伤力,毒性低、无致癌性、无致畸性,不在蛋、肉内残留的且法律允许作用于饮水的消毒药,如氯制剂、阳离子清洁剂、两性清洁剂等。浸泡水线时尽量减少在舍内的工作,避免鸡只饮用水线中的消毒剂,加药桶内的消毒剂在冲刷水线的同时排净。浸泡水线必须将水线提至鸡喝不到的位置,鸡喝了高浓度消毒剂会造成大批量死亡和生产性能下降。

(4)饮水或喷雾免疫活疫苗的前后各两天共计 5 天应停止饮水消毒,彻底清洗饮水器,因为消毒剂可以杀灭活疫苗。

### (七)孵化厅消毒

孵化厅要建立健全消毒系统，要防止孵化厅成为疫病的传播场所。孵化厅消毒是很重要的，不但要重视内部消毒还要关注周围环境消毒，但是消毒不能代替冲洗。

孵化厅要做好以下几个环节的清洁、卫生与消毒：蛋库→孵化厅→孵化器→孵化盘→出雏室→出雏器→出雏、免疫人员→注射器械→运雏车。对蛋库、孵化厅里的所有仪器、用具做好清洗、消毒工作；严格做好种蛋的熏蒸工作(张贺楠，2011)。

1.环境的卫生消毒

(1)外部环境卫生消毒　每周环境消毒2次，大门口设消毒池、消毒间、消毒泵和洗浴室，对进场的车辆、物品及人员进行消毒，防止外来病原及孵化废弃物污染环境。

(2)内部环境卫生消毒　孵化厅内做好2～3次彻底卫生(包括办公室、餐厅、物品库、浴室、厕所等)并消毒。孵化厅的空气应该是干净新鲜的，所以设计通风系统要科学合理，一般采用负压通风，通风压力由大到小的顺序是：种蛋室→码蛋室→孵化室→照蛋室→出雏室→存雏室→洗涤室，最好各室都设有进风口、出风口，特别是出雏室的排风口设计一定要合理，避免出雏室排出的空气进入种蛋室、孵化室。进出风口最好安装过滤设施并定期清理和消毒，保证进入的空气干净新鲜。



2.种蛋的卫生消毒

种蛋运输工具也要保证干净并定期消毒。要选择健康无病的种鸡群且没有受到任何污染的种蛋。种蛋入库要进行熏蒸消毒，要特别注意的是种蛋“出汗”后不要立即消毒，要等种蛋干燥后再熏蒸消毒。消毒时的温度、湿度一定要合理，以保证消毒效果。

3.胚蛋的卫生消毒

孵化过程中照蛋、落盘前工作人员用消毒液洗手，在大部分出雏但绒毛未干时用福尔马林消毒，注意消毒时间不宜过长，否则对雏鸡有害。

4.设备及用具的卫生消毒

种蛋所有接触的设备、用具都要搞好卫生消毒，蛋托、码蛋盘、出雏筐、存雏筐用后高压泵清水冲洗干净再放入消毒水中浸泡，然后用清水冲净干净。

种蛋车、操作台及用具使用之后也要清理消毒，照蛋落盘后对臭蛋桶要清理消毒。注射器使用后清理干净并高压消毒或开水煮30 min，针头每注射1 000羽换一个。

孵化机及蛋架用后高压泵清水冲洗干净，用消毒液擦拭，再用清水冲净，最后把干净的码蛋盘、出雏筐放入孵化机用熏蒸或者喷洒消毒。

出雏机及出雏室是雏鸡的产房，需要的卫生消毒特别严格，而此地又是绒毛多最难清理的地方，所以一定要严格认真仔细地清理每个角落，不能有死角。发完鸡后存雏室一定要冲洗干净，包括房顶、四壁、窗户、水暖管道等，再把干净卫生的存雏筐放入室内，进行熏蒸或者喷雾消毒，避免交叉感染。

5.人员卫生消毒

工作人员进入孵化厅首先淋浴，再穿戴工作服、鞋、帽，脚踏脚踏盆后才能进入工作区。码蛋、照蛋、落盘、注射、鉴别人员工作前及工作中用药液洗手消毒。工作服派专人管理，每天清洗消毒。

## 四、种鸡科学饲养研究

不同品种鸡群饲养管理不尽相同，但目标都是为了发挥品种的最佳生产性能和最大效益，增强鸡群抗病能力，健康鸡群是实现动物疫病净化的前提，根据罗斯308肉种鸡特点摸索出一套行之有效的饲养管理模式：



### (一)育雏期管理

育雏鸡自身调节能力较弱，鸡舍温湿度对雏鸡发育和后期生长有很重要的影响。育雏期间要求鸡舍垫料温度控制在29～31℃，且避免温度忽高忽低，湿度控制在60%～70%，保证及时开食与充足饮水。

6～7日龄需要组织全群称重，按鸡只体重大小可分为大、中、小圈，全群称重不仅劳动量大且对鸡只造成的应激也很大，分群时不能与免疫冲突，尽可能避免恶劣气候等不利因素，且在饮水中添加抗应激的电解质或多种维生素等。

如果分群后全群平均均匀度下降太快，则应检查喂料系统运行是否正常，喂料方法是否科学合理，并迅速加以调整，力求得到一个理想的均匀度。

### (二)育成期管理

7周以后转入育成期阶段，由于育成期鸡只采食过快，为保证鸡群生长一致性，会采取6/1、5/2或者4/3限喂方式，特别是限饲日第二天喂料后1～2 h鸡群容易出现“饱食性休克”现象。预防和解决“饱食性休克”措施如下：要注意喂料前必须给予鸡只充足的饮水；如果鸡群反应较强烈发生比例较高，建议更换限饲方式，变为强度较小的限饲方式；在鸡群容易发生饱食性休克的各种情况下，应重点防护，来回在鸡舍内走动，及时将鸡只拿到通风良好的宽敞地带，切记不可强行给鸡只灌水或挤压嗉囊，否则会加速鸡只的死亡；限饲日当天饮水中添加多维增强抗应激能力；保证鸡舍环境稳定，尤其是光照和温度，避免多因素叠加造成更大损失。

为了得到理想的均匀度，须给料精确、及时挑选弱小鸡，并分圈分栏饲养。必要时采取全群称重，重新分群。该阶段公母鸡的性腺及性器官开始发育，此阶段若均匀度不佳者，以后的产蛋高峰不会达到应有的指标。尤其16周后，要密切注意公鸡的性成熟状态；母鸡耻骨联合的开启程度，脂肪垫的积累，周增重情况，综合考量确定加光日龄。另外，要将鸡群中异性鸡、弱残鸡挑出并淘汰掉。

**（三）产蛋期管理**

25周起直到产蛋高峰的4周时间里，将是整个生产期最重要的阶段。应不断改进对鸡舍诸多环节的管理，减少鸡舍内可能发生的一切应激。

要防止母鸡过肥，高峰过后每周减1 g/只/日。每次减料3～4天后观察产蛋是否正常，若减料后体重下降，则必须停止减料。若体重仍大幅增加，则下周必须再多减一点。高峰后的整个饲料减少总量为最大量时的10%～12%（即17～20 g）。

产蛋期间应注意以下几个方面的问题：

(1)加强管理，预防为主。

(2)及时称重，了解鸡群体重增减情况。

(3)及时了解鸡群受精率情况，及时补充后备公鸡和剔除不干活的公鸡。

(4)及时淘汰弱、残及抱窝鸡。

## 五、种鸡场疫病防疫研究

随着养鸡业的不断发展，养殖环境、疫病防控有所改善，但疫病仍然周而复始。动物疫病仍然是制约我国养殖业发展的重要因素。对于家禽疫病的防控，寻求有效合理的净化和消灭家禽传染病的方法是养禽业的头等大事。

现阶段，我国采用的是预防接种为主的动物疫病防控措施。实践证明，疫苗接种在预防和控制疫病的过程中发挥了重要的作用，但却不能过分的依赖疫苗。对于某些传染病，疫苗只能提供临床保护并降低病毒载量，但不能提供消除性免疫，也就是不能阻止病原体的感染和复制。因此，疫苗作为保护易感动物的措施，只能作为控制传染病工作中的最后一道防线。在生产实践中，只重视疫苗免疫、药物防治而忽略了生物安全的重要地位，往往会导致生产非常被动，疫病感染的现象频繁出现（闫丰超，2014）。

疫病防控是一项系统性很强的综合性防控体系，包含病原的控制、传播途径的控制、易感动物控制。种鸡场只有找到疫病防控的关键点，采取有效的措施，并严格实施到位才能够做好疫病防控。

## (一)科学合理的场址与布局

科学合理的选址和鸡场机构布局,可以为疫病预防控制营造良好的环境条件,详见生物安全体系建立第一部分场区布局及相关设施建设部分。

## (二)严格的引种和转群制度

1.引种制度

北京大风家禽育种有限责任公司易县第一种鸡场均从国外进口祖代肉种鸡,在引种前通过审查对方公司提供的国外进口种禽的相关规定证明文件,种禽合格证明、动物检疫合格证明等,确认属实并且符合我公司《引种管理制度》而后确定引进种禽。

进关后通过河北省检验检疫局对雏鸡进行H5亚型、H7亚型禽流感、支原体检测,检测结果全部阴性后将雏鸡放到隔离场进行饲养,隔离场严格遵守国家规定,全场实行45天全封闭管理。

公司自己根据生产需要,建立了自己的检测预警机制。1日龄进口雏鸡进行抗体检测,包括支原体,抗体阳性进行咽喉病原检测,病原阳性进行淘汰与交涉;沙门氏菌抗体检测,抗体阳性,进行细菌病原检测;禽白血病A/B和J亚型抗体检测,阳性进行交涉,基于安全考虑,在抗体检测基础上进行1日龄雏鸡DF-1细胞进行病毒分离,。另外,还进行传染性支气管炎,腺病毒,传染性贫血等疫病抗体进行追踪,传支抗体6 000以上说明鸡群存在风险,传染性贫血抗体阳性率低于70%表示鸡群存在风险,需要重点关注和防控。新城疫和禽流感抗体根据进口国免疫状态选择性检测。

2.转群制度

(1)鸡群要严格履行"全进全出"制度,不同日龄、不同代次的鸡禁止同场混群饲养。

(2)无疫区之间进行转群,健康鸡群转入干净场。

(3)转群前要做好准备工作,鸡舍及设备要彻底清扫、冲洗。做好消毒工作,包括新鸡舍消毒、车辆与笼子消毒和人员消毒。生物安全措施严格执行。

(4)转群前必须做好相关指标测定:

A. 主要疫病抗体要求——ND、H9、H5,转群时ND和H9的HI≥8,H5和H7的HI≥6。

B. 国家规定的疫病检测——SP,转群时为阴性。

C. 条件性疫病——CAV、FADV、MG、MS、REV,转群时与相应周期对应的抗体滴度或阳性率。

D.细菌检测——大肠杆菌、葡萄球菌。

以上任意一条不符合要求不能转群。

(5)转群时要有有经验的人员把关，轻拿轻放，要抓腿，不要抓翅膀，防止折断。同时要把那些病、弱、残等不健康的鸡剔除。

(6)异常天气禁止转群，周边疫情压力较大时禁止转群。

(7)转群后，要随时注意观察鸡群状态表现，如精神状态，饮水情况、采食情况、粪便情况、活动表现等，及时发现问题，及时采取有效措施。

**(三)严格的饲养管理制度**

加强饲养管理，采取避免或者减少鸡群应激，提高鸡群抵抗力，保证鸡群健康，是疫病防控的重要方面。

为最大限度地保证种鸡群健康，发挥优良品种的各项生产性能，除了必备的硬件设施以外，在生产管理上制定《疫病净化制度》《检疫申报制度》《进场人员管理制度》《机动车进场管理制度》《消毒剂配液管理制度》《饮水消毒制度》《祖代种鸡免疫程序》《种鸡健康监测计划》《疫病净化制度》《兽药使用管理制度》等各项规章制度并有效实行。



1.制度管理

为保证种鸡群健康和疫病净化工作的开展，除了配备必要的硬件设施以外，在制度建设上也的跟上。为此，公司制定了制定《引种制度》《员工培训制度》《健康巡查制度》《无害化处理制度》《重大动物疫情应急预案》等 39 项规章制度。随着公司规模不断扩大，根据生产需要，公司于 2016 年对所有制度进行重新修订。

2.档案记录管理

2006 年农业部颁布了《畜禽标识和养殖档案管理办法》(第 67 号令)，严格规定中华人民共和国境内从事畜产品生产、运输、经营等活动严格遵守本办法。建立畜禽养殖档案是法律赋予养殖场的一项强制义务，是养殖业管理科学化、现代化的重要手段，也是畜禽防疫和畜禽产品质量安全的保障，同时完善规范的养殖档案有利于“问题追溯”和“责任追究”。

公司制定了《养殖档案制度》，建立健全了各生产环节的作业指导书和生产记录体系，包括：①对车辆、人员和物品建立了车辆进出记录、饲料、药品、物品出入库记录及使用记录，人员出入场登记记录、考勤记录；②消毒环节建立了人员入场消毒记录、人员进出鸡舍消毒记录、消毒液更换记录、场区环境消毒记录；③防疫环节建立了免疫记录、解剖记录、抗体检测记录、无害化处理记录；④人员管理建立了员工培训计划、员工培训记录；⑤生产记录(产蛋、死淘、耗料、饮水、采食时间、体重)、种蛋熏蒸记录、蛋库温度记录、带鸡消毒记录、饮水消毒记录、鸡群健康巡查记录、温度记录等。整个生产过程通过实行标准化、规范化作业和管理，保障种鸡群健康。

3. 生产管理

种鸡场生产经营管理的好坏不仅受自身遗传性能及管理水平和市场因素的影响，同时也时常面临着疫病的风险。管理对象除了人、鸡及机器设备外，还包括对肉眼看不见的病原微生物。如何最大限度地避免或减少因管理失误或疏忽所造成的损失，最大限度地保障种鸡生产管理各项工作的正常进行，使种鸡场的运营得以持续稳定地发展，是每一位种鸡场管理者必须考虑的问题。

(1)安全管理　种鸡场安全管理主要包括人员与生产安全。要把人身安全永远放在第一位。种鸡场要高度重视员工的生产操作培训和安全教育宣传，培养安全意识和危险观念。实际生产中，鸡场一般采用 380 V 设备，要确保人员规范操作，设备定期检修，防止漏电等意外事件发生。鸡场使用危险化学物品，比如环境消毒常用的火碱容易造成人员灼伤。其次，种鸡场要注意防火和自然灾害的发生，提前做好应急预案，降低灾害造成的损失。



(2)人员管理　种鸡场必须建立入场和进入生产区的人员登记制度，制定《生产区进出管理制度》，进入生产区人员必须严格洗澡消毒，由消毒通道进入。进出鸡舍应脚踏盆和洗手消毒。外来人员严禁进入生产区，必要时，按程序批准和严格消毒后方可进入。本场负责巡视和免疫人员，每次出入鸡舍和完成工作后，都应严格消毒。

针对不同岗位制定权、责、利明晰的岗位职责，让员工能够明自己需要做什么，不能做什么，应该怎么做。同时，做好员工考勤和绩效考核管理办法，务必要确保方案与制度的合理性、公平性和透明性，员工心里踏实了才能大大提升生产力，干劲更足。

(3)饲养管理　根据不同的生长、生产阶段及不同的季节和养殖环境条件，制订符合自身实际的饲养管理措施。

A. 光照　根据不同饲养阶段和采食时间采取不同的光照时长、同时注意光照强度等。

B. 体重和均匀度控制　只有控制好体重，才能发挥品种的遗传性能。育成期重点关注体重和均匀度，及时通过限饲、补料等措施进行纠偏和修正，保证鸡群生长发育。产蛋期重点关注体重和蛋重，及时发现问题，找出问题原因保证产蛋性能充分发挥。

C. 免疫与监测　严格按照技术人员指定的免疫程序进行免疫，建立免疫档案；根据禽白血病等疫病的流行特点和抗体生长规律，制定科学的检测计划，及时掌握鸡群抗体水平和流行现状及相关风险。

D. 物料　做好物料计划，保证生产正常运行，尤其是饲料，不能储存过长时间，否则影响适口性和营养价值。种鸡群育雏期、育成期、产蛋期以及产蛋后期转换时涉及到换料，要提前做好换料准备，避免不必要的浪费。

E. 诊疗巡视　兽医技术人员、场长或者场长助理定期巡视鸡群，尽早发现病鸡，及时隔离病鸡、处理病鸡、彻底消毒，采取必要的治疗措施，持续跟踪转归情况，并做好相应记录。需要开展临床解剖，要做到定点，必要时进行实验室检测，及时进行消毒和无害化处理。

F. 生产各项记录、分析与归档　通过数据记录和数据分析，可以发现数字背后隐藏的信息，为指导生产和日后的生产决策提供数据支持。很多时候，不是没问题，而是缺少发现问题的方法或手段，一切生产活动最好都能够有数据进行支撑。

G. 消毒与无害化处理　通过消毒消灭或者降低鸡群或者场区病原微生物的载量，减少疫病的发生；通过无害化处理，可以将病原微生物杀灭，防止病原在鸡群和场区内交叉传染，同时可以防止将病原微生物带出种禽场，形成人为传染源，污染环境等。



**(四)科学合理的免疫制度**

免疫是一个复杂的生物学过程，免疫能否成功受多种因素的影响，如疫苗的种类、疫苗的质量、免疫的时间、免疫的方法等。不同的品种、品系的种鸡免疫程序有所不同，可根据育种公司提供的免疫程序，并根据当地的具体情况和抗体检测结果灵活运用。

(1)鸡场要结合国家和省市重大动物疫病强制免疫计划和本地区、本场疫病流行情况。参考当地动物疫病预防控制中心提供的当地禽病流行状况并结合高发疫病的流行情况、危害程度、流行季节等。要结合鸡群特别是雏鸡的母源抗体水平。要考虑该场已发过的疫病，发病的日龄、发病率和发病批次；考虑原有的免疫程序是否合理，或疫苗的毒株是否是该场流行的毒株，建立科学的免疫程序。

(2)使用合法有效的疫苗。免疫用疫苗，要从合法的经营单位或生物制品厂家购买，所有活疫苗必须通过第三方实验室或者公司兽医检测实验室进行外源病毒检测。

(3)规范使用疫苗。配备疫苗冷冻(冷藏)设备，购买或领用疫苗时应携带保温冷藏器具。疫苗使用前要仔细阅读疫苗使用说明，认真检查疫苗种类，是否在有效期内；疫苗使用时要充分摇匀，使用过程中应保持匀质，并尽可能在短时间内用完，建议超过 4 h 不得使用，应销毁处理(李双福，2017)。

(4)规范免疫接种。免疫前要对鸡群进行临床健康检查,确定鸡群健康后方能免疫;根据鸡群日龄、疫苗种类等合理选择滴鼻、点眼、刺种、肌肉注射、皮下注射、饮水、喷雾等免疫途径;接种前要准备好免疫器械,选择大小、长度合适的针头;接种时要选择有效部位并严格消毒,方向要准,深度适中,剂量要足,不得随意增减,切忌打飞针,连续注射时要注意更换针头;免疫应避免与转群、断喙、消毒、用药等同时进行,以免影响免疫效果;免疫时要注意不同疫苗之间的干扰反应,避免免疫效果打折甚至发生疫病(刘国静,2010)。

(5)建立免疫抗体监测制度,确保免疫效果真实有效。要制订监测计划,定期进行疫病和抗体水平监测及动态分析,对免疫抗体检测不合格的鸡群,要及时查找免疫不合格的原因,并进行重免。

(6)抗体检测的结果进行分析评估,及时发现问题并提前采取相应措施,对鸡场免疫程序进行优化,有效降低发病率。

### (五)严格执行卫生消毒



消毒是生物安全的核心措施,也是疫病防控的基础步骤。消毒可以杀死物品表面的病原微生物,防止种鸡场内以及种鸡场周围传染源交叉传播。目前,鸡场最常用的消毒方法,包括喷雾消毒、浸液消毒和熏蒸消毒等。种鸡场要规范消毒程序,加强终末消毒,按清扫、高压水冲洗、喷洒消毒剂、清洗、熏蒸消毒或干燥(或火焰)消毒、喷洒消毒剂、转入鸡的顺序进行(林金圣,2013)。

(1)要确保进出鸡场通道的消毒剂有效并及时更换。

(2)要定期更换消毒剂品种,交替使用。

(3)要做到"精准消毒",准确配制消毒液,不同区域使用不同品种或者浓度的消毒液。

(4)要结合鸡群生长阶段和季节,合理选择消毒液和消毒频次。

### (六)病死鸡无害化处理

鸡只的饲养有一个自然死亡过程,虽然鸡可能没有致命的传染病,但鸡将携带病原体,为了防止环境污染,我们必须在养殖场设置特殊的处理设施,进行无害化处理死鸡。做好病死鸡的无害化处理可以防止或者降低病原传出和在鸡场内传播的风险。

病死鸡不得随意剖检,必要时必须由兽医人员进行检查或进行剖检。诊断为疫病死亡的,要严格按照国家规定进行防治;病死鸡必须用不漏水工具送到指定地点进行解剖或无害化处理。严禁在生产场所随意解剖和处理病死鸡。

鸡出现突然病死或死因不明时,鸡场负责人或兽医要立即向当地动物防疫组织或防疫监管责任人报告，并落实好隔离、消毒等临时性的控制措施。

病死鸡要及时装入密封袋，送至无害化处理区。病死鸡的无害化处理应根据《病害动物及病害动物产品生物安全处理规程》《病死动物无害化处理技术规范》等有关法律法规规定进行实施。

病死鸡无害化处理后，要对处理场所、工具、设备、人员进行彻底清洗消毒，经常撒生石灰或用2%烧碱水进行消毒。

## 六、种鸡场疫病净化监测研究

动物疫病净化需要充分了解本场实际状况基础上开展，考虑到疫病净化应该从源头抓起，因此以祖代肉种鸡场为摸底调查对象，通过统计学方法确定统计样本，最后根据国家和农业行业标准进行检测。

### (一)引种来源控制

引进健康鸡，关键是确保雏鸡不带有垂直传播性疫病，包括禽白血病、鸡沙门氏菌病、支原体、腺病毒、网状内皮细胞增生等。如果雏鸡患病，即使肉种鸡场的生物安全体系是好的，也不能保证鸡的健康和经济利益。

因此，必须从无禽白血病的种鸡场引种，要求由上一级种禽场提供无禽白血病保障并有相应的证明材料。

### (二)开展本底调查

调查的目的是全面考察本场鸡群的健康状况，了解本场及引种来源种鸡的禽白血病的流行历史和现状，准确掌握鸡群禽白血病的带毒情况或感染情况。通过对本场种鸡群按照一定比例进行检测调查，一般要求种公鸡全部检测，种母鸡按5%～10%的比例进行抽检(样本大于200份)，采样要涵盖所有的栋舍(表7-2)。

表7-2　监测情况

| 种群 | 最低检测比例 | 监测频率 | 检测内容 | 检测样品 |
|---|---|---|---|---|
| 祖代母鸡 | 5%(总样本不少于200) | 开产后25～30周检测种蛋 | P27 | 不少于200枚种蛋 |
| 父母代母鸡 | 2%～3%(总样本不少于200) | 开产后25～30周检测种蛋 | P27 | 不少于200枚种蛋 |
| 种公鸡 | 100% | 正式采精前检测一次 | P27 | 精液 |

### (三)确定净化路线

根据调查结果和禽白血病排毒规律制定并适时调整具体净化方案。可采取“检测—淘汰—分群”的循环模式,淘汰阳性带毒鸡,加强留种和引种检测,逐步建立和扩大健康核心群。禽白血病 P27 抗原检测阴性的,维持净化。

### (四)维持净化阶段

如果本底调查的结果表明种鸡场达到禽白血病净化状态或者通过中国(省)动物疫病预防控制中心评估认证,可开展维持性监测,再结合本场实际,制定科学合理的净化方案(详见第一节),进行维持净化。

### (五)净化和检测标准

禽白血病由于自身分子生物学特性,鸡场采取净化过程中一定要选择正确的检测方法或者多种检测技术相结合,检测方法的可靠性决定了监测结果的准确性(表 7-3)。禽白血病净化示范(创建场)要求种鸡群抽检(表 7-4),禽白血病病原学检测均为阴性;连续两年以上无临床病例;通过现场审查(表 7-5)。



**表 7-3 禽白血病监测采用的检测方法及参考标准**

| 序号 | 检测项目 | 检测方法 | 参考标准 |
|---|---|---|---|
| 1 | ALV P27 抗原 | ELISA | 《禽白血病病毒 p27 抗原酶联免疫吸附试验方法》(NY/T 680—2003) |
| 2 | 禽白血病 J 亚型抗体 | ELISA | 《禽白血病诊断技术》(GB/T 26436—2010) |
| 3 | 禽白血病 A/B 抗体 | ELISA | |

**表 7-4 禽白血病“两场”净化评估抽样方法**

| 检测项目 | 检测方法 | 抽样种群 | 抽样数量 | 样本类型 |
|---|---|---|---|---|
| 病原学检测 | P27 抗原 ELISA | 产蛋鸡群 | 500 枚种蛋(随机抽样,覆盖不同栋舍) | 种蛋 |
| | 病毒分离(DF-1 细胞) | 种鸡群 | 单系 50 份(随机抽样,覆盖不同栋舍) | 血样 |

备注:P27 抗原检测全部阴性,实验室检测通过;P27 抗原检测阳性率高于 1%,实验室检测不通过;P27 抗原检测阳性率在 1%以内,采用病毒分离进行复测,病毒分离全部为阴性,实验室检测通过,病毒分离出现阳性,实验室检测不通过。

表 7-5 禽白血病“两场”现场评审条件

| 场别 | 需要满足条件 |
| --- | --- |
| 创建场 | 1. 必备条件满足<br>2. 评分表总分不低于 80 |
| 示范场 | 1. 必备条件满足<br>2. 评分表总分不低于 90，且关键项（*）全部满分 |

**（五）净化和检测情况**

根据制订的禽白血病、禽流感、新城疫、鸡白痢等疫病的监测计划，切实开展相应疫病监测工作，为禽白血病等特定疫病净化方案优化和防控策略提供数据支撑。

1. 检测数量

从表 7-6 中可以看出，易县第一种鸡场主要监测疫病项目包括新城疫、禽流感、鸡白痢和禽白血病。NO. 4 批次检测数量比 NO. 3 明显增加，其中 ALV-J 和 ALV-A/B 抗体增加 4 988 份，P27 抗原检测增加 2 209 份，禽白血病抗体检测和抗原检测增加率分别为 451% 和 1 083%，也就是说检测量分别大约增加了 3.5 倍和 10 倍，总体来看检测量增加了 4.5 倍左右。



P27 抗原检测份数增加主要是种鸡场加大了种蛋 P27 抗原检测，尤其是产蛋初期和产蛋后连续 3 个月种蛋检测；禽白血病抗体检测量出现明显增加主要是加大了公鸡的检测力度，由原来的初筛变为全部检测。

虽然 NO. 4 批次比 NO. 3 进鸡数少 10 000 套，但是从 NO. 4 批次增加了鸡白痢的检测力度，尤其公鸡的筛查力度，检测量增到原来的 3.5 倍。

表 7-6 检测数量统计表

| 批次 | 禽白血病 | | | 抗体检测 | | | | | | 总计 |
| --- | --- | --- | --- | --- | --- | --- | --- | --- | --- | --- |
| | A/BJ | P27 | 小计 | SP | ND | H9 | H5 | H7 | 小计 | |
| NO. 3 | 1 106 | 204 | 1 310 | 801 | 1 434 | 1 434 | 3 713 | — | 7 382 | 8 692 |
| NO. 4 | 6 094 | 2 413 | 8 507 | 3 594 | 873 | 573 | 873 | 873 | 6 786 | 15 293 |

2. 检测结果

从表 7-7 检测结果看，NO. 3 和 NO. 4 两个批次鸡群所有 ALV-J 抗体检测结果均为阴性，2 600 余份禽白血病 P27 抗原检测均为阴性；ALV-A/B 抗体阳性率，NO. 3 批次阳性率为 1.96%，NO. 4 批次阳性率为 0.31%，阳性率明显降低接近

84%。ALV-A/B抗体存在一定比例的阳性率，部分原因可能试剂盒不稳定造成假阳性问题，也可能是内源性禽白血病的感染，由于遗传背景原因，特定时期特定条件下基因组中内源性基因异常表达造成抗体阳性，务必要结合蛋清P27和DF-1细胞病毒分离进行综合判断，尤其是抗体阳性率较高而病毒分离和蛋清P27为阴性情况，这种情况下假阳性可能性较大。

禽白血病净化过程中曾经试图通过肛拭子作为ALV的净化检测手段，采集了有92份肛拭子阳性率为4.3%，经咨询山东农业大学崔治中教授和赵鹏教授，认为肛拭子P27检测存在很高比例的假阳性，也存在假阴性的可能，建议采取一定比例的鸡群做病毒分离。



表7-7　禽白血病检测结果统计表

| 批次 | 禽白血病 | | | | |
|---|---|---|---|---|---|
| | ALV-J | ALV-A/B | 蛋清P27 | 肛拭子 | 病毒分离 |
| NO.3 | 0% | 1.96% | 0% | — | — |
| NO.4 | 0% | 0.31% | 0% | 4.3% | — |

## 七、种鸡场病死畜禽无害化处理研究

### （一）病死鸡处理

我国饲养规模很大，各饲养场条件和疫病防控技术参差不齐，每年都会产生大量病死家禽，要求我们必须从环境保护和生物安全角度处理。死鸡处理时应尽量减少对环境的污染，防止疫病传播。处理死鸡的主要方法：

（1）土埋或扔进死鸡处理坑　土埋处理病死鸡比较简单，但是对于死淘较高或者天气炎热季节，此种方法处理病死鸡就有一定的困难。最重要的是，死鸡处理坑有可能窝藏疫病，并引起地下水的氮、磷污染，造成环境污染和成为传染源。

（2）焚烧　焚烧死鸡虽然较为费钱，还会造成一定的空气污染，但是产生的废物（骨灰）很少，并可以消灭病鸡和病原菌。从生物学角度来说，焚烧被认为是最安全、可靠的处理病死鸡的方法之一，公司采用柴油为燃料的焚烧炉。

（3）炼制成动物性饲料　炼制也可以消灭死鸡而不污染地下水和空气，还可以产生有价值的副产品，但是必须每天取走死鸡或把它们冷藏起来。炼制也有传播疫病的危险性，因为运尸车不得不在种鸡场和炼制厂之间行驶，而炼制厂可能窝藏疫病，因为与其他许多鸡场也有车辆往来。

（4）与垫料或秸秆一起发酵制成堆肥　用死鸡做堆肥的可以将死鸡、用过的垫料和水在隔间中混合，2～4 天温度可以达到 57～66℃，所产生的堆肥无不良气味，可以用来改良土壤。

### （二）鸡舍中鸡粪的处理

（1）所有种鸡场均采用全进全出的生物安全体系，对鸡粪进行一次性处理。当鸡群完全淘汰后，在鸡舍中用冲洗机由上到下喷洒消毒剂，喷到一定的数量后，把鸡舍完全密闭起来，使鸡粪完全发酵（大约需要 10 天）。然后打开门清理鸡粪，清粪车在出鸡舍前要盖好，以免灰尘和鸡粪在舍外被风吹的四处飘散，污染场区。拉粪车沿着预先规定的路线走，并在离开场门时车轮必须冲刷干净并消毒。

（2）与鸡粪消纳企业或人员签订合同，确保鸡粪清理和运输过程中不给周边环境造成污染，确保鸡粪作为有机肥合理使用，北京大风家禽育种有限责任公司易县第一种鸡场采用此方法。

### （三）生活垃圾处理

（1）在不同的卫生区域分别设置不同种类的垃圾桶（或垃圾箱）。

（2）所有垃圾桶（或垃圾箱）必须带盖，防止垃圾被风吹跑，重新污染环境；或人为地形成蚊蝇繁殖的场所。

（3）根据不同季节，由负责人及时与垃圾收集部门电话联系，及时清理生活垃圾，不留卫生死角。



# 第三节　动物疫病净化效益评估

## 一、种鸡场经济效益评估

### （一）生产性能技术指标

开展动物疫病净化的最终目的是最大限度降低疫病造成的损失，保证鸡群健康，发挥品种最大生产性能，最终实现经济效益的的最大化。表 7—8 数据显示，易县第一种鸡场无论是 3 批次还是 4 批次，各项生产指标都比较理想，4 批次鸡群的大部分生产指标都比 3 批次高，部分指标持平。通过不同批次生产数据指标比较，可以间接的证明：随着易县第一种鸡场疫病净化工作的开展与实施，生物安全和生产管理水平都得到了极大的提高，生产成绩也得到了稳步提升。

从表 7-8 中可以看出，鸡群 4 批次与 3 批次高峰产蛋率基本持平，因为 4 批次鸡群与 3 批次相比，鸡群遗传背景存在较大差异，4 批次鸡群由 1/3 为快羽系和

2/3 为慢羽系组成，而 3 批次鸡群均由快羽鸡群组成，在产蛋性能上两种鸡从产蛋性能上存在很大差异。

**表 7-8　生产各指标比较**　　%

| 批次 | 高峰产蛋率 | 全期均受精率 | 入孵蛋孵化率 | 育雏期成活率 | 育成期成活率 | 产蛋期周死淘率 |
|---|---|---|---|---|---|---|
| 3 | 84.95 | 85.5 | 79.8 | 98 | 98 | 0.4 |
| 4 | 85 | 87 | 81.5 | 98.77 | 98 | 0.4 |

### (二)经济学评价分析

北京大风家禽育种有限责任公司易县第一种鸡场自实施禽白血病净化工作以来，生产成绩得到了稳步提升。从表 7-9 数据可以看出，该场 2 批次(净化前)每套平均产父母代雏鸡 51.4 套，实施净化后的 3 和 4 两个批次每套增加父母代雏鸡 6.3 套和 4.1 套，累计增加可销售父母代雏鸡 27.1 套。如果按 20 元/套父母代雏鸡价格计算，直接增加经济收入 542 万元(按目前行业报价 71 元计算，能直接增加经济收入 1 924.1 万元)。

表 7-10 数据显示，北京大风家禽育种有限责任公司易县第一种鸡场 4 批次开展禽白血病、禽流感、新城疫等动物疫病净化实施费用支出 22.77 万元，灭鼠、消毒和防疫设施改造共支出费用 4.56 万元，其他支出 2.32 万元，防治总成本为 29.65 万元。易县第一种鸡场整批次减少死淘节省 2.82 万元，饲料节省 3.38 万元，治疗费用节省 3.90 万元，其他费用节省 0.87 万元，防治总效益价值为 145.32 万元(按现行业价格计算，防治总效益价值 563.52 万元)。

**表 7-9　开展净化工作前后生产效益比较**

| 生产效益 | 引进套数(万) | 均产种雏(套) | 均产种雏增加(套) | 累计增加(万套) | 直接收益(万元) | |
|---|---|---|---|---|---|---|
| | | | | | 20 元/只 | 71 元/只 |
| 2 批次(净化前) | 3.5 | 51.4 | — | — | — | — |
| 3 批次(净化后) | 3.0 | 57.7 | 6.3 | 18.9 | 378 | 1 341.9 |
| 4 批次(净化后) | 2.0 | 55.5 | 4.1 | 8.2 | 164 | 582.2 |

**表 7-10 开展禽白血病净化效益分析**

| 成本支出 | | | | 节省费用 | | | | 总经济效益（万元） |
|---|---|---|---|---|---|---|---|---|
| 净化费（万元） | 改造费（万元） | 其他（万元） | 总成本（万元） | 饲料（万元） | 死淘（万元） | 治疗费（万元） | 其他（万元） | |
| 22.77 | 4.56 | 2.32 | 29.65 | 3.38 | 2.82 | 3.90 | 0.87 | 145.32/563.52 |

## 二、种鸡场社会效益评估

北京大风家禽育种有限责任公司易县第一种鸡场自系统性开展禽白血病净化工作以来，检测技术不断完善，净化技术方案不断优化，在公司内部三年累计净化推广祖代鸡群 8.5 万套，父母代鸡群 9.8 万只(见表 7-11、表 7-12)。

通过净化工作的开展实施，禽白血病抗体平均阳性率由实施前的 1.45%下降到了 0.37%，死淘率下降了 2.63%，减少了淘汰鸡 4 504 只左右，平均产蛋率由净化前的 82.64%上升到了净化后的 86.33 %，既保障了该场种鸡群的健康，也确保其子代父母代鸡群的禽白血病防控。通过禽白血病净化技术推广，共增加纯收益 1 223.63 万元，总经济效益达 770.89 万元。



**表 7-11 祖代鸡群推广效益分析**

| 推广年份 | 2016 年 | 2017 年 | 2018 年 | 合计 |
|---|---|---|---|---|
| 推广鸡数(万套) | 3.3 | 3.1 | 2.1 | 8.5 |
| 推广纯收益(万元) | 232.63 | 253.66 | 629.72 | 1 116.00 |
| 总经济效益（万元） | 146.56 | 159.80 | 396.72 | 703.08 |

**表 7-12 父母代鸡群推广效益分析**

| 年份 | 2017 年 | 2018 年 | 合计 |
|---|---|---|---|
| 推广鸡数(万只) | 5.30 | 4.50 | 9.80 |
| 推广纯收益(万元) | 32.51 | 75.12 | 107.63 |
| 总经济效益（万元） | 20.48 | 47.33 | 67.81 |

## 三、种鸡场生态效益评估

为响应国家环保政策，发展绿色无污染养殖生产，加大节能减排力度，减少环境污染，易县第一种鸡场自 2017 年初将供暖设备进行了全面系统的升级改造，将原有的燃煤供暖设备改造升级为天然气供暖设备，同时安装了先进的可以将废气能量再利用的热回收机组。

易县第一种鸡场供暖设备升级改造后，每年可以减少燃煤消耗 1 100 t 左右，减少向大气中排放硫化物 9.35 t，减少向大气中排放氮氧化物 8.14 t，极大程度降低了大气主要污染物的排放，而天然气供暖设备的燃烧产物只有二氧化碳。

易县第一种鸡场还安装了先进的废气能量再利用的热回收机组，每年可以节省燃料成本 30%左右，不仅为公司节省了生产成本，最重要是保证了鸡舍环境的稳定，保障了种鸡群健康，间接造成经济效益、社会效益和生态效益的同步增长。